● 本书受厦门理工学院资助，属厦门理工学院教材建设基金资助项目成果

大数据分析、挖掘与可视化

万念斌 ● 编著

厦门大学出版社
XIAMEN UNIVERSITY PRESS
国家一级出版社
全国百佳图书出版单位

图书在版编目（CIP）数据

大数据分析、挖掘与可视化/万念斌编著.--厦门：
厦门大学出版社,2025.3.--ISBN 978-7-5615-9632-6

Ⅰ.TP274

中国国家版本馆 CIP 数据核字第 2025CJ9901 号

责任编辑　旺　蔚

美术编辑　李嘉彬

技术编辑　许克华

出版发行　厦门大学出版社

社　　址　厦门市软件园二期望海路 39 号

邮政编码　361008

总　　机　0592-2181111　0592-2181406(传真)

营销中心　0592-2184458　0592-2181365

网　　址　http://www.xmupress.com

邮　　箱　xmup@xmupress.com

印　　刷　厦门市金凯龙包装科技有限公司

开本　787 mm×1 092 mm　1/16

印张　25.25

字数　630 千字

版次　2025 年 3 月第 1 版

印次　2025 年 3 月第 1 次印刷

定价　59.00 元

厦门大学出版社
微信二维码

厦门大学出版社
微博二维码

前　言

大数据时代带来了信息技术的巨大变革,并深刻影响着社会生产和人民生活的各个方面。在全球范围内,世界各国政府均高度重视大数据技术的研究和产业发展,纷纷将大数据上升为国家战略加以重点推进。企业和学术机构纷纷加大技术、资金和人员投入力度,加强对大数据关键技术的研发与应用,以期在"第三次信息化浪潮"中占得先机、引领市场。"数据是石油、数据是黄金",它的影响力和作用力正迅速触及社会的每个角落,所到之处,或是颠覆,或是提升,让人们深切感受到了大数据实实在在的威力。

利用可视化数据分析、挖掘工具和技术,数据分析师能够把隐藏在大批数据背后的信息集中提炼出来,总结出所研究对象的内在规律,从全新的角度快速、轻松地挖掘出有用信息,供决策者使用。

本书基于 Python 语言和第三方库 Scrapy、NumPy、pandas、Sklearn、seaborn、Matplotlib编写,结合大量的数据分析挖掘案例,详细介绍大数据分析、挖掘与可视化的原理和方法,帮助读者逐步掌握 Python 程序设计、大数据采集与 Python 爬虫、数据清洗与转换、数据建模与挖掘、数据分析和数据可视化等相关知识,提高解决实际问题的能力。

本书内容包括:

第1章大数据概述,主要介绍大数据的时代背景与应用场景、大数据及其特点、大数据处理的相关技术、数据分析、数据挖掘和数据可视化的相关内容。

第2章 Python 大数据开发环境的搭建,主要介绍 Python、PyCharm、Anaconda、Jupyter Notebook 软件的下载、安装与基本的使用方法。

第3章 Python 编程基础,主要介绍 Python 语言的基本语法、数据类型、函数与模块、文件的基本操作。

第4章 Python 爬虫,主要介绍爬虫技术的基本原理、robots 协议、Python 爬虫的第三方库、Scrapy 爬虫框架和具体的爬虫案例。

第5章 NumPy,主要介绍 NumPy 数值计算、数组及其运算、索引、NumPy 读写相应的数据文件、NumPy 中常用的统计与分析方法。

第6章 pandas,主要介绍 pandas 的数据结构、索引操作、pandas 读写各种数据文件、数据缺失值处理、数据清洗、数据合并与级联、数据分组汇总与聚合、数据统计与分析方法。

第7章数据建模与数据挖掘,主要介绍常见的数据模型、相关性与关联规则、回归分析、聚类算法、分类算法。

第 8 章数据可视化，主要介绍 Matplotlib、PyEcharts、seaborn 三种可视化工具库，pyplot 绘图的基本语法、参数和设置，以及使用 Matplotlib、PyEcharts、seaborn 绘制柱形图、饼图、散点图、折线图等基本图表和箱线图、小提琴图、词云图、3D 图、子图、嵌套图等高级图表。

第 9 章综合案例，主要介绍两个综合案例，从识别需求、数据获取、数据清洗、数据建模、数据分析和数据可视化等全流程对数据进行分析、挖掘与可视化处理。

本书重点章节均提供了课后习题和实验，使读者更快、更好地深入学习和实践操作，理解和掌握数据分析、挖掘和可视化技术。为方便高校教师教学，书本后附有课程思政教学案例以供参考。

本书适用于工业、金融、生物医疗、教育等行业数据分析师进行数据分析、挖掘与可视化处理，可供高等院校相关专业学生或从事数据分析挖掘的研究人员参考使用，也可作为高校数据分析类课程的教材。

本书由厦门理工学院万念斌编著，书中案例的源代码均通过测试，在编写过程中，参考了一些资深软件工程师的案例，在此对相关作者深表感谢。由于作者水平有限，书中难免存在疏漏和不足之处，敬请读者批评指正。

作　者

2024 年 12 月

目　录

第1章 大数据概述

移动互联网、云计算、物联网的普及应用,让我们快速进入大数据时代。数据的爆炸式增长超出人们的想象,使得适应和应对数据增长成为整个社会关注的焦点,"大数据"概念正是在这样的背景下应运而生。

大数据时代,数据是黄金、是石油。如何对大量、动态、能持续的数据,通过运用新系统、新工具、新模型、新算法对数据进行分析和挖掘,从而获得具有大价值的信息,是人们研究的重要内容。在商业、经济及其他领域中基于数据和分析去发现问题并做出科学、客观的决策越来越重要。数据分析与挖掘技术作为一门前沿技术,广泛应用于云计算、移动互联网、物联网等战略性新兴产业,帮助企业(单位)用户在合理时间内获取、管理、处理以及整理海量数据,为企业(单位)经营决策提供帮助。

1.1 大数据的时代背景与应用场景

现代信息技术产业已经拥有 70 多年的历史,它的发展过程经历了几次浪潮。第一次信息化浪潮在 1980 年前后,个人计算机(personal computer,PC)开始普及,使得计算机走入企业和千家万户,大大提高了社会生产力,也使人类迎来了第一次信息化浪潮,Intel、IBM、苹果、微软、联想等企业是这个时期的标志。第二次信息化浪潮在 1995 年前后,人类开始全面进入互联网时代,互联网的普及把世界变成"地球村",每个人都可以自由徜徉于信息的海洋,由此,人类迎来了第二次信息化浪潮,这个时期也缔造了雅虎、谷歌、阿里巴巴、百度等互联网巨头。第三次信息化浪潮在 2010 年前后,云计算、大数据、物联网的快速发展,拉开了第三次信息化浪潮的帷幕,大数据时代已经到来,也必将涌现出一批新的市场标杆企业。三次信息化浪潮如表 1-1 所示。

表 1-1 三次信息化浪潮

信息化浪潮	发生时间	标志	解决问题	代表企业
第一次	1980 年前后	PC 机	信息处理	Intel、AMD、IBM、苹果、微软、DELL、HP、联想等
第二次	1995 年前后	Internet	信息传输	雅虎、谷歌、阿里巴巴、百度、腾讯等
第三次	2010 年前后	物联网、云计算、大数据、AI	信息爆炸	华为、字节跳动、大疆等一批标杆企业

大数据时代的到来得益于信息科技的跨越式持久发展,而信息技术主要解决的是信息采集、信息存储、信息处理、信息显示和网络带宽5个核心问题。

(1)信息采集技术的不断完善,实时程度不断提升。大数据时代的到来离不开信息的大量采集。随着人类信息文明的发展,数据采集技术已经有了质的飞跃。大数据技术主要依附于数字信息,就数字信息的采集技术而言,现在的数字信息采集方法已经十分完善,文字、图片、音频、视频等多维度的数字信息的采集手段和技术已经十分完备。数据的采集越来越实时化,随处可见实时音频直播和实时视频传播。可以说信息的采集环节已经基本实现实时化,而信息延迟主要在信息传输和信息处理阶段。

(2)信息存储技术不断提升。计算机硬盘的快速发展促进了高安全性和高扩展性的商业领域信息存储乃至信息积累,移动端闪存的快速发展则拉动了个体生活和社会公共事务方面信息的快速积累,两者相辅相成,共同提供了大数据时代的信息体量支撑。

(3)信息处理速度和处理能力急速提升。信息处理速度主要依靠计算机处理核心CPU(central processing unit)的运算能力。CPU单核心处理能力的演变长期遵循摩尔定律,即CPU的运算速度随着时间呈现指数增长趋势,所以在很长时间内,行业的发展主要集中在提高CPU单个核心的运算主频上。

而摩尔定律的渐渐失效,尤其是伴随着提高CPU单核心主频带来的商业成本的成倍增加,直接促使技术模式由简单的提高单核心主频向多核心多线程发展,即增加单个CPU的处理核心的数量的同时增加内存和CPU联络的线程数量及通信带宽,这样就可以保证多核心的同时运转。CPU的实际运算因核心数量的增加,同样实现了运算速度的高速提升。

(4)信息显示技术的完备和日臻成熟。信息的显示技术尤其是可视化技术近些年有了突破性进展,特别是随着图形像素技术的不断提升,图形显示越来越细腻,图形显示水平已经越来越趋于逼真和生动化。图形显示技术的发展突破了简单文字显示和图表显示的技术界限,信息显示由一维、二维显示拓展到了三维乃至更多维度显示。这样的显示技术带来了整个大数据行业的腾飞。首先,带给人们更好的感官享受,让信息技术更好、更快地融入信息时代;其次,带来了连带技术的发展,如图形化数据库、图像识别及人工智能等技术的全面发展;最后,信息显示的发展和日臻完善,给整个信息技术带来了从量到质的跨越式发展,并且会继续更加深远地影响整个大数据时代的发展。

(5)网络带宽不断增加。在信息化基础设施方面,据工业和信息化部官网消息,截至2023年12月底,我国互联网宽带接入端口数量达11.36亿个,其中,光纤接入端口占互联网接入端口的比重达96.3%;光缆线路总长度已达6432万公里,相当于在京沪高铁线上往返2.44万次。全国移动通信基站总数达1162万个,其中5G基站为337.7万个,5G、千兆光网等网络基础设施日益完备,正在全力推进网络强国和数字中国建设。

大数据在互联网、生物医学、电子政务、物流、城市管理、金融、汽车、零售、餐饮、能源、气象、教育、体育和娱乐、安全等方面都有广泛的应用。

(1)政务大数据。大数据的发展将极大地改变政府现有的管理模式和服务模式,节约政府投入,及时有效地进行社会监管和治理,以提升公共服务能力。具体而言,大数据技术可以实现对海量数据信息的自动汇总与分析,这样不仅可以有效提升电子政务平台的办事效率,而且可以提升对相关数据的精准提取。

　　（2）医疗大数据。随着医疗卫生行业信息化进程的发展,在医疗业务活动、健康体检、公共卫生、传染病监测、人类基因分析等医疗卫生服务过程中将产生海量高价值的数据。

　　（3）金融大数据。随着金融业务与大数据技术的深度融合,数据价值不断被发现,有效促进了业务效率的提升、金融风险的防范、金融机构商业模式的创新,以及金融科技模式下的市场监管。

　　（4）气象大数据。防灾减灾是气象部门最重要的职责之一。在大数据观点中,预测是核心,而防灾是应对灾害的重中之重,所以气象预警信息显得格外重要。气象预警的确定,需要非常复杂的气象数据分析,再综合地形、地貌等数据,以及预报员自身的经验分析。

　　然而,防灾减灾不仅需要完善预警系统,提高预警准确率,还要考虑受众群体,做老百姓看得懂的预警,直接指导他们防灾避灾。气象大数据在这方面将发挥很大作用。

　　（5）工业大数据。随着政策环境的铺垫及工业互联网基础设施的逐步完善,工业大数据迎来重大发展机遇。工业行业对大数据技术的认知和实践在几年间快速发展,技术基础设施和能力不断完善,工业大数据的关注焦点从建设工业大数据平台逐步转向数据应用解决方案;大数据在工业行业的应用场景从最初的生产监控到降本增效,逐步向支撑服务化转型探索。

　　（6）电子商务。随着商业信息和数据的激增,电子商务企业不得不依赖大数据技术辅助企业管理者做出科学合理的战略决策,从而提高自身的竞争优势。具体来讲,电子商务行业的大数据应用有精准营销、个性化服务、商品个性化推荐等。

　　（7）教育大数据。由于大数据处理的重要性,近年来,大数据技术已经得到了全球学术界和各国政府的高度关注和重视,在国内外还出现了"数据科学"的概念,将数据处理技术作为一个新的科学领域来研究和学习。大数据的分析结果可以用来优化教育机制。例如,通过检测教学效果、改进教学流程、分析教学薄弱环节等来帮助学生做出更科学的决策。

1.2　大数据及其特点

　　大数据(big data)本身是一个抽象的概念,在业内还没有统一的定义。

　　大数据研究机构 Gartner 给出的定义是:大数据是需要新处理模式才能具有更强的决策力、洞察发现力和流程优化能力的海量、高增长率和多样化的信息资产。

　　维基百科对大数据的定义是:大数据,又称巨量资料,指的是传统数据处理引用软件不足以处理它们的大或复杂的数据集的术语。

　　麦肯锡全球研究所对大数据的定义是:一种规模大到在获取、存储、管理、分析方面大大超出了传统数据库软件工具能力范围的数据集合,具有海量的数据规模、快速的数据流转、多样的数据类型和价值密度低四大特征。

　　大数据,或称巨量数据、海量数据,指的是所涉及的数据量规模巨大到无法通过人工,在合理时间内达到截取、管理、处理并整理成人类所能解读的信息(使用当前工具无法在可承受时间内进行处理的数据集)。IDC(Internet data center)定义大数据时,把大数据设定为100 TB。

　　大数据的数据类型有很多种,互联网作为大数据的主要来源,包含各种数据源,如声音和电影文件、文档、网络日记、元数据、E-mail、表格数据、图像、地理定位数据、文本书籍等。主要分为结构化数据、半结构化数据和非结构化数据。

(1)结构化数据。结构化数据指能够用数据或统一的结构加以表示,包括预定义的数据类型、格式和结构的数据。常见的如 Excel 中的信息数据,企业用的人事系统、财务系统、ERP 等中的数据等。

(2)半结构化数据。半结构化数据就是介于完全结构化数据(如关系型数据库、面向对象数据库中的数据)和完全无结构化数据(如声音、图像文件等)之间的数据,如电子邮件、用 Windows 处理的文字、在网上看到的新闻等。

(3)非结构化数据。非结构化数据是指没有固定结构的数据,通常是保存为不同类型文件的数据,如移动终端、社交网络产生的声音、图像、影像、留言、日志数据等信息。

目前各行业应用领域讨论的数据,典型的是来自联机事务处理(OLTP)的数据,此类数据通常具有较好的规范化,数据时时刻刻都在不断增加,具有典型的数据流特征。数据存在于企事业单位的联机系统中,是用户查询、业务处理的数据源。

互联网大数据是基于互联网的应用系统所产生的各种相关数据的集合。互联网大数据源于基于 Web 服务框架的各种应用、各种基于客户端的互联网应用、基于内容网的互联网应用延伸。大数据具有容量大(volume)、多样化(variety)、高速性(velocity)、价值密度低(value)(即"4V"特征)等特征。

(1)容量大(volume)。数据的体量决定了其背后的信息价值。随着各种移动端的流行和云存储技术的发展,现代社会的人类活动都可以被记录下来,因此产生了海量的数据。发送的微博、自拍的照片、戴的运动手环等包含的数据信息通过互联网上传到云端,还有各种系统日志数据,各种数据聚集到特定地点的存储系统,如政府机构等,形成了体量巨大的数据。全球数据已进入 ZB 时代。

(2)多样化(variety)。数据多种多样,可分为结构化数据、半结构化数据和非结构化数据,包括网络日志及社交媒体、互联网搜索、手机通话及传感器网络等产生的数据。

(3)高速性(velocity)。高速性描述的是数据被创建和移动的速度。大数据往往以数据流的形式动态、快速地产生,具有很强的时效性。在高速网络时代,通过基于实现软件性能优化的高速计算机处理器和服务器,创建实时数据流已成为流行趋势。企业不仅需要了解如何快速创建数据,还必须知道如何快速处理、分析并返回给用户,以满足他们的实时需求。

(4)价值密度低(value)。大数据应用在物联网、云计算、大数据挖掘等技术迅速发展的带动下,呈现出它的完整过程:把数据源的信号转换为数据,再把大数据加工成信息,通过获取的信息做决策。因此,大数据价值的挖掘过程就像大浪淘沙,数据的体量越大,相对有价值的数据就越少。大数据的价值密度实际是比较低的,因为数据采集并非都是及时的,样本的数量有限,数据不完全连续。但是,当数据的体量越来越大时,就能从海量数据中提取有价值的信息,为决策提供支撑。

1.3 大数据处理的相关技术

大数据处理技术主要用于对互联网大数据进行采集、分析和挖掘、可视化,其技术体系分为数据获取层、大数据计算与存储层、数据挖掘模型与算法层和应用领域技术层等四层。

数据获取层主要处理数据的获取,如网络爬虫、网络探针、ETL(extract-transform-load)工具。网络爬虫通过模拟人的点击行为获取 Web 页面的内容,这种方法需要服务器付出一定的计算能力,特别是对于动态页面,需要更多的 CPU 执行和磁盘操作。如果与网站服务商之间能达成数据协议,就可以直接通过 ETL 从网站的数据库系统中获取数据,而不需要经过 Web 服务器框架。互联网上的数据类型很多,并不是所有的数据都可以通过模拟点击页面的方式获得,特别是一些基于客户端访问方式的数据,通过网络探针在网络数据流的层面上进行数据还原和获取。

大数据计算与存储层要实现存储和计算两大功能,这里的计算是指面向大数据分析的一些底层算法,如排序、搜索、查找、最短路径、矩阵运算等,这些算法与具体应用无关,它们为上层的数据挖掘提供基本的函数调用。从数据类型的角度看,互联网大数据中的结构化和非结构化数据并存,在存储层有关系型数据库 SQL 和非关系型数据库 NoSQL,因而会产生两种数据模式。在这一层的技术有 MapReduce、Spark Core、Hive、Storm、SparkSQL 等。

数据挖掘模型与算法层是根据具体应用需求对采集的数据运用大数据分析算法进行数据分析,建立模型,然后利用这些模型进行在线数据流分析或批量数据分析。这一层算法最重要,常用的算法有数据聚类、分类、相关性计算、回归、预测等。

应用领域技术层主要涉及与具体应用领域有关的技术,这些技术通常与用户 UI、系统管理、输出、数据可视化有关。

1.4 数据分析

数据分析(data analysis)是指用适当的统计分析方法对收集来的大量数据进行分析,提取有用信息,形成结论而对数据加以详细研究和概括总结的过程。数据分析的本质是什么?就是将这些结构化或者非结构化的数据,映射到指定格式的数据空间里面,然后进行分析,数据分析的基础就是数据空间的映射。数据分析的目的是把隐藏在一大批看似杂乱无章的数据背后的信息集中和提炼出来,总结出所研究对象的内在规律,帮助管理者进行判断和决策,以便采取适当策略和行动。

按统计学划分,数据分析分为描述性数据分析、探索性数据分析、验证性数据分析。描述性数据分析是初级数据分析,通常采用对比分析法、平均分析法、交叉分析法。探索性数据分析就是利用数据可视化技术来探索数据内部结构和规律的一种数据分析方法,它的目的是洞察数据集,发现数据的内部结构,提取重要的特征,检测异常值,检验基本假设,建立初步的模型。验证性数据分析基于预先的理论或假设,对数据进行更为严格的检验,以确认或否定特定关系。

数据分析的应用非常广泛,典型的数据分析一般包括以下三步。

(1)探索性数据分析。数据获得后,并不是意想的那么工整,可能杂乱无章,看不出规律,通过清洗、转换、计算某些特征值、生成不同形式的图表等手段探索隐含在数据中的规律性。

(2)模型选定分析。在探索性数据分析的基础上根据数据进行数学建模,设计编写算法,然后通过进一步的分析从中选出适合的模型。

(3)推断分析。通常使用数理统计方法对所建模型或估计的可靠程度和精确程度做出推断。

数据分析存在四大误区:忽略数据分析的核心,为了数据而分析;忽略业务知识,数据偏离实际轨道;忽略业务问题,追求高级分析模型;为数据而找数据。正确做法应该是围绕企业(单位)现状、业务变动情况及原因,预测未来趋势来进行分析;从企业(单位)业务出发,需要管理、营销、策略的综合知识;说明业务的问题、原因及解决方法才是重要的;客观中立地分析数据,不要为了迎合观点而去找数据。

1.4.1　数据分析术语

学习数据分析要先掌握以下数据分析的常用术语。

(1)平均数(mean)。平均数等于全部数据的总和除以数据总个数,是对数据集中趋势的反映。平均数包括算术平均数、几何平均数、调和平均数、平方平均数。平均数适用于数值数据,不适用于分类数据。平均数在实际工作中默认为算术平均数的情况较多。算术平均数的优点是可以代表总体一般的水平,掩盖了总体内个体的差异;缺点是易受到极端值的影响。算术平均数的计算公式为

$$\bar{x} = \frac{x_1 + x_2 + \cdots + x_n}{n}$$

几何平均数是 n 个数据相乘后开 n 次方,计算公式为

$$\bar{x} = \sqrt[n]{\prod_{i=1}^{n} x_i}$$

调和平均数是对 n 个数据的倒数计算算术平均数,再计算其倒数,计算公式为

$$\bar{x} = \frac{1}{\dfrac{\sum 1/x_i}{n}} = \frac{n}{\sum 1/x_i}$$

平方平均数即二范数,对 n 个数据的平方和计算算术平均数,再计算其平方根,计算公式为

$$\bar{x} = \sqrt{\frac{x_1^2 + x_2^2 + \cdots + x_n^2}{n}}$$

(2)众数(mode)和中位数(median)。众数是指一组样本中出现次数最多的数,是统计学中比较重要的一个统计量。众数在一定程度上能反映出集中趋势。中位数是将样本数值集合划分为数量相等或相差 1 的上下两部分,中位数可能是样本中的值,也可能不是。一组样本量为 n 的样本 $x_1, x_2, \cdots, x_n$,其排序(升序/降序)后为 $x_1', x_2', \cdots, x_n'$,计算公式为

$$M(x) = \begin{cases} x'_{\frac{n+1}{2}} & n \text{ 为奇数} \\ \dfrac{1}{2} \left(x'_{\frac{n}{2}} + x'_{\frac{n}{2}+1} \right) & n \text{ 为偶数} \end{cases}$$

（3）百分比与百分点。百分比（百分率、百分数，％）表示一个数是另一个数的百分之几。百分点是指不同时期以百分数的形式表示的相对指标的变动幅度（提高或降低），以 1％ 作为度量单位，如 12％ 就是 12 个百分点。

（4）比例与比率。比率是指在总体中，各部分的数值占整体数值的比重，反映总体的构成和结构。比例是指不同类别数值的对比。它反映的不是部分与整体的关系，而是一个整体中各部分之间的关系。

（5）倍数与番数。倍数是一个数除以另一个数得的商，一般表示数量的增长或上升幅度。番数是原来数量的 2 的 N 次方倍，如翻一番为原来数量的 2 倍，翻两番为 4 倍。

（6）绝对数与相对数。绝对数是反映在一定时间、地点、条件下数量增减变化的绝对数或总规模的综合性指标。相对数是用于反映客观现象之间数量或相互间联系的综合指标。

（7）频数与频率。频数是指一组不同类的数据重复出现的次数。频率是指每组类别次数与总次数的比值，代表某类别在总体中出现的频繁程度，一般用百分数表示。所有频率相加之和为 1。

（8）极差（range）与方差（variance）。极差用于衡量指定变量间差异的变化范围，极差越大说明样本变化范围越大，计算公式为

$$\mathrm{ptp}(x) = \max_{1 \leqslant i \leqslant n}\{x_i\} - \min_{1 \leqslant i \leqslant n}\{x_i\}$$

方差用于衡量样本的离散程度，它在概率论和统计学中普遍存在，通常用符号 σ^2 表示，σ 称为标准差，计算公式为

$$\sigma^2 = \frac{1}{n} \sum_{i=1}^{n} (x_i - \bar{x})^2$$

在统计学中采用如下公式计算无偏差性方差：

$$\sigma^2 = \frac{1}{n-1} \sum_{i=1}^{n} (x_i - \bar{x})^2$$

（9）最值。包括最大值和最小值。

（10）变异系数。又称离散系数，是指样本标准差与算术平均数的比值，可以将含有量纲的标准差进行无量纲处理。计算公式为

$$\mathrm{CV} = \frac{\sigma}{\bar{x}}$$

（11）协方差。假设两个变量 X、Y 的期望值分别为 $E(X) = \varphi_1$，$E(Y) = \varphi_2$，那么 X、Y 的协方差为

$$\mathrm{cov}(X,Y) = E[(X - \varphi_1)(Y - \varphi_2)] = E(XY) - \varphi_1 \varphi_2$$

对于变量 X、Y，其协方差矩阵为

$$\boldsymbol{\Sigma} = \begin{pmatrix} \mathrm{cov}(X,X) & \mathrm{cov}(X,Y) \\ \mathrm{cov}(Y,X) & \mathrm{cov}(Y,Y) \end{pmatrix}$$

其中，$\mathrm{cov}(X,Y) = \mathrm{cov}(Y,X)$。

1.4.2　数据分析过程

数据分析过程主要由问题定义、收集数据、数据预处理、分析数据、评价和改进组成。

1.问题定义

数据分析总是开始于要解决的问题,而这个问题需要事先定义。问题定义阶段的主要工作是识别信息需求,即要明确需要解决的问题,明确数据分析的目的,不要偏离数据分析的方向,确保工作有效进行。识别信息需求是管理者的职责,管理者应根据决策和过程控制的需求提出数据分析的需求。需求是数据分析的开始,也是数据分析的目标方向。要做到清晰地确定需求,需要对业务、产品、需求背景有比较深的理解,理解得越全面越好判断需求。

2.收集数据

按照确定的数据分析目的来收集相关数据至关重要,它是确保数据分析过程有效的基础,为数据分析提供依据。

数据获取的来源渠道一般有企业(单位)数据库、互联网、市场调查、公开出版物或政府公开数据资源、APP端和传感器获取。从企业(单位)数据库服务器获取的数据是企业业务相关性最强的数据,真实高效;从互联网上爬取的数据一般较丰富,但存在垃圾数据且数据结构乱,有数据缺失等各种问题,需要进行数据清洗、转换处理;通过市场调查获取的数据比较客观;通过公开出版物或政府公开数据资源获得的数据,其权威性和真实性较强,是比较理想的数据;APP端一般通过无线客户端采集SDK(software development kit);物联网数据通过传感技术获取外界的物理、化学、生物等数据信息。

3.数据预处理

数据预处理有时也称为数据准备,在数据分析的所有过程中,数据预处理虽然看上去不太可能出问题,但事实上,这一过程需要投入更多的资源和时间才能完成。收集的数据往往来自不同的数据源,有着不同的表现形式和格式,因此在分析数据之前,要采用ETL技术将这些数据从来源端经过抽取(extract)、转换(transform)、加载(load)至目的端。数据抽取后还要经过数据清洗、数据集成、数据变换、数据归约等,数据预处理后的数据就可进行分析了。

4.分析数据

分析数据是将收集的数据通过加工、整理和分析,使其转化为信息。最基本的数据分析方法有平均分析法、比较(对比)分析法、漏斗分析法、数据矩阵分析法、交叉分析法、杜邦分析法、分组分析法。

(1)平均分析法:利用平均指标对社会经济现象进行分析,这些指标分为数值平均数、位置平均数(众数、中位数)。它的作用是可以比较同类企业、产品、服务标准之间的本质性差距;分析数据之间相互依存的关系;对企业中的某产品在不同时间上进行水平比较,说明产品的发展趋势和规律。尤其是与对比分析法相结合,效果最好。

(2)比较分析法:将客观的事物进行对比以认识事物的本质和规律,进而判断优劣。通常是将两个或两个以上的同类数据进行横向比较和纵向比较。纵向比较是对同一事物不同时期的特征进行比较,从而认识事物的过去、现在、未来;横向比较是对不同地区、时期的同类事物进行比较,找出差距,判断优劣。

（3）漏斗分析法：直观易懂，体现访客在业务中的转化和流失率，如网站转化率漏斗图。

（4）数据矩阵分析法：是将多个变量化为少数综合变量的多元统计法，可从原始数据中获得许多有益情报。该法可进行多因素分析、复杂质量评价，有利于节约时间，提高分析质量。

（5）交叉分析法：通常用于分析两个变量之间的关系（二维交叉表）。

（6）杜邦分析法：从企业绩效评价来看，该方法是从财务角度来评价企业盈利能力、股东权益回报水平以及企业绩效的一种经典方法。该方法最显著的特点是将若干个用以评价企业经营效率和财务状况的比率按照其内在联系有机结合起来，形成一个完整的指标体系，最终通过权益、收益率综合反映出来。但杜邦分析法不能全面反映出企业实力，在运用中要和企业其他信息结合进行分析。

（7）分组分析法：在分组的基础上，对数据分析对象的内部结构、现象之间的依存关系，从定性的角度去分析研究，从而认识分析对象的不同特征、性质及相互关系。

如果数据分析过程中需要预测模型，则要创建或选择合适的统计模型来预测某一个结果的概率。这时，需要开发数学模型。模型可以预测系统所产生的数据的值（回归模型），也可以为新数据分类（分类模型或聚类模型），生成模型需要编写相应的算法，如线性回归算法、逻辑回归算法、回归树和 K-近邻算法。

5.评价和改进

数据分析是质量管理体系的基础。组织的管理者应在适当时候通过对以下问题的分析，评估其有效性。

（1）提供决策的信息是否充分、可信，是否存在因信息不足、失准、滞后导致决策失误的问题。

（2）信息对持续改进质量管理体系、过程、产品所发挥的作用是否与期望值一致，是否在产品实现过程中有效运用数据分析。

（3）收集数据的目的是否明确，收集的数据是否真实和充分，信息渠道是否畅通。

（4）数据分析方法是否合理，是否将风险控制在可接受范围内。

（5）数据分析所需资源是否得到保障。

Python 语言是一种面向对象的解释型计算机程序设计语言，它有着丰富和强大的数据分析和处理库，具有语言的简洁性、易读性和可扩展性等特点。比起 R 和 Matlab 等其他主要用于数据分析的编程语言，Python 不仅提供数据处理平台，而且还有其他语言和专业应用所没有的特点。因此，在国内外，很多数据分析师使用 Python 语言编程来分析数据。

1.4.3　Python 数据分析和科学计算扩展库介绍

1.NumPy

NumPy 是 Python 语言的一个扩展程序库，主要用于数学和科学计算，特别是数组计算。它是一个提供多维数组对象、多种派生对象（如矩阵）以及用于快速操作数组的函数和API，包括数学、逻辑、数组形状变换、排序、选择、I/O、离散傅立叶变换、基本线性代数、基本统计运算、随机模拟等。NumPy 的核心是 n 维数组对象 ndarray，它是一系列同类型数据的集合。

2.pandas

pandas 是基于 NumPy 的一种工具,该工具是为了解决数据分析任务而创建的。pandas 提供了高级数据结构和函数,这些数据结构和函数的设计使得利用结构化、表格化数据的工作更快速、简单。pandas 纳入了大量库和一些标准的数据模型,提供了高效地操作大型数据集所需的工具。它的出现使 Python 成为强大、高效的数据分析工具。

3.Matplotlib

Matplotlib 是一个 Python 2D 绘图库,它提供一套表示和操作图形对象及内部对象的函数和工具。它不仅可以处理图形,而且提供事件处理工具,具有为图形添加动画效果的能力。Matplotlib 的架构由 Scripting(脚本)层、Artist(表现)层和 Backend(后端)层组成,各层之间单向通信,即每一层只能与它的下一层通信,而下层无法与上层通信。Matplotlib 架构的最低层是 Backend 层,Matplotlib API 是用来在该层实现图形元素的类。Matplotlib 架构的中间层是 Artist 层,图形中所有能看到的元素都属于 Artist 对象,如标题 title、轴标签 axes、刻度 ticks、图形 figure 等,这些元素都是 Artist 对象的实例。Matplotlib 架构的最上层是 Scripting 层,系统提供了相关 Matplotlib API 函数供开发者使用,比较适合数据分析和可视化。

1.5 数据挖掘

数据分析(data analysis)是数学与计算机科学相结合的产物,是指使用适当的统计分析方法对获取的大量数据进行统计归纳、总结、分析,提取有用信息并形成结论,从而对数据加以详细研究和概况总结的过程。

数据挖掘(data mining)是指从数据库的大量数据中揭示出隐含的、先前未知的并有潜在价值的信息的非平凡过程。数据挖掘是一种决策支持过程,它主要基于人工智能、机器学习、模式识别、统计学、数据库、可视化技术等,高度自动化地分析企业的数据,做出归纳性的推理,从中挖掘出潜在的模式,帮助决策者调整市场策略,减少风险,做出正确的决策。数据挖掘是通过分析每个数据,从大量数据中寻找其规律的技术。

数据挖掘技术是数据库、信息检索、统计学、算法和机器学习等多个学科多年影响的结果。数据挖掘的任务主要包括关联分析、聚类分析、分类分析、回归分析、特异群组分析和演变分析等。

跨行业数据挖掘标准流程(cross-industry standard process for data mining,CRISP-DM)如图1-1所示。

图 1-1 跨行业数据挖掘标准流程

业务理解就是要获取客户的需求,对需求功能进行分析;数据理解就是对掌握的数据有一个清晰、明确的认识;数据准备包括数据收集、数据清洗、数据补全、数据整合、数据转换、特征提取等,如销售数据、采购数据、收入支出数据;构建模型就是根据客户的需求对准备的数据采用数据挖掘技术与算法进行训练模型的构建;模型构建完成后要使用各种手段进行评估,要列出详细的评估指标,彻底地评估模型,保障模型的正确性和有效性,然后部署模型。

数据挖掘和数据分析都是从数据中提取一些有价值的信息,都需要懂统计学,懂数据处理的一些常用方法,对数据的敏感度高。两者有很多相似之处,联系越来越紧密,很多数据分析人员开始使用编程工具进行数据分析,如 Python、R 语言等,而数据挖掘人员在结果表达及分析方面也会借助数据分析的手段。但是两者的侧重点和实现手法有所区别,不同之处表现在以下几个方面:

(1)在应用工具方面,数据挖掘一般要通过算法编程来实现,需要掌握算法设计和编程语言,重在算法;而数据分析更多的是借助分析工具进行,也可通过编程实现,如 Python 数据分析。

(2)在行业知识方面,数据分析要求对所从事的行业有比较深的了解和理解,并且能够将数据与自身的业务紧密结合起来;而数据挖掘不需要有太多的行业专业知识。

(3)在交叉学科方面,数据分析需要结合统计学、营销学、心理学以及金融、政治等方面进行综合分析;而数据挖掘更多的是注重技术层面的结合以及数学和计算机的结合。

数据挖掘不是万能的,它只能在有限的资源与条件下提供价值最大化的解决方案。

(1)与业务方进行深入的沟通,同时对掌握的数据有充分的认识,对业务的难点和重点有明确的区分。

(2)建立需求多方评估机制,让业务专家与技术专家参与进来,评估需求的合理性及数据情况。

(3)对需求进行拆解,在数据限制和业务限制前提下最大化项目效果。

(4)在进行数据挖掘之初就要去明确业务背景和业务目标,需求的产生必然是因为某种分析需求、某个问题或者某个业务目标的需求。

1.6　数据可视化

数据可视化(data visualization)是数据分析与挖掘、数据科学的关键技术之一,它以图形化方式展现,让决策者通过图形直观地看到数据分析与挖掘后的结果。企业使用数据可视化能更快速地发现所要追求的价值,通过创建更多的图表,找出数据与数据之间的联系信息,分辨出有用数据和无用数据,让数据的价值最大化。

数据可视化分析过程包括数据处理、视觉编码和可视化生成。数据处理包括数据采集、数据清洗、数据分析与挖掘等过程。可视化生成将数据转换成图形,并进行交互处理。数据可视化可生成的图形有折线图、散点图、柱状图、饼图、箱线图、概率图、雷达图、流向图、等高线图、极坐标图、3D 图、词云图等。数据可视化的工具有 ECharts、PyEcharts、Matplotlib、seaborn 等。

1.7　课后习题

一、单选题

1.下列关于数据分析的描述,不正确的是(　　　)。

A.数据分析是指用适当的统计分析方法对收集来的大量数据进行分析,提取有用信息,形成结论而对数据加以详细研究和概括总结的过程

B.数据分析的基础就是数据空间的映射

C.数据分析的目的是把隐藏在一大批看似杂乱无章的数据背后的信息集中和提炼出来,总结出所研究对象的内在规律,它能帮助管理者进行判断和决策,以便采取适当策略和行动

D.数据分析是指从数据库的大量数据中揭示出隐含的、先前未知的并有潜在价值的信息的非平凡过程

2.下列关于数据分析的常用术语的表述,正确的是(　　　)。

A.百分点是指不同时期以百分数的形式表示的相对指标的变动幅度

B.百分比是指不同时期以百分数的形式表示的相对指标的变动幅度

C.倍数是原来数量的 2 的 N 次方倍

D.频率是指一组不同类的数据重复出现的次数

3.将客观的事物进行对比认识事物的本质和规律,进而判断优劣是采用(　　　)。

A.平均分析法　　　　　B.比较分析法　　　　C.数据矩阵分析法　　D.杜邦分析法

4.(　　　)是 Python 语言的一个扩展程序库,主要用于数学和科学计算,特别是数组计算,它的核心是 n 维数组对象 ndarray。

A. Matplotlib　　　　　B. pandas　　　　　　C. NumPy　　　　　　D. SciPy

5.下列关于 Python 数据分析和科学计算扩展库的描述,正确的是(　　　)。

A. pandas 是基于 NumPy 的一种工具,该工具是为了解决数据分析任务而创建的

B. pandas 的核心是 n 维数组对象 ndarray

C. Matplotlib 不适合数据可视化工作

D. Matplotlib 架构的最高层是 Backend 层

6.大数据的起源是(　　　)。

A.金融　　　　　　　　B.电信　　　　　　　C.互联网　　　　　　D.公共管理

7.大数据最显著的特征是(　　　)。

A.数据规模大　　　　　　　　　　　　　B.数据类型多样

C.数据处理速度快　　　　　　　　　　　D.数据价值密度高

8.大数据具有"4V"特征,即容量大、多样化、高速性、价值密度(　　　)。

A.高　　　　　　　　　B.低　　　　　　　　C.无法预测　　　　　D.无规则可循

9.ETL 是 3 个字母的缩写,分别代表(　　　)。

A.抽取、分析、存储　　　　　　　　　　B.清洗、转换、分析

C.抽取、转换、加载　　　　　　　　　　D.分析、展示、加载

10.提取隐含在数据中的、人们事先不知道的但又是潜在有用的信息和知识,这是在描述( )技术。

A.数据清洗　　　　　B.数据收集　　　　　C.数据展示　　　　　D.数据挖掘

11.( )是一个用于生产 ECharts 图表的类库,是一款将 Python 与 ECharts 相结合的强大的数据可视化工具。

A. Matplotlib　　　　B. Tableau　　　　　C. PyEcharts　　　　D. ECharts

12.下列不属于大数据预处理的步骤的是( )。

A.数据清洗　　　　　B.数据检查　　　　　C.数据变换　　　　　D.数据规约

二、填空题

1.按统计学划分,数据分析分为描述性数据分析、探索性数据分析、_____。

2._____是指一组不同类的数据重复出现的次数。

3.互联网大数据处理技术体系分为数据获取层、大数据计算与存储层、_____和应用领域技术层等四层。

4._____分析法通常是将两个或两个以上的同类数据进行横向比较和纵向比较。

5.pandas 是基于_____的一种工具,该工具是为了解决数据分析任务而创建的。

6.按数据结构分,数据可分为结构化数据、_____和非结构化数据。

7.在大数据预处理阶段,_____的作用是从庞大的数据集中获得一个精简的数据集合。

8._____是指运用计算机图形学和图像处理技术,将数据转换为可以在屏幕上显示出来进行交互处理的方法和技术。

三、判断题

1.关联规则、聚类、分类是数据挖掘的常用算法。( )

2.数据规约是将互相关联的分布式异构数据源集成到一起,使用户能够以透明的方式访问数据源。( )

3.大数据是需要新处理模式才能具有更强的决策力、洞察发现力和流程优化能力来适应海量、高增长率和多样化的信息资产。( )

4.数据分析是指提取隐含在数据中的、人们事先不知道的但又有潜在价值的信息和知识。( )

5.分类是数据清洗的目的之一。( )

第 2 章　Python 大数据开发环境的搭建

2.1　Python 开发环境的搭建

2.1.1　Python 语言简介

Python 是一种面向对象的解释型计算机程序设计语言,由荷兰人 Guido van Rossum 于 1989 年发明,第一个公开发行版发行于 1991 年。

Python 具有丰富和强大的库。它常被称为胶水语言,能够把用其他语言(尤其是 C/C++)制作的各种模块很轻松地联结在一起。常见的一种应用情形是,使用 Python 快速生成程序的原型(有时甚至是程序的最终界面),然后对其中有特别要求的部分用更合适的语言改写,比如 3D 游戏中的图形渲染模块,性能要求特别高,就可以用 C/C++重写,而后封装为 Python 可以调用的扩展类库。需要注意的是,在使用扩展类库时可能需要考虑平台问题,某些可能不提供跨平台实现。

由于 Python 语言的简洁性、易读性以及可扩展性,在国外用 Python 做科学计算的研究机构日益增多,很多大学已经采用 Python 来教授程序设计课程。众多开源的科学计算软件包都提供了 Python 的调用接口,如著名的计算机视觉库 OpenCV、三维可视化库 VTK、医学图像处理库 ITK。而用 Python 专用的科学计算扩展库进行数据分析与计算更加方便,如 3 个十分经典的科学计算扩展库 NumPy、SciPy 和 Matplotlib,它们分别为 Python 提供了快速数组处理、数值运算以及绘图功能。因此,Python 语言及其众多的扩展库所构成的开发环境十分适合工程技术人员和科研人员处理实验数据、制作图表,甚至开发科学计算应用程序。

2.1.2　Python 的下载、安装和环境配置

本章只介绍 Python 在 Windows 操作系统下的安装和环境配置。

(1)进入官网(https://www.python.org)下载,如图 2-1 所示。

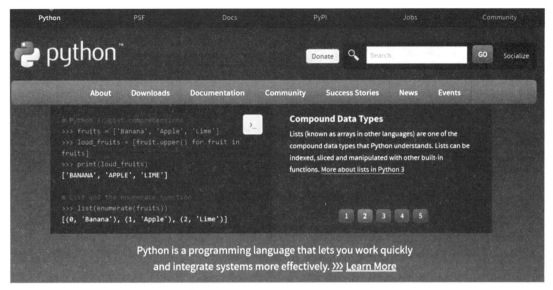

图 2-1　Python 官网下载

（2）下载完成后直接进行安装，安装时不要选择默认，选择自定义安装（Customize installation），如图 2-2 所示。

图 2-2　Python 3.11.0（64-bit）安装

（3）将图 2-3 中的几个选项全部选定，单击"Next"按钮。

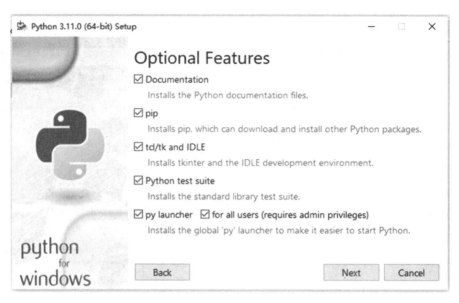

图 2-3 "Optional Features"选项窗口

　　（4）进入"Advanced Options"选项窗口，选择默认选项，可以通过"Browse"按钮选择软件安装位置，选择好目标位置后，单击"Install"按钮，如图 2-4 所示。

图 2-4 "Advanced Options"选项窗口

　　（5）安装成功后出现如图 2-5 所示的对话框。

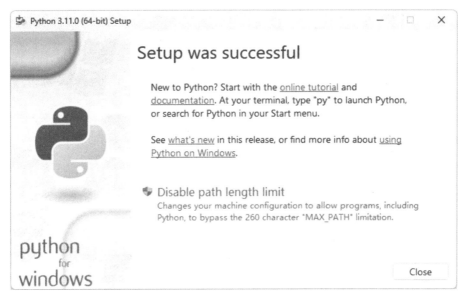

图 2-5　"Setup was successful"对话框

（6）打开 cmd 界面，输入"Python"，如果提示相应的版本号和一些指令，说明 Python 已经安装成功；如果显示的 Python 不是内部或外部命令，则说明还需要手动添加环境变量，如图 2-6 所示。

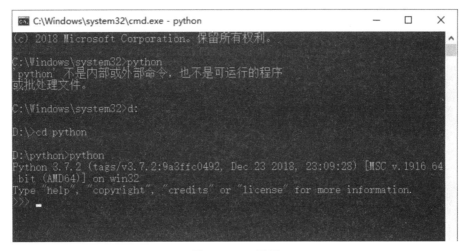

图 2-6　cmd 界面

手动添加系统环境变量的操作步骤如下：

（1）右键单击开始菜单，单击"系统"，在"系统"对话框中单击"高级系统设置"，如图 2-7 所示。

图 2-7　"系统"对话框

（2）在"系统属性"对话框中，单击"环境变量"，如图 2-8 所示。

图 2-8　"系统属性"对话框

（3）在"环境变量"对话框中找到"系统变量"中的"Path"，单击"编辑"按钮，如图 2-9 所示。

图 2-9　"环境变量"对话框

（4）在"编辑环境变量"对话框中单击"新建"按钮，将 Python 安装目录的路径加进去，然后一直单击"确定"按钮，如图 2-10 所示。

图 2-10　"编辑环境变量"对话框

环境变量配置好后,在 cmd 窗口中直接输入 Python 命令,就可以切换到 Python 的编译环境了,如图 2-11 所示。

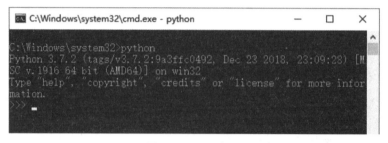

图 2-11　cmd 窗口

至此,Python 安装完成。Python 提供了两种执行方式:一种支持命令行模式,另一种除支持命令行模式外还支持脚本的运行,如图 2-12 所示。

图 2-12　Python 运行

2.2　PyCharm 概述

2.2.1　认识 PyCharm

PyCharm 是一款功能强大的 Python 编辑器,有一整套可以帮助用户在使用 Python 语言开发时提高其效率的工具,如调试、语法高亮、Project 管理、代码跳转、智能提示、自动完成、单元测试、版本控制等。此外,该 IDE 提供了一些高级功能,以用于支持 Django 框架下的专业 Web 开发。PyCharm 支持 Google App Engine 和 IronPython,这些功能在先进代码分析程序的支持下,使 PyCharm 成为 Python 专业开发人员和刚起步人员使用的有力工具。

PyCharm 有 professional 版和 community 版,professional 版是专业版,community 版是社区版。推荐安装可以免费使用的社区版。

1.PyCharm 的主要功能

(1)编码联想。PyCharm 提供了一个带编码补全、代码片段,支持代码折叠和分割窗口的智能、可配置的编辑器,可帮助用户更快更轻松地完成编码工作。

(2)项目代码导航和分析。PyCharm 可帮助用户即时从一个文件导航至另一个,用户使用快捷键能快速导航到指定位置。使用 PyCharm 编码语法、错误高亮显示、智能检测以及一键式代码快速补全建议,使得编码更优化。

(3)Python 重构。PyCharm 具有 Python 重构功能,用户能在项目范围内轻松进行重命名,提取方法和超类,导入域、变量、常量,移动和前推、后退重构等。

(4)支持 Django。PyCharm 具有自带的 HTML、CSS 和 JavaScript 编辑器,用户可以更快速地通过 Django 框架进行 Web 开发。此外,它还能支持 CoffeeScript、Mako 和 Jinja2。

(5)图形页面调试器。用户可以用 PyCharm 自带的功能全面的调试器对 Python 或者 Django 应用程序以及测试单元进行调试,该调试器带断点、步进、多画面视图、窗口以及评估表达式功能。

(6)集成的单元测试。用户可以在一个文件夹运行一个测试文件、单个测试类、一个方法或者所有测试项目。

2.PyCharm 软件中使用的常用快捷键

(1)Ctrl+Shift+L:调整代码格式。

(2)Ctrl+/:行注释、块注释。

(3)Alt+Enter:快速修正。

(4)Ctrl+Shift+F10:运行脚本。

(5)Ctrl+D:复制当前行。

(6)Ctrl+Y:删除当前行。

(7)Shift+Enter:快速换行。

(8)Tab:缩进当前行(选中多行后可以批量缩进)。

(9)Shift+Tab:取消缩进(选中多行后可以批量取消缩进)。

(10)Ctrl+F:查找。

(11)Ctrl+H:替换。

(12)Ctrl+减号:折叠当前代码块。

(13)Ctrl+Shift+减号:折叠当前文件。

2.2.2　PyCharm 的安装

本节只介绍 PyCharm 在 Windows 操作系统下的安装,步骤如下。

(1)进入官网(https://www.jetbrains.com/pycharm/download/#section=windows)

下载,如图 2-13 所示。

图 2-13　PyCharm 下载页面

（2）下载完成后双击下载的安装包开始安装,在弹出的 PyCharm 安装欢迎窗口中,单击"Next"按钮,进入下一步,如图 2-14 所示。

图 2-14　"Welcome to PyCharm Community Edition Setup"窗口

（3）在出现的"Choose Install Location"窗口中,可以通过"Browse"按钮选择软件安装位置(通常采用默认位置)。选择好目标位置后,单击"Next"按钮,进入下一步,如图 2-15 所示。

（4）在出现的"Installation Options"窗口中,勾选所有的复选框(也可以根据自己的需要勾选安装选项),然后单击"Next"按钮进入下一步,如图 2-16 所示。

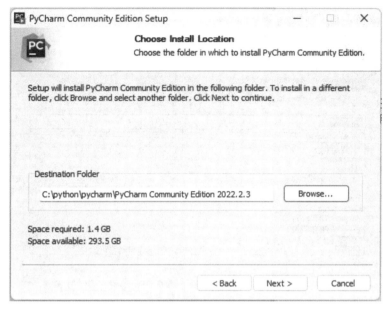

图 2-15　"Choose Install Location"窗口

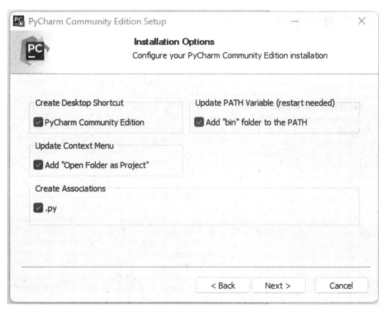

图 2-16　"Installation Options"窗口

（5）在出现的"Choose Start Menu Folder"窗口中，保留默认目录名称，直接单击"Install"按钮，进入安装过程，如图 2-17 和图 2-18 所示。

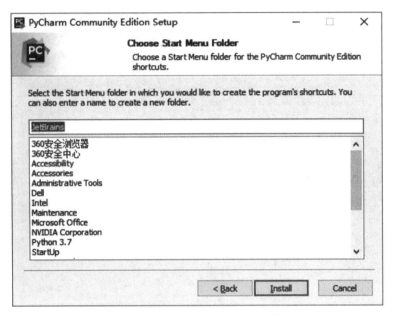

图 2-17 "Choose Start Menu Folder"窗口

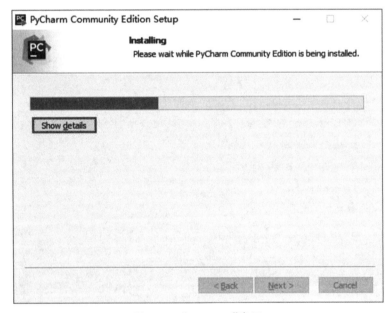

图 2-18 "Installing"窗口

(6)当软件安装完成之后,安装程序会弹出"Completing PyCharm Community Edition Setup"窗口。在该窗口中,可以选择"I want to manually reboot later",单击"Finish"按钮完成安装,如图 2-19 所示。

图 2-19　"Completing PyCharm Community Edition Setup"窗口

　　(7)在弹出的"Import PyCharm Settings From …"窗口中,如果是首次安装 PyCharm,则选择"Do not import settings"(不导入之前的设置),然后单击"OK"按钮,进入下一步,如图 2-20 所示。

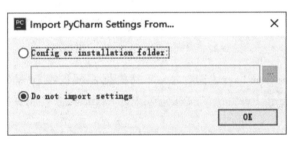

图 2-20　"Import PyCharm Settings From …"窗口

　　(8)在弹出的"JetBrains Privacy Policy"窗口中,选择"I confirm that I have read and accept the terms of this User Agreement",单击"Continue"按钮确认认证,进入下一步,如图 2-21 所示。

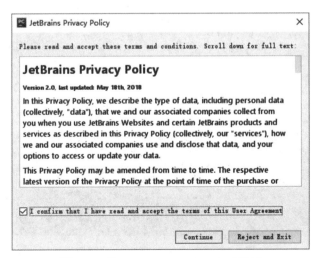

图 2-21　"JetBrains Privacy Policy"窗口

(9)在弹出的"Customize PyCharm"窗口中,根据自己的喜好选择一种主题,然后单击"Next Featured plugins"按钮,进入下一步,如图 2-22 所示。

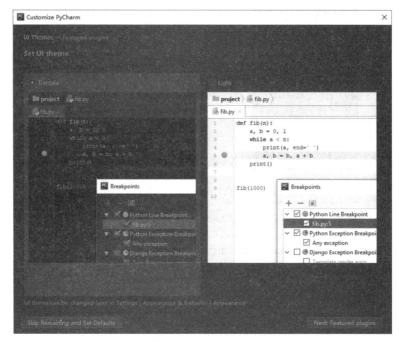

图 2-22 "Customize PyCharm"窗口(1)

(10)在"Customize PyCharm"窗口中,可以根据需要安装所需的插件,插件安装完毕后,可以单击"Start using PyCharm"按钮进入 PyCharm 软件欢迎页面,如图 2-23 和图 2-24所示。

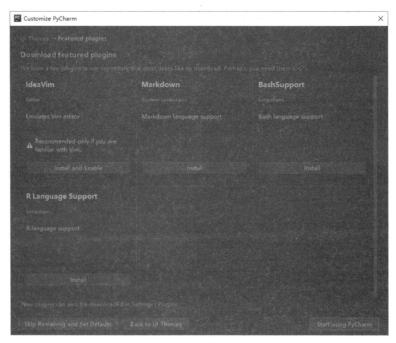

图 2-23 "Customize PyCharm"窗口(2)

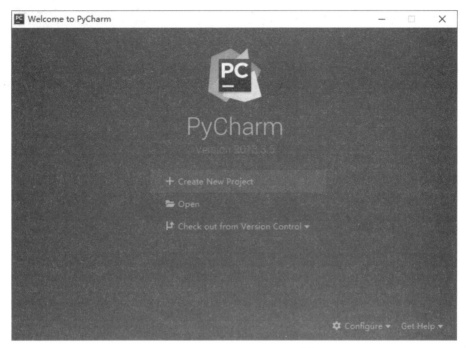

图 2-24　"Welcome to PyCharm"窗口

(11)若第一次使用 PyCharm，则单击"Create New Project"按钮新建一个项目，输入项目的路径和项目名，单击"Create"按钮，进入 PyCharm 主界面，如图 2-25 和图 2-26 所示。

图 2-25　"New Project"窗口

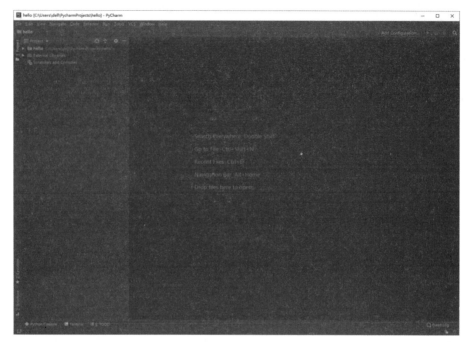

图 2-26　PyCharm 主窗口

2.2.3　PyCharm 基本设置

1.设置菜单字体的大小

单击菜单"File|Settings …",在 Settings 对话框左侧选择"Appearance & Behavior"下的"Appearance",然后在右侧设置"Size"的值即可。

2.设置 Console 和 Terminal 窗口字体的大小

单击菜单"File|Settings …",在 Settings 对话框左侧选择"Editor"下的"Color Scheme"下的"Console Font",然后在右侧选中"Use console font instead of the default",将"Font"和"Size"的值设为所需要的值即可。

3.设置文件编码

单击菜单"File|Settings …",在 Settings 对话框左侧选择"Editor"下的"File Encodings",然后在右侧将"Global Encoding"和"Project Encoding"的值都设置为 utf-8。

4.修改背景颜色

单击菜单"File|Settings …",在 Settings 对话框左侧选择"Editor"下的"Color Scheme"下的"General",然后在右侧选择"Text"下的"Default text",设置"Background"的值为所需要的颜色值即可。

5.字体、字体颜色

单击菜单"File|Settings …",在 Settings 对话框左侧选择"Editor"下的"Font",然后在右侧设置"Font"和"Size"的值即可。

单击菜单"File|Settings …",在 Settings 对话框左侧选择"Editor"下的"Color Scheme"下的"Python",然后在右侧的"Scheme"中选择所需要的主题即可更改字体颜色。

6.关闭自动更新

单击菜单"File|Settings ...",在 Settings 对话框左侧选择"Appearance & Behavior"下的"System Settings"下的"Updates",然后右侧的"Automatically check updates for"不选中即可。

7.脚本头设置

单击菜单"File|Settings ...",在 Settings 对话框左侧选择"Editor"下的"File and Code Templates",然后在右侧选定"Python Script",在右边的文本框中输入脚本值即可。

8.显示行号

单击菜单"File|Settings ...",在 Settings 对话框左侧选择"Editor"下的"General"下的"Appearance",然后在右侧选中"Show line numbers"即可。

2.3　Anaconda 概述

2.3.1　Anaconda 简介

Anaconda 是用于科学计算的 Python 发行版,支持 Linux、Mac、Windows 系统,提供了包管理与环境管理的功能,可以很方便地解决多版本 Python 并存、切换以及各种第三方包安装问题。Anaconda 利用工具或命令 Conda 来进行 package 和 environment 的管理,且已经包括 Conda、Python 和相关的配套工具,如 NumPy、pandas、Matplotlib 等。

Anaconda 具有如下特点:

(1)开源。

(2)安装过程简单。

(3)高性能使用 Python 和 R 语言。

(4)免费的社区支持。

2.3.2　Anaconda 的下载与安装

(1)进入官网(https://www.anaconda.com/download)下载,如图 2-27 所示。

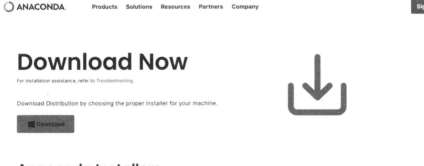

图 2-27　Anaconda 下载页面

（2）下载完成后双击下载的安装包开始安装，在弹出的 Anaconda 安装欢迎页面中，单击"Next"按钮，进入下一步，如图 2-28 所示。

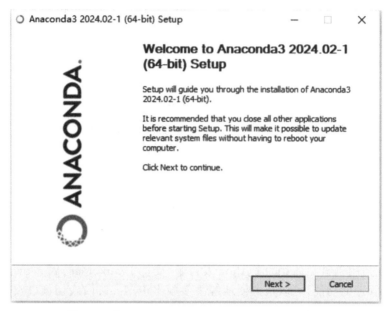

图 2-28 "Anaconda3 2024.02-1(64-bit) Setup"窗口

（3）进入"License Agreement"对话框，单击"I Agree"按钮，如图 2-29 所示。

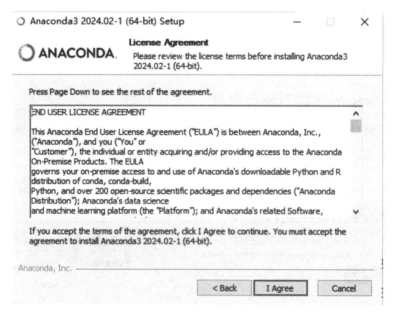

图 2-29 "License Agreement"对话框

（4）进入"Select Installation Type"对话框，选择默认设置即可，单击"Next"按钮，如图 2-30 所示。

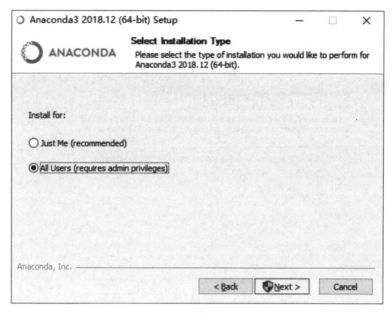

图 2-30　"Select Installation Type"对话框

（5）在出现的"Choose Install Location"窗口中，可以通过"Browse"按钮选择软件安装位置（通常采用默认位置）。选择好目标位置后，单击"Next"按钮，进入下一步，如图 2-31所示。

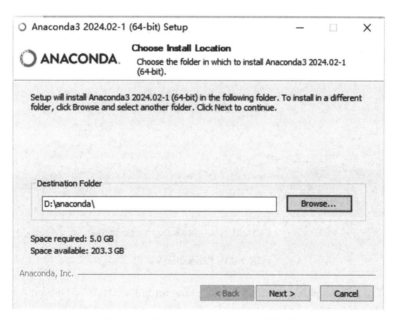

图 2-31　"Choose Install Location"窗口

（6）在出现的"Advanced Installation Options"窗口中，选择"Register Anaconda3 as the system Python 3.11"（注册 Anaconda3 为 Python 3.11 系统）选项，单击"Install"按钮，开始安装，如图 2-32 和图2-33 所示。

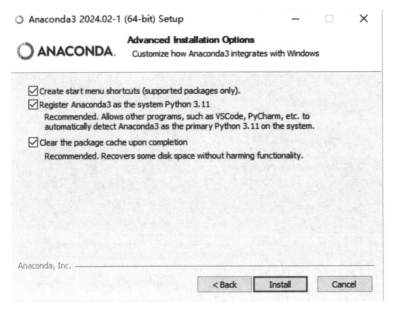

图 2-32 "Advanced Installation Options"窗口

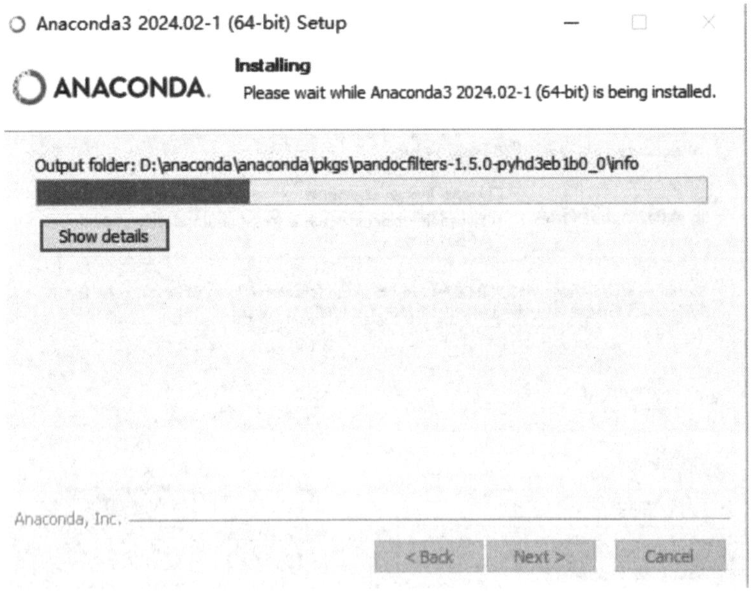

图 2-33 "Installing"窗口

（7）安装完成后，单击"Next"按钮，出现"Anaconda3 2024.02-1（64-bit）Setup"对话框，单击"Next"按钮，如图 2-34 所示。

（8）出现"Thank you for installing Anaconda Distribution"对话框，单击"Finish"按钮，安装完成，如图 2-35 所示。

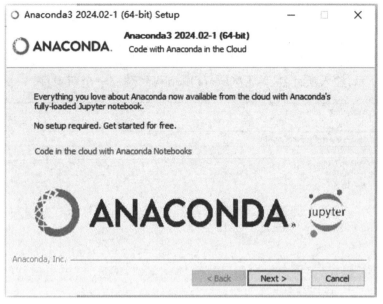

图 2-34　"Anaconda3 2024.02-1(64-bit) Setup"对话框

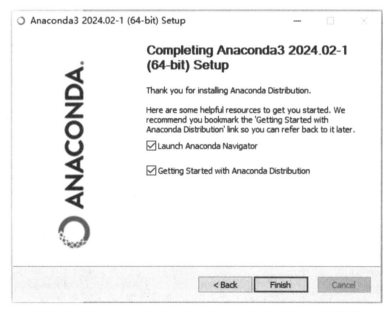

图 2-35　"Thank you for installing Anaconda Distribution"对话框

2.4　PyCharm 中导入 Anaconda

在 PyCharm 软件中导入 NumPy、pandas、Matplotlib 库时会提示错误,此时需要导入 Anaconda,因为 Anaconda 中包含了很多上面这样的库,使用 PyCharm 编写数据分析程序时需要用到 NumPy、pandas、Matplotlib 等库包时就不需要再次安装,直接导入就可运行,非常方便。

在 PyCharm 软件中导入 Anaconda 的步骤如下。

（1）打开 PyCharm 软件，单击菜单"File｜New Project …"，弹出"Create Project"对话框，如图 2-36 所示，输入项目名，单击"Create"按钮即可建立一个新项目。

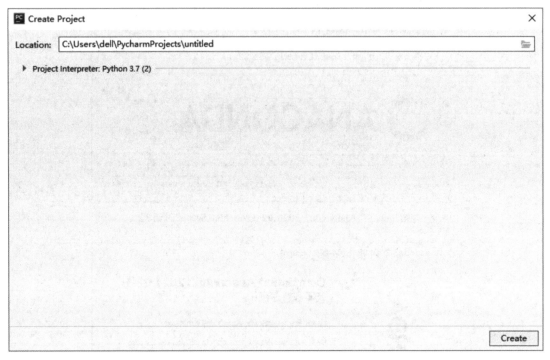

图 2-36　"Create Project"对话框

（2）在新项目主窗口中单击菜单"File｜Settings …"，弹出"Settings"对话框，单击左侧的"Project：untitled"下的"Project Interpreter"项，出现如图 2-37 所示的窗口。

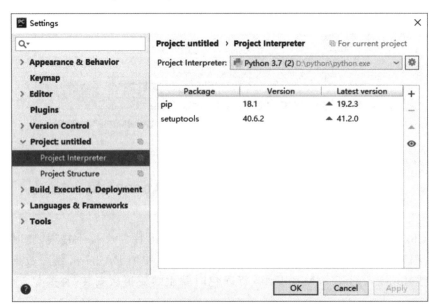

图 2-37　"Settings"对话框

（3）在图 2-37 所示的窗口中，单击右上角的"⚙"按钮，弹出菜单，单击"Add ..."，弹出 "Add Python Interpreter"对话框，如图 2-38 所示。

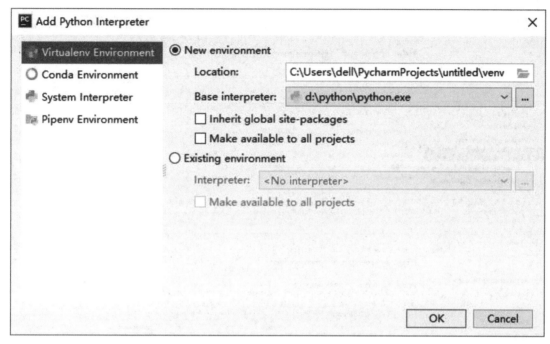

图 2-38　"Add Python Interpreter"对话框

（4）在图 2-38 所示的窗口中，单击左侧的"System Interpreter"，在右侧选择 Anaconda 的安装路径（如 D:\anaconda\anaconda\python.exe），单击"OK"按钮，如图 2-39 所示。

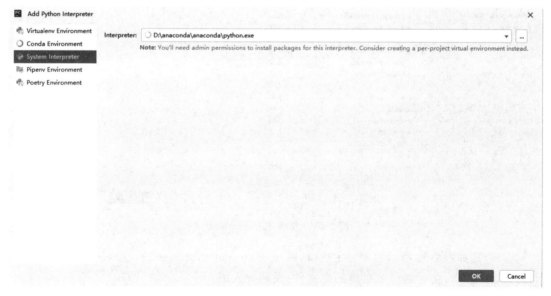

图 2-39　"Add Python Interpreter"窗口

（5）回到图 2-37 所示的窗口，在"Project Interpreter"选项中选择刚加载的"Python 3.11(2) D：\anaconda\anaconda\python.exe"（图 2-40），出现如图 2-41 所示的窗口，单击"OK"按钮，导入完成。

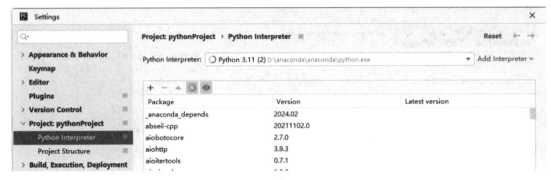

图 2-40 加载 Anaconda

图 2-41 成功导入 Anaconda

（6）回到如图 2-42 所示的项目主窗口，展开"External Libraries"下的"＜Python 3.11＞"下的"anaconda"，会看到很多对应的库文件，说明导入成功。

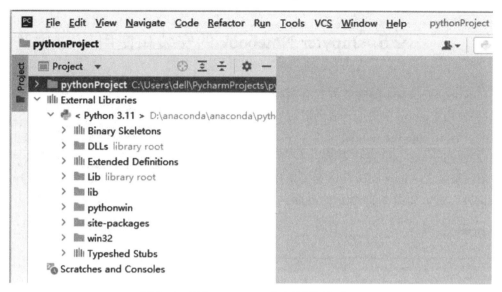

图 2-42　导入 Anaconda 成功的项目主窗口

接下来编写第一个数据分析程序 MyFirst.py 并成功运行，如图 2-43 所示，至此，Python 数据分析开发环境搭建完成。

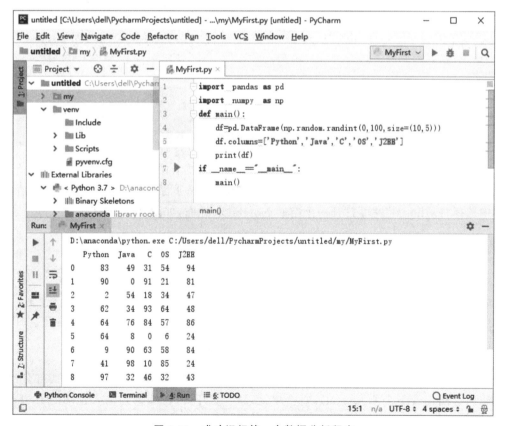

图 2-43　成功运行第一个数据分析程序

2.5 Jupyter Notebook 的安装和使用

Jupyter Notebook 的安装方式有两种。

（1）使用 Python 中的 pip 命令进行安装，命令格式为：

pip install jupyter notebook

（2）使用 Anaconda 进行安装。

前面安装了 Anaconda，可以直接使用 Jupyter，单击"开始|Anaconda3（64-bit）|Jupyter Notebook"，进入如图 2-44 所示的界面。

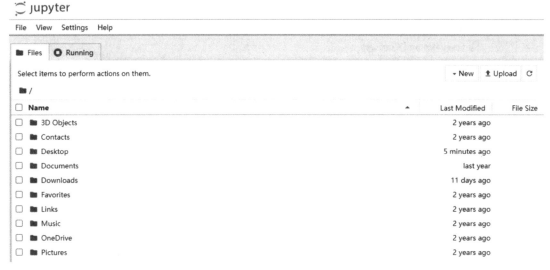

图 2-44 Jupyter Notebook 首页界面

"Files"选项卡中列出了所有的文件，"Running"选项卡中显示当前已经打开的终端和 Notebooks。如果需要创建一个新的 Notebook，需要单击页面右上角的"New"按钮，在下拉选项中选择"Python 3"就可打开一个空的 Notebook 界面，如图 2-45 所示。

图 2-45 Notebook 界面

Notebook 界面由 Notebook 标题、主工具栏、快捷键和 Notebook 编辑区四部分组成。在编辑区会出现若干个单元（cell），每个单元以"[ ]"开头，在编辑区输入正确的 Python 代码并执行，如图 2-46 所示。

图 2-46　代码编辑单元

Jupyter Notebook 中常用的一些快捷键及其功能如下：

(1)编辑模式中的常用快捷键。

①Ctrl＋Enter:运行当前单元代码。

②Alt＋Enter:运行本单元代码且在下方插入新单元。

③Shift＋Enter:运行当前单元代码并指向下一个单元。

(2)命令模式中的常用快捷键。

①Shift＋K:扩大选中上方单元。

②Shift＋J:扩大选中下方单元。

③Shift＋M:合并选中的单元。

④A:在当前单元上面创建一个新的单元。

⑤B:在当前单元下面创建一个新的单元。

⑥Z:撤销已删除的单元。

⑦S:保存当前 Notebook。

⑧H:查看所有的快捷键。

2.6　实验

实验学时:2 学时。

实验类型:验证。

实验要求:必修。

一、实验目的

1.了解和使用 Python 开发环境。

2.掌握 PyCharm 集成开发环境。

3.掌握 Anaconda 的下载与安装。

4.掌握 Jupyter Notebook 的使用。

二、实验要求

1.Python 的下载、安装与环境配置。

2.PyCharm 的下载、安装与配置,并在 PyCharm 中编辑、调试和运行一个数据分析程序。

3.Anaconda 的下载、安装。

4.使用 Jupyter Notebook 编辑、调试和运行一个数据分析程序。

三、实验内容

任务1.参考教材中的内容,在自己的电脑上下载 Python 的安装包并安装、配置好 Python环境。

任务2.参考教材中的内容,在自己的电脑上下载 PyCharm 的安装包并安装、配置好 PyCharm环境。

任务3.参考教材中的内容,在自己的电脑上下载 Anaconda 的安装包并安装,在 PyCharm 中导入 Anaconda。

任务4.在 PyCharm 中编辑、调试和运行如下测试程序。

```python
#encoding:utf-8
import numpy as np
import pandas as pd
import random as rd
def main():
    pd.set_option("display.unicode.east_asian_width",True)
    date_ls=[x.strftime('%Y-%m-%d') for x in list(pd.date_range(start=
            '2019-1-1',end='2019-12-30',freq='W-MON'))]
    goods_name_ls=['N95','84','防护服','护目镜','呼吸机']
    price_dict={'N95':12,'84':13,'防护服':456,'护目镜':26,'呼吸机':4980}
    place_ls=['深圳','厦门','东莞','郑州','天津']
    table1=pd.DataFrame()
    for i in range(1000):
        date=rd.choice(date_ls)
        name=rd.choice(goods_name_ls)
        number=rd.randint(100,5000)
        price=price_dict[name]
        address=rd.choice(place_ls)
        turnover=price * number
        data=[date,name,number,price,address,turnover]
        table1[i]=pd.Series(data)
    table1=table1.T
    table1.columns=['生产日期','商品名称','数量','价格','产地','金额']
```

```
x_ls=['赵','钱','孙','李','林','陈','刘','吴','张','王','何']
name_ls=['刚','真','宇','涛','震','强','红','梅','花','柳','茵','姗','娥','香','彬',
         '峰','疆','兰','艳','玲','明','东']
myname_s=[]
for j in range(100):
    myname=rd.choice(x_ls)+rd.choice(name_ls)+rd.choice(name_ls)
    myname_s.append(myname)
table2=pd.DataFrame(np.random.randint(30,100,size=(100,6)))
table2.columns=['操作系统','C 语言','Python 高级应用','数据库原理及应用',
                '大学英语','高等数学']
table2['姓名']=myname_s
table3=pd.DataFrame({'姓名':['张三','李四','王五','赵六','吴明天','陈真'],
                    '性别':['男','女','男','女','男','男'],
                    '籍贯':['厦门','泉州','漳州','南平','三明','福州']})
dfs={'抗疫物资清单':table1,'三班成绩单':table2,'用户信息表':table3}
writer=pd.ExcelWriter("20201103.xlsx",engine='xlsxwriter')
for sheet_name in dfs.keys():
    dfs[sheet_name].to_excel(writer,sheet_name=sheet_name,index=False)
writer.save()
if __name__=="__main__":
    main()
```

任务 5.使用 Jupyter Notebook 编辑、调试和运行上面的测试程序,如图 2-47 所示。

图 2-47　测试代码

运行结果如图 2-48 所示。

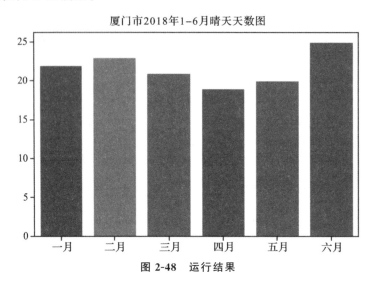

图 2-48　运行结果

第 3 章　Python 编程基础

3.1　Python 概述

Python 是一种解释型、面向对象、动态数据类型的高级程序设计语言。1989 年,荷兰程序员 Guido Van Rossum 开始开发一个新脚本的解释器。1991 年,第一个 Python 解释器版本公开发行。1994 年 1 月,Python 1.0 发布,2000 年 10 月,Python 2.0 发布,2008 年 12 月,Python 3.0 发布,目前 Python 的版本已经更新到 3.13.0。Python 2.x 的最后版本是 Python 2.7,默认仅支持 ASCII 编码,不支持中文;Python 3.x 的默认编码为 Unicode,支持中文,但不兼容 Python 2.x 版本。

Python 语言功能强大,开发效率高,具有很好的交互性与可移植性,界面友好,易学易用,开源。目前广泛应用于 Web 开发、网络编程、科学计算、大数据分析与可视化、数据挖掘、自动化运维与测试、GUI 图形开发等领域。

Python 语言具有下列特点。

(1)易学易用,便于阅读和维护。让高级语言简单易学是 Guido 开发该语言的初衷之一。Python 的关键字相对较少,结构简单,而且语法简便,学习起来更加容易。Python 代码定义清晰,采用强制缩进的方式使得代码具有极佳的可读性。自由、开源的特性使得其可维护性好。

(2)可移植性强。Python 具有基于开放源代码的特性,Python 程序无须修改就可以在 Windows、Linux、Unix 等平台运行,可移植性强。

(3)基于过程且面向对象。Python 既支持面向过程的编程,也支持面向对象的编程。在面向过程的语言中,程序是由过程或函数构建的,Python 支持过程式或函数式编程。在面向对象的语言中,程序是由数据和功能组合而成的对象构建起来的。与 C++ 和 Java 等面向对象的语言相比,Python 支持面向对象编程,是一种非常强大又简单的面向对象编程语言。

(4)拥有丰富的库。Python 标准库很庞大,它可以处理包括正则表达式、文档生成、单元测试、线程、数据库、网页浏览器、CGI、FTP、电子邮件、XML、XML-RPC、HTML、WAV 文件、密码系统、GUI(图形用户界面)、Tk 和其他与系统有关的操作。除了标准库以外,还有许多其他高质量的第三方库,如 SciPy、pandas、NumPy、Matplotlib 等。

Python 程序的执行方式有两种:交互式和文件式。交互式是指 Python 解释器逐行接受 Python 代码并即时响应,启动 Python 后,在提示符"＞＞＞"后直接输入命令即可。文件执行方式也称批量式,先将 Python 代码保存在文件中,再启动 Python 解释器批量解释执行代码。

3.2　Python 基础知识

3.2.1　Python 代码编写规范

1.缩进

Python 语言采用严格的缩进来表示程序逻辑,缩进指每行语句开始前的空白区域,用来表示 Python 程序间的包含和层次关系。一般代码不需要缩进,顶行编写且不留空白。当表示分支、循环、函数、类等程序含义时,在 if、while、for、def、class 等保留字所在完整语句后通过英文冒号":"结尾并在之后行进行缩进,表明后续代码与紧邻无缩进语句的所属关系。如图 3-1 所示。

```
1    #coding=utf8
2    import random  as rd
3    def redLuckyMoney(amount,num):  #amount为拟发红包金额, num为抢红包的人数
4        moneys=[] #存放每个红包大小
5        total=0
6        for x in  range(1,num):
7            while True:
8                try:
9                    one=round(rd.uniform(0.1,(amount-total)-(num-x)),2)  #随机生成红包大小
10                   assert  0<=one<=(3*amount/num)
11                   break
12               except:
13                   pass
14           moneys.append(one)
15           total=total+one     #已发红包的总金额
16       return  moneys
```

图 3-1　Python 代码的缩进

需要注意的是,不是所有语句都可以通过缩进包含其他代码,只有上述一些特定保留字所在语句才可以引导缩进,如赋值语句、input()和 print()输入输出语句不表示所属关系,不能使用缩进。

2.注释

注释语句不会被编译器或解释器执行,是对代码的作用进行说明,方便程序员阅读。Python 语言中常用的注释方式有两种。

(1)单行注释。采用"♯"表示一行注释的开始,"♯"后面的内容为注释内容。

(2)多行注释。注释内容放在一对三个单引号或双引号中,如:'''注释内容'''或者"""注释内容"""。

3.模块导入

在 Python 中,如果需要使用内置的标准库模块、自定义模块、第三方模块中的函数,就需要导入模块,导入的方式有:

(1)import 模块名[as 别名]。

(2)from 模块名 import 对象名[as 别名]。

(3)from 模块名 import *。

第一种方式导入后,需要在使用的对象前加上前缀,即以"模块名.对象名"或"别名.对象名"的方式访问。第二种方式导入明确指定了对象,这种导入方式可以减少查询次数,提高访问速度,访问对象时不需要加前缀。第三种方式导入是一次导入模块中的所有对象。

4.续行符

Python 程序是逐行编写的,每行代码长度并无限制,但从程序员角度,单行代码太长并不利于阅读,因此,Python 提供"续行符"将单行代码分割为多行表达。续行符由反斜杠(\)表达。

3.2.2　标识符、常量和变量

1.标识符

标识符是一个字符序列,在程序中用来标识常量名、变量名、函数名、类名等。Python 标识符的命名规则如下。

标识符由字母(A~Z、a~z)、数字(0~9)、下划线组成,也可以包含汉字,且第一个字符必须是字母或下划线,字母严格区分大小写,不能与 Python 保留字同名。如以下是合法的标识符:

a, stu2, age_1,myBirthday, _num,For

以下是非法的标识符:

2a,stu * 2,age&name,for,True,a+1

保留字(keyword),也称关键字,指被编程语言内部定义并保留使用的标识符。程序员编写程序不能命名与保留字相同的标识符。每种程序设计语言都有一套保留字,保留字一般用来构成程序整体框架,表达关键值和具有结构性的复杂语义等。Python 3.x 版本共有35 个保留字,如表 3-1 所示,按照字母顺序排列。与其他标识符一样,Python 的保留字也是严格区分大小写的,例如,True 是保留字,但 true 不是保留字,后者可以被当作变量使用。

表 3-1　Python 的 35 个保留字

and	as	assert	async	await	break	class
continue	def	del	elif	else	except	False
finally	for	from	global	if	import	in
is	lambda	None	nonlocal	not	or	pass
raise	return	True	try	while	with	yield

2.常量

Python 中的常量按其值的数据类型分为整型常量、实型常量、字符常量、布尔型常量、复数类型常量等。例如:−1、8、0 是十进制整型常量,0o3762 是八进制整型常量,0x3C6F

是十六进制整型常量,0b10110 是二进制整型常量,3.1415、−7.64E−7、1.54e+3、1.54e3 是实型常量,'china'、"hello"是字符常量,True、False 是布尔型常量,3+4j、−6−8j 是复数类型常量。

Python 中也可以自定义常量,自定义常量用全部大写字母的变量名表示。例如:AGE_OF_MYBOY = 10 定义了一个常量,在该常量定义的后续代码中可以给 AGE_OF_MYBOY 重新赋值。一般情况下,自定义常量与变量没有区别,唯一的区别就是自定义常量全部用大写字母命名,以此来区分变量。

3.变量

值可以改变的量称为变量,变量的命名要符合标识符的命名规则。在 Python 中,变量不需要声明,直接赋值就可创建各种数据类型的变量。变量存储在内存中有 id(地址)、type(类型)与 value(值)三个属性。id 指的是变量所指向对象在内存中的起始地址;type 指的是变量所指向对象数据的类型(在 Python 中,变量本身是没有类型的);value 是指向对象的值。

注意:在 Python 中比较变量有"=="与"is"两种方式,"=="比较的是变量的 value,如果两个变量的 value 相同,则变量的 type 肯定相同,但 id 可能不同。"is"比较的是两变量的 id,如果两个变量 id 相同,意味着 type 和 value 必定相同,因为 id 相同,说明两个变量是指向同一个对象。

与变量属性相关的内置函数有 type()、id()、isinstance()等。type()函数的作用是返回变量的类型;id()函数的作用是返回变量的地址;isinstance()函数的作用是用来判断一个对象是否是一个已知的类型。isinstance()与 type()的区别是:type()不会认为子类是一种父类类型,不考虑继承关系,而 isinstance()会认为子类是一种父类类型,考虑继承关系。如果要判断两个类型是否相同,建议使用 isinstance()函数。

赋值语句的格式为:

变量名=表达式

作用:先计算表达式的值,然后将此值赋给变量(即右边赋给左边)。例如:

a="hello"

b=3+4*5−6   ♯b 的值为 17

d=math.sqrt(b*b−4*a*c)

3.2.3 基本数据类型

1.数字类型

表示数字或数值的数据类型称为数字类型,Python 语言提供 3 种数字类型:整数、浮点数(实数)和复数。

整数类型与数学中的整数相一致,可正可负。一个整数值可以表示为十进制、十六进制、八进制和二进制等不同进制形式。十进制常数由 0~9 的数字组成,如 0、−1、869 等;十六进制常数以 0x 或 0X 开头,后由 0~9 的数字和 a~f(或 A~F)的字母组成,如−0x3a46、0Xff 等;八进制常数以 0o 开头,后由 0~7 的数字组成,如−0o416、0o73 等;二进制常数以 0b 开头,后由 0 和 1 组成,如−0b1011、0b11010 等。

浮点数类型与数学中的小数相一致,可正可负。一个浮点数可以表示为带有小数点的一般形式,也可以采用科学记数法的指数形式。浮点数只有十进制形式。例如:一般形式的浮点数−3.141926,科学记数法的浮点数1.26e−2,−3.14E6,e 或 E 后必须是整数,不能是带小数点的数。

复数类型与数学中的复数相一致,采用 a+bj 或 a+bJ 的形式表示,a 表示实部,b 表示虚部,如 3+4j、−6−8J。

2.字符串类型

要处理文本信息就需要使用字符串类型,字符串是字符的序列,在 Python 语言中采用一对双引号(" ")或者一对单引号(' ')引起来的一个或多个字符来表示。其中,双引号和单引号作用相同。作为字符序列,字符串可以对其中单个字符或字符片段进行索引。字符串索引采用两种序号体系:正向递增序号和反向递减序号,如图 3-2 所示。

图 3-2　Python 字符串的两种序号体系

如果字符串长度为 L,正向递增需要以最左侧字符序号为 0,向右依次递增,最右侧字符序号为 L−1;反向递减序号以最右侧字符序号为−1,向左依次递减,最左侧字符序号为−L。这两种索引字符的方法可以同时使用。例如:"Made in China!"[3]的值为"e"。

可以采用[N:M:P]格式获取字符串的子串,这个操作被形象地称为切片。N 表示初值,M 表示终值(不包含),P 表示步长值。[N:M]获取字符串中从 N 到 M(但不包含 M)间连续的子字符串,其中,N 和 M 为字符串的索引序号,可以混合使用正向递增序号和反向递减序号。例如:

"Made in China!" [0:7]的值为"Made in"

"Made in China!" [0:10:2]的值为"Md nC"

"Made in China!" [−1:−4:−1]的值为"!an"

3.布尔类型

布尔类型用于描述逻辑判断的结果,有真和假两种值,在 Python 中用 True 表示真,False 表示假。值为真或假的表达式为布尔表达式,Python 的布尔表达式包括关系表达式和逻辑表达式两种,它们通常用来在程序中表示条件,条件满足时值为 True,不满足时值为 False。

3.2.4　运算符与表达式

Python 语言的运算符有算术运算符(+、−、*、/、**、//、%)、关系运算符(>、<、>=、<=、==、!=)、逻辑运算符(and、or、not)、位运算符(<<、>>、~、|、^、&)、赋值运算符(=、复合赋值运算符)、成员运算符(in、not in)、同一运算符(is、is not)、下标运算符([])等。

1.算术运算符与表达式

算术运算符的描述及示例见表 3-2。

表 3-2　算术运算符

运算符	描述	示例
＋	加法运算,将运算符两边的操作数相加	a ＋ b
－	减法运算,将运算符左边的操作数减去右边的操作数	a － b
*	乘法运算,将运算符两边的操作数相乘	a * b
/	除法运算,用右操作数除左操作数	a / b
％	模运算,用右操作数除数左操作数并返回余数	a ％ b
**	指数(幂)计算	a ** b
//	整除法,不管操作数为何种数值类型,总是会舍去小数部分,返回数字序列中比真正的商小的最接近的整数	a // b －a // b －a //－b

例如:3/2 的结果为 1.5 ,3//2 的结果为 1,3％2 的结果为 1,3 ** 2 的结果为 9。

【案例 3-1】　求 3 位数 x 的百位数字、十位数字和个位数字。

代码如下:

```
x＝eval(input("x:"))
b＝x//100        #百位数字
s＝x//10％10      #十位数字
g＝x％10          #个位数字
print('{}的百位数字:{},十位数字:{},个位数字:{}'.format(x,b,s,g))
```

2.关系运算符

关系运算符有＞、＜、＞＝、＜＝、＝＝、!＝,其运算结果为布尔值(True 或 False)。例如:

```
x＝3.5
3＜＝x＜＝4 的结果为 True
x＝＝3.5 的结果为 True(x＝＝3.5 等价于 x is 3.5)
```

3.逻辑运算符

逻辑运算符有 and、or、not,优先级顺序为 not 高于 and 高于 or,运算结果为布尔值(True 或 False)。逻辑运算符的真值表见表 3-3。

表 3-3　逻辑运算符的真值表

a	b	a and b	a or b	not a
True	True	True	True	False
True	False	False	True	False
False	True	False	True	True
False	False	False	False	True

例如："能够被 4 整除但不能被 100 整除,或者能够被 400 整除的年份 year 就是闰年"的表达式为:

year % 4 ==0 and year %100!=0 or year % 400 ==0

4.移位运算符

移位运算符有≫(右移)和≪(左移),它需要将操作数转换成二进制后再进行移位。例如:

```
a=98          ♯对应的八位二进制数是 01100010
b=a≫3         ♯将 a 右移 3 位,结果为 12
c=a≪1         ♯将 a 左移 1 位,结果为 196
```

5.位的运算符

位的运算符有 &(位与)、|(位或)、˜(位非),它需要将操作数转换成二进制位后再进行按位的与或非运算。例如:

```
a=98     ♯98 对应的八位二进制为 01100010
b=67     ♯67 对应的八位二进制为 01000011
a&b 的结果 66    (66 对应的八位二进制为 01000010)
a|b 的结果 99    (99 对应的八位二进制为 01100011)
a˜b 的结果 33    (33 对应的八位二进制为 00100001)
```

6.赋值运算符和复合赋值运算符

赋值运算符用"="表示,一般形式为:

变量=表达式

其作用是将表达式的值赋给变量。例如:a=3.14 就是把常量 3.14 赋给变量 a。在 Python 中,可通过链式赋值将同一个值赋给多个变量,一般形式为:

变量 1=变量 2=变量 3=表达式

例如:m=n=p=3+2*5,则 m、n、p 的值均为 13。在 Python 中,还可以多个变量并行赋值,一般形式为:

变量 1,变量 2,…,变量 n=表达式 1,表达式 2,…,表达式 n

但要注意,变量个数和表达式的个数要一致,其过程为先计算赋值号右边的所有表达式的值,再对应地赋给左边的变量。例如,a,b,c=2+3,1−2,3*5,其结果 a 的值为 5,b 的值为−1,c 的值为 15。

Python 语言规定,赋值运算符"="与 7 种算术运算符(+、−、*、/、//、**、%)和 5 种位运算符(≫、≪、&、|、˜)结合构成 12 种复合的赋值运算符。分别是+=、−=、*=、/=、//=、**=、%=、≫=、≪=、&=、|=、˜=,结合方向为自右向左。例如:

```
a=3
b=5
a+=b          ♯等价于 a=a+b,a 的值为 8
a≫=2          ♯等价于 a=a≫2,a 的值为 2
a*=a+3        ♯等价于 a=a*(a+3),a 的值为 10
```

7.成员运算符

成员运算符用于判断一个元素是否在某个序列中,或者判断某个字符是否在某个字符串

中,其结果为逻辑值(True 或 False)。Python 提供了两种成员运算符:in 和 not in。例如:

'hi' in 'china' 结果为 True;

5 not in[1,3,5,7,9] 结果为 False。

8.同一运算符

同一运算符用于测试两个变量是否指向同一个对象,其运算结果为逻辑值(True 或 False)。Python 提供了两种同一运算符:is 和 is not。is 用来检查两个变量是否指向同一对象,即对象的 id 是否相同,如果相同,结果为 True,否则为 False。is not 和 is 正好相反。例如:

```
a=b=6.28
c=6.28
a is b          #结果为 True
a is c          #结果为 True
b is not c      #结果为 False
```

3.3 Python 程序的基本结构

Python 程序的基本结构有顺序结构、选择结构和循环结构。顺序结构中一般包含赋值语句、输入语句和输出语句,程序按照语句的先后顺序执行。选择结构也叫分支结构,它需要判断给定的条件是否满足来决定程序的执行路线,有单分支选择结构、双分支选择结构和多分支选择结构。循环结构是一种重复执行的程序结构,有 while 循环结构和 for 循环结构。本节主要讲解选择结构和循环结构。

3.3.1 选择结构

Python 程序的选择结构用 if 语句来实现,if 语句有单分支结构、双分支结构和多分支结构 3 种。

1.单分支选择结构

if 语句的单分支结构的一般格式如下:

if 表达式:

　　语句体

其功能是先计算表达式的值,如果表达式的值为 True,则执行语句体,否则跳过 if 语句的语句体执行 if 后面的下一条语句。如图 3-3 所示。

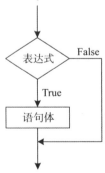

图 3-3　单分支 if 语句的执行流程

2.双分支选择结构

if 语句的双分支结构的一般格式如下：

if 表达式：

　　语句体 1

else：

　　语句体 2

其功能是先计算表达式的值,如果表达式的值为 True,则执行语句体 1,否则执行语句体 2。如图 3-4 所示。

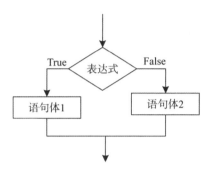

图 3-4　双分支 if 语句的执行流程

【**案例 3-2**】　输入一个数,判断它是奇数还是偶数。

代码如下：

```
num＝eval(input("请输入一个数:"))
strjo＝""
if num％2!＝0:
    strjo＝str(num)＋"是奇数"
else:
    strjo＝str(num) ＋ "是偶数"
print(strjo)
```

3.多分支选择结构

在 Python 中,实现多分支结构可以使用 if…elif…else 语句和采用 if 语句的嵌套两种方式实现。多分支 if…elif…else 语句的一般格式如下：

if 表达式 1：

　　语句体 1

elif 表达式 2：

　　语句体 2

elif 表达式 3：

　　语句体 3

　　　　⋮

elif 表达式 n：

　　语句体 n

[else:

　　语句体]

其功能是先计算表达式 1 的值,如果表达式 1 的值为 True,则执行语句体 1,否则计算表达式 2 的值,如果表达式 2 的值为 True,则执行语句体 2,否则计算表达式 3 的值,以此类推。如果表达式 1～n 的值都是 False,则执行 else 后面的语句体。如图 3-5 所示。

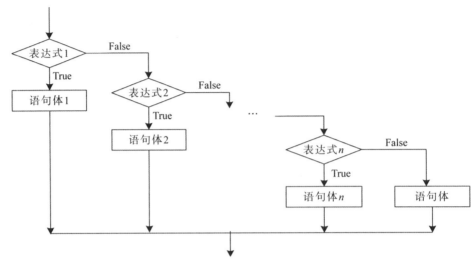

图 3-5　多分支 if 语句的执行流程

【案例 3-3】　超市根据顾客的购买金额推出不同的折扣优惠:购买 500 元以下不打折,500(含)～1000 元之间打九八折,1000(含)～2000 元之间打九五折,2000 元(含)及以上打九二折,从键盘输入购买金额,输出优惠金额。

代码如下:

```
money=eval(input("请输入购买金额:"))
zk=0
if money<500:
    pass
elif money<1000:
    zk=money * 0.02
elif money<2000:
    zk=money * 0.05
else:
    zk=money * 0.08
print("购买金额:{},优惠{}元".format(money,zk))
```

此案例也可采用 if 语句的嵌套来实现。代码如下:

```
money=eval(input("请输入购买金额:"))
zk=0
if money<500:
    pass
```

```
else：
    if 500 <= money<1000：
        zk=money * 0.02
    else：
        if 1000 <= money<2000：
            zk=money * 0.05
        else：
            zk=money * 0.08
print("购买金额：{},优惠{}元".format(money,zk))
```

3.3.2　循环结构

在 Python 中,能用于循环结构的有 while 循环结构和 for 循环结构。

1.while 语句

while 语句的一般格式如下：

while 条件表达式：

　　循环语句体(包含 break 和 continue 语句)

[else：

　　语句体]

其功能是先计算条件表达式的值,如果条件表达式的值为 True,则执行循环语句体,之后继续判断条件表达式的值,如果值还是 True,则继续执行循环语句体,如此循环,直到条件表达式的值为 False 时,退出循环,如果后面有 else,则还要执行语句体(注意:如果是执行了循环语句体中的 break 语句而结束循环,则不执行 else 后面的语句体),然后循环结束,如图 3-6 所示。

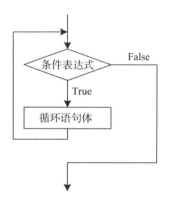

图 3-6　while 循环语句的执行流程

【案例 3-4】　求 s=100+101+…+200。

代码如下：

```
s=0
i=100              # 循环变量=初值
while i <=200：     # 循环变量<=终值
```

```
        s=s+i
        i=i+1            #修正循环变量
print("s={}".format(s))
```

【案例 3-5】 求 $\dfrac{\pi}{4}=1-\dfrac{1}{3}+\dfrac{1}{5}-\dfrac{1}{7}+\dfrac{1}{9}-\dfrac{1}{11}+\cdots$。

代码如下:

```
s=0
i=1                     #循环变量=初值
t=1.0
while i<100000：        #循环变量<=终值
        s=s+t/i
        i=i+2            #修正循环变量
        t=-t             #变换符号
print("pai={}".format(s*4))
```

【案例 3-6】 任意输入一个十进制整数,将此十进制整数转换成二进制数输出。

代码如下:

```
x=int(input("输入 x:"))
res=""
n=x//2
r=x%2
while n!=0：
        res=res+str(r)
        r=n%2
        n=n//2
else：
        res=res+str(r)
print(res[::-1])
```

2.for 语句

for 语句的一般格式如下:

for 目标变量 in 序列对象:
        循环语句体(包含 break 和 continue 语句)
[else:
        语句体]

其功能是依次遍历序列对象(即序列对象中有多少个元素就循环多少次),每遍历一次则执行循环语句体一次,遍历完成则退出循环,如果后面有 else,则还要执行语句体(注意:如果是执行了循环语句体中的 break 语句而结束循环,则不执行 else 后面的语句体),然后循环结束。

【案例 3-7】 用计算机随机产生 20 个男生名和 20 个女生名。

代码如下：

```
import random as rd
male=['强','峰','毅','刚','明','宝','真','振','东','晓','文','飞']
female=['红','花','莉','美','柔','媚','鲜','菲','梓','芝']
xs=['东方','赵','钱','欧阳','孙','李','张','王']
names1=[]
names2=[]
for i in range(20):
    names1.append(rd.choice(xs)+rd.choice(male)+rd.choice(male))
    names2.append(rd.choice(xs)+rd.choice(female))
print("男生名字".center(80,'—'),'\n',names1)
print("女生名字".center(80,'—'),'\n',names2)
```

3.break 和 continue 语句

在循环语句体中还可以出现 break 语句和 continue 语句，break 语句的作用是循环断路，当执行到 break 语句时，直接退出本层循环。continue 语句的作用是循环短路，当执行到 continue 语句时，本次循环结束，下次继续开始。

【案例 3-8】 输出 $100\sim200$ 之间所有的素数。

代码如下：

```
for x in range(100,201):
    flag=1
    for i in range(2,x):
        if x%i==0:
            flag=0
            break;
    if flag==1:
        print(x,end=" ")
```

3.4　组合数据类型

组合数据类型将多个相同或不同类型的数据组织起来，根据数据之间的关系，组合数据类型有序列类型、集合类型和映射类型，序列类型有列表、元组、字符串，集合类型包括集合，映射类型有字典。

3.4.1　列表

列表（list）是 Python 中最重要的内置数据类型之一。列表是一些元素的有序集合，列表中的元素的数据类型可以相同，也可以不同，所有元素放在一对方括号"["和"]"中，相邻元素之间用逗号分隔开。例如：

[10,20,30,40,50]

["xiamen",True,55,("127.0.0.1","192.168.3.1")]

1.列表的基本操作

列表是序列类型,每个元素都有对应的索引号,从左开始,第一个元素的索引号为 0,第二个元素的索引号为 1,以此类推;从右开始,第一个元素的索引号为 -1,第二个元素的索引号为 -2,以此类推。列表的基本操作包括创建、访问元素、切片和添加、检索、删除元素。

(1)创建列表。

可以使用"变量名=list()"或者"变量名=[]"创建一个空列表。例如:

list_1=list()

list_2=[]

也可以是:list_3=list((1,3,5,7,9))   ♯将元组转换成列表

list_4=[1,3,5,7,9]

(2)读取列表元素。

使用索引可以直接访问列表元素,格式为:列表变量名[索引]。例如:list_4[2]。列表的索引正向从 0 开始,依次递增,反向从 -1 开始,依次递减。

(3)列表切片。

采用"列表名[M:N:P]"实现对列表的切片操作,M 为开始索引,N 为结束索引(不包含),P 为步长值(默认为 1)。例如:

age_list=[18,19,20,21,22,23,24,25,26]

age_list[1:9:2]的值为[19,21,23,25],age_list[3:-2]的值为[21,22,23,24]。

(4)向列表中添加元素。

向列表中添加元素有 4 种方法:使用"+"运算符将一个新列表添加在原列表的尾部;使用 append()函数在列表末尾追加一个元素;使用 extend()函数将一个新列表添加在原列表的尾部;使用 insert()函数在列表指定位置(索引)处插入一个元素。如表 3-4 所示。

表 3-4 列表的基本操作

函数	描述
list.append(obj)	在列表末尾追加一个新元素 obj
list.extend(seq)	在列表末尾追加另一个序列 seq
list.insert(index,obj)	在列表的 index 位置插入一个新元素 obj
list.index(obj)	从列表中找到 obj 值的第一个匹配项的索引位置
list.count(obj)	统计元素 obj 在列表中出现的次数
list.remove(obj)	从列表中移除 obj 元素
list.pop()	移除列表中最后一个元素,并返回该元素的值

例如:list_a=[11,13,15,17]

list_b=[22,24,26]

list_a=list_a+list_b

运行后,list_a 的值为[11,13,15,17,22,24,26],list_b 的值不变。list_a.extend(list_b)等价于 list_a=list_a+list_b 语句。

又如:list_b.insert(1,10) 表示将 10 插入 list_b 的索引号为 1 的位置,list_b 的值为 [22,10,24,26]。

(5)检索元素。

在列表中检索元素有 3 种方法:使用 index()函数获取指定元素首次出现的索引号,语法为:index(value[,start,[,end]]);使用 count()函数统计列表中指定元素出现的次数;使用 in 运算符检索某个元素是否在列表中。例如:list_a.index(15)的运行结果为 2,17 in list_a 的运行结果为 True。

(6)删除元素。

要删除列表中的元素有 3 种方法:使用 del 命令删除列表中指定位置的元素,语法为:del 列表名[索引号];使用 remove()函数移除首次出现的指定元素;使用 pop()函数删除并返回列表中指定位置上的元素。例如:x=list_b.pop()执行后,x 的值 26,在 list_b 中会删除 26 这个元素。

2.列表的常用函数

列表的常用函数有 len()、max()、min()、sum()、sort()、sort()和 reverse()等,如表 3-5 所示。

表 3-5　列表的常用函数

函数	描述
len()	返回列表中元素的总个数
max()	返回列表中的最大元素
min()	返回列表中的最小元素
sum()	对数值型列表的元素求和
sort()	对列表进行排序,排序后的新列表会覆盖原列表
reverse()	对列表中的元素进行翻转存放

【案例 3-9】　输出 1～1000 之间所有的完数。一个数如果正好等于它的因子之和,这个数就是完数,如:6=1+2+3,6 是完数。

代码如下:

```
# coding=utf-8
wan_list=[]
for x in range(2,1001):
    s=0
    list_1=[]
    for i in range(1,x):
        if x%i==0:
            s+=i
            list_1.append(i)
```

```
        if s＝＝x：
            wan_list.append(x)
            print(str(x)＋"＝",list_1)
print("1～1000 之间所有的完数：",wan_list)
```

程序运行结果：

6＝[1，2，3]

28＝[1，2，4，7，14]

496＝[1，2，4，8，16，31，62，124，248]

1～1000 之间所有的完数：[6，28，496]

3.列表生成式

列表生成式(list comprehensions)是 Python 内置的非常简单、实用的用来创建列表的方法。它的格式为：

[表达式 for 变量名 in 序列 if 条件]

例如：生成列表[0，1，2，3，4，5，6，7，8，9]。列表生成式为：

[x for x in range(0,10)]

要生成列表[0，4，16，36，64]，列表生成式为：

[x＊x for x in range(10) if x％2＝＝0]

要生成列表['A1', 'A2', 'A3', 'B1', 'B2', 'B3', 'C1', 'C2', 'C3']，列表生成式为：

[m＋n for m in "ABC" for n in "123"]

【案例 3-10】 输出 1～100 之间所有的质数。

代码如下：

```
＃coding＝utf-8
def find_zhishu(n)：
    if n＝＝1：
        return False
    for i in range(2,n)：
        if n％i＝＝0：
            return False
        else：
            return True
def main()：
    x＝[i for i in range(1,101) if find_zhishu(i)]
    print("1～100 之间所有的质数".center(100,'—'),'\n',x)
if __name__＝＝"__main__"：
    main()
```

3.4.2　元组

元组(tuple)是 Python 中最重要的序列结构,与列表的可变序列不同,元组是不可变序列,其元素不可改变,即元组一旦建立,就不能再修改它的元素的值。元组中的所有元素放在一对括号"("和")"中。例如:

(1,2,3,4,5)

("127.0.0.1","192.168.3.1")

元组的基本操作包括创建、访问元素、切片和检索元素、删除元组。

1.创建元组

可以使用"变量名＝tuple()"或者"变量名＝()"创建一个空元组。例如:

t_1＝tuple()

t_2＝()

也可以是: t_3＝tuple([1,3,5,7,9])　♯将列表转换成元组

　　　　　　　t_4＝(1,3,5,7,9)

2.读取元素

使用索引可以直接访问元组中的元素,格式为:元组变量名[索引]。例如:t_4[2]。元组的索引和列表相同,正向从 0 开始,依次递增,反向从－1 开始,依次递减。

3.元组切片

元组的切片和列表类似,也是采用"元组名[M:N:P]"实现对元组的切片操作,M 为开始索引,N 为结束索引(不包含),P 为步长值(默认为 1),切片后得到一个新元组。例如:

age_tuple＝(18,19,20,21,22,23,24,25,26)

age_tuple[1:9:2]的值为(19,21,23,25),age_tuple[3:－2]的值为(21,22,23,24)。

4.检索元素

在元组中检索元素有 3 种方法:使用 index()函数获取指定元素首次出现的索引号;使用 count()函数统计元组中指定元素出现的次数;使用 in 运算符检索某个元素是否在元组中。例如:age_tuple.index(21)的运行结果为 3,17 in age_tuple 的运行结果为 False。

5.删除元组

使用 del 语句删除元组,删除后对象就不存在了。例如:del age_tuple。

【案例 3-11】　元组的使用,验证身份证号码的真伪。

输入身份证号字符串,判断身份证号码是否为 18 位,若不是,则重新输入;若是,则转化为一个元组,每个数字作为一个数据元素,分别将身份证上的前 17 位数字与(7,9,10,5,8,4,2,1,6,3,7,9,10,5,8,4,2)中对应数字相乘,求出总和 sum,然后计算校验码 r＝sum％11,如果校验码 r 对应身份证第 18 位(表 3-6),则身份证号码是正确的。

表 3-6　校验码与身份证第 18 位的对应关系

校验码 r	0	1	2	3	4	5	6	7	8	9	10
身份证第 18 位	1	0	X	9	8	7	6	5	4	3	2

测试用例如图 3-7 所示。

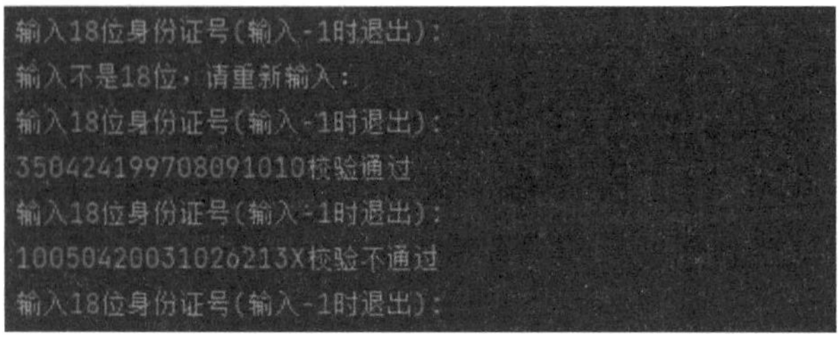

图 3-7　测试用例

代码如下：

```
# coding＝utf-8
def main():
    while True:
        card＝input("输入18位身份证号(输入－1时退出):")
        if card ＝＝－1:
            break
        elif len(card)＝＝18:
            digit＝tuple(card)
            weight＝(7,9,10,5,8,4,2,1,6,3,7,9,10,5,8,4,2)
            sum＝0
            for i in range(17):
                aw＝int(digit[i]) * weight[i]          # aw 代表加权数字
                sum＋＝aw
            r＝sum ％ 11
            check＝('1','0','X','9','8','7','6','5','4','3','2')
            if digit[17]＝＝check[r]:
                print("％s 校验通过" ％ (card))
            else:
                print("％s 校验不通过" ％ (card))
        else:
            print("输入不是18位,请重新输入:")
if __name__＝＝"__main__":
    main()
```

3.4.3　字典

字典(dictionary)是 Python 中唯一的映射类型,由键(key)和值(value)组成,是"键值对"的无序可变序列。字典中的所有元素放在一对大括号"{"和"}"中,每个元素采用"键名:值"形式,元素与元素之间用","分隔开。例如:

{"id":"201201","name":"tony","age":21,"sex":"female"}

{1001:"rose",1002:"janny",1003:"tom"}

{(1,2,3):"ok",21:"hi"}

注意：字典中的键只能为不可变类型，不能为列表，且所有键名不能重复，但值可以重复。一个键只能对应一个值，但多个键可以对应相同的值。

1.字典的基本操作

（1）创建字典。

可以使用"变量名＝dict()"或者"变量名＝{}"创建一个空字典。例如：

dict_1＝dict()

dict_2＝{}

也可以是：

dict_3＝dict(zip(["id","name","age"],["201201","tony",21]))

＃zip()函数返回 tuple 列表，dict_3 的值为{"id":"201201","name":"tony","age":21}

dict_4＝{"id":"201201","name":"tony","age":21}

（2）读取字典元素。

同列表类似，字典也使用索引访问元素，不过这里的索引是键名，格式为：字典变量名［键名］。例如：dict_4["name"]。如果使用的键名不存在，则提示异常错误。

还可以使用字典对象的 get()函数获取指定"键"对应的"值"。例如：

x＝dict_4.get("age")

执行后 x 的值为 21。

（3）添加字典元素。

添加字典元素可以使用"字典变量名［键名］＝值"的形式添加。例如：

dict_4["address"]＝"xiamen"

使用字典对象的 update()函数将另一个字典的"键值对"全部添加到当前字典中，如果当前字典中存在着相同的"键"，则以另一个字典中的"值"对当前字典进行更新。例如：

d1＝{1001:"rose",1002:"janny",1003:"tom"}

d2＝{1005:"mak",1006:"bz"}

d1.update(d2)

代码执行后，字典 d1 为{1001:"rose",1002:"janny",1003:"tom",1005:"mak",1006:"bz"}。

（4）删除字典中的元素。

删除字典中的元素有 4 种方法：使用 del 命令删除字典中指定"键"对应的元素；使用 pop()函数删除并返回指定"键"的元素；使用 popitem()函数删除字典元素；使用 clear()函数删除字典中的所有元素。例如：

d1＝{1001:"rose",1002:"janny",1003:"tom",1005:"mak",1006:"bz"}

del d1［1003］

b＝d1.pop(1005)

d1.popitem() ＃随机删除字典中的一个元素

d1.clear()

代码执行后，字典 d1 为{}。

2.遍历字典

(1)遍历字典的键。

使用字典的 keys()函数,以列表的方式返回字典的所有"键"。例如:

my_dict={"id":"201201","name":"tony","age":21}

for x in my_dict.keys():

  print(x)

代码执行后,输出:

id

name

age

(2)遍历字典的值。

使用字典的 values()函数,以列表的方式返回字典的所有"值"。例如:

my_dict={"id":"201201","name":"tony","age":21}

for x in my_dict.values():

  print(x)

代码执行后,输出:

201201

tony

21

(3)遍历字典的元素。

使用字典的 items()函数,以列表的方式返回字典的所有元素(键、值)。例如:

my_dict={"id":"201201","name":"tony","age":21}

for x in my_dict.items():

  print(x)

代码执行后,输出:

('id', '201201')

('name', 'tony')

('age', 21)

字典的常用函数如表 3-7 所示。

表 3-7　字典的常用函数

函数	描述
dict(seq)	构造一个字典
get(key[,returnvalue])	返回键 key 的值,若无 key 而指定了 returnvalue,则返回 returnvalue 值,若无此值则返回 None
has_key(key)	如果 key 存在于字典中,就返回 1(True),否则返回 0(False)
items()	返回一个由元组构成的列表,每个元组包含一个键值对
keys()	返回一个由字典所有键构成的列表

续表

函数	描述
popitem()	删除任意键值对,并作为两个元素的元组返回。如果字典为空,则返回 KeyError 异常
update(newdict)	将来自 newdict 的所有键值对添加到当前字典,并覆盖同名键的值
values()	返回一个由字典所有值构成的列表
clear()	删除字典的所有元素

【案例 3-12】　字典的使用,设置一个"用户名:密码"的字典作为用户库,建立一个可以添加用户的程序。

代码如下:

```
# coding＝utf-8
def main():
    users＝{"霍元甲":"hyj","陈真":"cz","霍东觉":"hdj","郭嘉":"gj",
            "郭靖":"gj","黄蓉":"hr","东方不败":"dfbb"}
    while True:
        user＝input("请输入用户名:")
        if user in users:
            print("该用户存在,请重新输入:")
            continue
        else:
            print("库中没有该用户,可以添加")
            password＝input("请输入用户密码:")
            users[user]＝password
            yesno＝input("添加成功,是否需要继续添加(Y 继续添加,其他退出)?")
            if yesno ＝＝"Y" or yesno ＝＝"y":
                continue
            else:
                break
    print("显示用户信息".center(35,''))
    print('—' * 35)
    print("|    用户名        |      密码          |")
    print('—' * 35)
    for x in users.keys():
        print("|   %—10s|     %—12s|" % (x, users[x]))
        print('—' * 35)
if __name __＝＝"__main __":
    main()
```

3.4.4 集合

集合(set)是一组对象的集合,是一个无序排列的、不重复的数据集合体。可以进行交集、并集、差集运算。

1.集合的基本操作

(1)创建集合。

可以使用"变量名＝set()"创建一个空集合。例如：

j1＝set()

也可以是:j2＝{"id","name","age"}

    j3＝set([21,22,23,24,25]) ＃将列表转换为集合

    j4＝set((21,22,23,24,25)) ＃将元组转换为集合

还可以使用集合对象的 frozenset()函数创建一个冻结的集合。所谓冻结的集合,是指该集合不能再添加、删除元素。set()函数创建的集合是可以进行添加、删除元素的。例如：

J5＝frozenset(["id","name","age"])

(2)访问集合。

由于集合本身是无序的,所以不能通过索引或切片来访问集合。只能用 in、not in 或循环遍历来访问集合。例如：

my_dict＝["id","201201",21,"name","age"]

j＝set(my_dict)

for x in j：

  print(x)

代码执行后,输出：

id

21

age

201201

name

(3)删除集合。

使用 del 语句删除集合。例如：

del j

(4)更新集合。

使用 add()函数给集合添加元素。例如：

j2＝{"id","name","age"}

j2.add("tel")

也可以使用 update()函数来修改集合。例如：

j6＝set(["id","201201",21,"name","age"])

j6.update({11,21},{True,False},{"id","age"})

print(j6)

代码执行后,输出:

｛False，True，'name'，'id'，'201201'，11，'age'，21｝

(5)删除集合中的元素。

使用 remove()函数删除集合中的元素。例如:

j8＝｛False，True，'name'，'id'，'201201'，11，'age'，21｝

j8.remove(True)

print(j8)

代码执行后,输出:

｛False，11，'name'，'age'，'201201'，'id'，21｝

也可以使用 discard()函数来删除集合中的元素。discard()函数与 remove()函数的区别:remove()函数是从集合中删除某个元素,若该元素不存在,则提示错误信息;discard()函数是从集合中删除某个元素,若该元素不存在,则不提示错误。

还可以使用 pop()函数删除集合中的任意一个元素并返回该元素。例如:

j8＝｛False，True，'name'，'id'，'201201'，11，'age'，21｝

j8.pop()

print(j8)

代码执行后,输出:

｛True，'name'，11，'age'，21，'id'，'201201'｝

使用 clear()函数来删除集合中的所有元素。

2.集合的常用运算

(1)交集。

取两个集合的交集可用"＆"运算符或 intersection()函数来实现。

方法:集合 1 ＆ 集合 2 或者集合 1.intersection(集合 2)。

(2)并集。

取两个集合的并集可用"｜"运算符或 union()函数来实现。

方法:集合 1｜集合 2 或者集合 1.union(集合 2)。

(3)差集。

取两个集合的差集可用"－"运算符或 difference()函数来实现。

方法:集合 1－集合 2 或者集合 1.difference(集合 2)。

(4)集合比较运算。

集合之间可以进行＝＝、!＝、＜、＜＝、＞、＞＝ 的比较运算,结果为 True 或 False。"＝＝"运算判断两个集合是否相等,如果相等,结果为 True,否则为 False。"!＝"运算判断两个集合是否不相等,如果不相等,结果为 True,否则为 False。"＜"运算判断前一个集合是否为后一个集合的子集,如果是,结果为 True,否则为 False。"＜＝"运算判断前一个集合是否为后一个集合的真子集,如果是,结果为 True,否则为 False。"＞"运算判断前一个集合是否为后一个集合的父集,如果是,结果为 True,否则为 False。"＞＝"运算判断前一个集合是否为后一个集合的真父集,如果是,结果为 True,否则为 False。

【案例 3-13】　集合的使用,设置一个"用户名:密码"的字典作为用户库,建立一个可以添加用户的程序。

代码如下：

```
#coding＝utf-8
def main():
    manger＝["霍元甲","陈真","郭嘉","东方不败"]                    #经理列表
    technician＝["霍东觉","郭靖","黄蓉","陈真","曹操","刘备"]      #技术员列表
    manger_set＝set(manger)
    technician_set＝set(technician)    #技术员集合
    print("是经理又是技术员的有".center(60,'—'),'\n',manger_set & technician_set)
    print("是经理但不是技术员的有".center(60, '—'), '\n', manger_set-technician_set)
    print("东方不败是经理吗?".center(60, '—'), '\n', '东方不败' in manger_set)
    print("身兼一职的有".center(60, '—'), '\n', manger_set ^ technician_set)
    print("经理和技术员共有多少人".center(60, '—'), '\n', len(manger_set |
        technician_set))
if __name__＝＝"__main__":
    main()
```

3.5　函数与模块

函数是一组实现某个特定功能的语句集合,是可以重复调用、功能相对独立完整的代码段。从用户的使用角度,函数分为标准库函数和用户自定义函数两种;从函数参数传送的角度,函数分为带参函数和无参函数。

3.5.1　函数定义

在 Python 中,函数定义的一般格式为:

def 函数名([形式参数表]):

　　函数体

　　[return 表达式]

采用 def 定义函数时,可以不指定返回值类型。函数的形式参数可以没有,也可以是一个或多个,不需要指定形式参数的数据类型,多个形参之间用",",分隔。形参括号后面的":"不能省略。函数体相对于 def 必须缩进。return 语句是可选的,它可以出现在函数体内的任何地方,如果没有 return 语句,函数会自动返回 None;如果有 return 语句,但 return 语句后面没有表达式,也返回 None。如果函数体没有内容,可以使用 pass 语句,pass 语句表示什么都不做,用来作占位符。

【案例 3-14】　定义一个名为 bubbleSort 的函数,其功能为对列表中的数值数据进行冒泡法排序。

代码如下:

```
import random as rd
def bubbleSort(datalist):
```

```
        length＝len(datalist)
        for x in range(length)：
            for y in range(length－x－1)：
                if datalist[y]＞datalist[y+1]：
                    datalist[y],datalist[y+1]＝datalist[y+1],datalist[y]
    def main()：
        data＝[rd.randint(100,200) for x in range(15)]
        print('原始数据'.center(75,'－'),'\n',data)
        bubbleSort(data)
        print('冒泡法排序后的数据'.center(72, '－'), '\n', data)
    if __name__＝＝"__main__"：
        main()
```

3.5.2　函数调用

在 Python 中,通过函数调用可以进行函数的控制转移和相互间数据的传递。函数调用的一般格式为:

函数名([实际参数表])

函数调用时传递的参数是实际参数,可以是变量、常量或表达式。当实参个数超过一个时,实参之间用“,”分隔开。如果没有实际参数,函数名后面的“()”不能省略。

函数调用的过程:①为所有形参分配内存单元,再计算所有实际参数,将值传给对应的形参。②转到被调用函数,为函数体内的变量分配内存单元,然后执行函数体内的所有语句。③若碰到 return 语句,将 return 语句后面的表达式的值带回并返回到主调函数处,释放形参及被调函数中各变量所占用的内存单元。若无 return 语句,则执行完被调函数后返回到主调函数处。④继续执行主调函数体后面的语句。

3.5.3　函数的参数

Python 函数的参数有必备参数、关键字参数、默认参数、可变参数。

1.必备参数

也叫位置参数,在函数调用时,实参按照位置顺序传递给形参,调用时的数量必须和声明一致。

例如:def area(a,b,c)：　♯形参 a,b,c 均为位置参数
　　　　zc＝(a+b+c)/2
　　　　area2＝math.sqrt(zc＊(zc－a)＊(zc－b)＊(zc－c))
　　　　return area2

2.关键字参数

函数调用时在实参中定义成:形式参数名＝值,关键字参数需要放在参数列表的后面,不要求实参与形参之间的顺序一一对应。例如:area(a,c=10,b=8)。

3.默认参数

在函数定义时在形式参数中定义成:形式参数名＝默认值,默认值需要为不可变对象。

例如：

```
def area(a,b=4,c=5)：    #注意：def area(b=4,c=5,a)是错误的
    zc=(a+b+c)/2
    area2=math.sqrt(zc*(zc-a)*(zc-b)*(zc-c))
    return area2
```

4.可变参数

在形式参数前面加 * 或 **，* 参数表示参数是可变的，当调用这个函数时，会创建一个元组，传递过来的数据元素作为元组的元素。** 参数表示参数是可变的，当调用这个函数时，会创建一个字典，用一个字典来存储调用函数时的多个参数。例如：

```
def one(*para)：
    print(para)
def two(**para)：
    print(para)
    for x in para.items()：
        print(x)
def three(a,b,c)：
    print(a+b+c)
def main()：
    print('*para 可变长参数：')
    one(1,2,3)
    one(1,2)
    one(1,2,3,4,5)
    print('**para 可变长参数：')
    two(i=10,j=2,k=300,t=0)
    print('函数实参是字典，可以在前面加 ** 进行解包，等价于关键参数：')
    dict={'a':100,'b':2,'c':30}
    three(**dict)           #实参是 **dict，则会解包
    three(*dict.values())   #使用一个 * 进行解包后的实参将会当作普通位置参数对待
if __name__=="__main__"：
    main()
```

参数定义的顺序必须是必备参数、默认参数、可变参数和关键字参数。例如：
def fun(x,y,z=6,*k)

3.5.4 变量的作用域

当程序中有多个函数时，定义的每个变量只能在一定的范围内访问，称为变量的作用域。变量的作用域分成 4 种：

L：local，局部作用域；

E：enclosing，外层作用域，为嵌套的父级函数的局部作用域，但不是全局的；

G：global，全局作用域；

B：built-in，内置作用域，系统固定模块中定义的变量，如 int、bytearray 等。

在 Python 中，加载变量的优先级顺序是 B→G→E→L，局部变量的引用比全局变量速度快，应优先考虑使用。变量的查找顺序是 L→E→G→B，只有模块、类、函数才能引用新的作用域。

对于一个变量，内置作用域先声明就会覆盖外部变量，不声明直接使用，就会使用外层作用域的变量。内置作用域要修改外层作用域变量的值时，全局作用域变量要使用 global，外层作用域变量要使用 nonlocal 关键字。例如：

```
x＝6
def f2()：
    x＝3
    print(x)
    x＝5
def main()：
    f2()
    print(x)
if __name__＝＝"__main__"：
    main()
```

程序执行后，输出结果为：

```
3
6
```

又如：

```
x＝6
def f2()：
    global x
    x＝3
    print(x)
    x＝5
def main()：
    f2()
    print(x)
if __name__＝＝"__main__"：
    main()
```

程序执行后，输出结果为：

```
3
5
```

【案例 3-15】 下列代码执行后的输出结果是什么？

```
count＝200
def outer()：
    count＝10
```

```
    def inner():  #嵌套定义,outer()是它的父函数即外层函数
        nonlocal count
        count=20
        print(count)
    inner()
    print(count)
def main():
    outer()
if __name__=="__main__":
    main()
```

程序执行后,输出结果为:

20

20

【案例 3-16】 下列代码执行后的输出结果是什么?

```
count=200
def outer():
    count=10
    def inner():  #嵌套定义,outer()是它的父函数即外层函数
        count=20
        print(count)
    inner()
    print(count)
def main():
    outer()
if __name__=="__main__":
    main()
```

程序执行后,输出结果为:

20

10

3.5.5 匿名函数和递归函数

匿名函数即无名函数,定义格式为:

lambda 参数 1,参数 2,参数 3,…:函数体

例如:g=lambda x,y=3,z=5:x+y+z。

在函数的执行过程中直接或间接地调用该函数本身的函数称为递归函数,Python 允许递归调用。例如:求 12!。代码如下:

```
def fit(n=3):
    if n==1:return 1
    else:
        return n * fit(n-1)
```

```
def main():
    print("%d!=%d"%(12,fit(12)))
if __name__=="__main__":
    main()
```

3.5.6　模块

在 Python 中,可以把程序分割成若干单个文件,这些单个的文件就称为模块。模块以 .py 为扩展名保存。

与函数类似,从用户的角度看,模块也分为标准库模块和用户自定义模块。标准模块是 Python 自带的模块,如随机数模块 random、时间模块 time、日期时间模块 datetime、数学模块 math 等。Python 还提供了大量的第三方库模块,使用方式与标准模块类似,如 pandas、NumPy、Sklearn 等。用户自定义模块就是用户建立一个扩展名为.py 的 Python 程序,该程序中包含若干自定义类及函数。

如果需要访问模块中的函数、对象和类的方法,则需要导入模块,模块导入有以下方法:

（1）import 模块名　　　　　　　　　例如:import math

（2）import 模块名 as 别名　　　　　　例如:import random as rd

（3）from 模块名 import 函数名　　　　例如:from math import sqrt

（4）from 模块名 import 函数名 as 别名　例如:from math import sqrt as st

（5）from 模块名 import *　　　　　　例如:from math import *

【案例 3-17】　在 customize 包中新建一个名为 me.py 的文件。

代码如下:

```
# coding=utf-8
import datetime
def date_time():
    return '现在是:'+datetime.datetime.now().strftime("%Y-%m-%d%H:%M:%S")
def home():
    print("欢迎光临!")
    now=date_time()
    print(now)
def run():
    home()
```

然后在项目的根目录下新建一个名为 dyme.py 的文件,调用自定义模块中的 run() 函数。代码如下:

```
# coding=utf-8
from customize import me
def main():
    me.run()
if __name__=="__main__":
    main()
```

代码执行后,输出结果为:

欢迎光临!

现在是:2024-11-10　15:21:01

3.6　文件

文件是指存储在存储介质上的一组相关信息的集合。根据文件的存储形式,文件可分为文本文件和二进制文件。文本文件也称为 ASCII 文件,这种文件在磁盘中存放时每个字符对应一个字节,用于存放对应的 ASCII 码。二进制文件是按二进制的编码方式来存放文件的。

文件的操作包括对文件本身的基本操作和对文件中信息的处理。文件的操作有建立文件、打开文件、从文件中读写数据、关闭文件等。文件操作的一般步骤如下。

(1)建立或打开文件。

(2)从文件中读出数据或将数据写入文件中。

(3)关闭文件。

3.6.1　文件的打开与关闭

对文件进行读写前要先打开文件,使用 open()函数并返回文件对象,一般格式为:

文件对象名＝open(文件名[,打开模式][,缓冲区])

例如:fp＝open(r"c:\text\myfile.txt","r",buffering＝1024)。

打开模式的值如表 3-8 所示。

表 3-8　文件的打开模式

模式	描述
r	读模式。默认模式,文件必须存在,不存在则抛出异常。文件指针将会放在文件的开头
w	写模式。此模式不可读,文件不存在则创建,存在则清空内容再写
a	追加写模式。此模式不可读,文件不存在则创建,存在则在文件后追加内容
b	二进制模式。对于非文本文件(如图片文件、视频文件等),只能使用 b 模式,表示以字节的方式操作
t	文本模式
＋	表示可以同时读写某个文件,如 r＋读写,w＋写读,a＋写读

当一个文件使用结束时,就需要关闭它,关闭文件使用 close()函数,一般格式为:

文件对象名.close()

例如:fp.close()。

3.6.2　文件的读写

文件的读写操作包括字符流与字节流的读写操作。字符流的读操作函数如表 3-9

所示。

表 3-9　字符流的读操作函数

函数	描述
read([size])	从文件当前位置起读取 size 个字符,若无参数 size,则表示读取至文件结束为止,该函数返回一个字符串对象。如果文件大于可用内存,不可使用该方法读取
readline([size])	读取整行内容,包括"\n"字符,光标移动到下一行首。如果指定了一个非负数的参数,则返回指定大小的字符数,包括 "\n"字符
readlines([size])	读取所有行(直到文件结束符 EOF)并返回一个列表。若给定 size＞0,返回总和大约为 size 字节的行,实际读取的值可能比 size 大,因为需要填充缓冲区。如果碰到结束符 EOF,则返回空字符串

字符流的写操作函数如表 3-10 所示。

表 3-10　字符流的写操作函数

函数	描述
write([str])	在文件的当前位置写入字符串,并返回写入的字符个数,参数 str 是要写入文件的字符串
writelines(sequence)	在文件的当前位置依次写入 sequence 中的所有元素,writelines 方法比 write 方法效率要高。参数是序列,比如列表,它会迭代写入文件

【案例 3-18】　在当前目录下有一个名为 password.txt 的文件,编写程序实现下列功能:

(1)用 readlines()函数读取 password.txt 文件内容;

(2)复制 password.txt 文件内容到 password2.txt 中;

(3)在文件 password2.txt 末尾加上一行文字"摘自理工学院学生毕业论文摘要";

(4)在文件 password2.txt 第 6 行和第 14 行后分别插入一行文字"——这是第一段"和"——这是第二段"。

代码如下:

```
#coding＝utf-8
#用 readlines()函数读取 password.txt 文件内容
def readfile(filename):
    with open(filename,'r') as fp:
        all＝fp.readlines()  #文件内容字符串列表,不分行
        fp.close()
        #分行打印
        for x in all:
            print(x)
def readfile2(filename):
    with open(filename, 'r') as fp:
        text＝""
```

```
            for i in fp：
                text＝text＋i
            print(text)
            fp.close()
def readfile3(filename)：
    with open(filename, 'r') as fp：
        for linenumber,line in enumerate(fp,1)：
            print(linenumber, line, end="")
        fp.close()
#复制文件内容到 password2.txt 中
def copy_file(filename1,filename2)：
    with open(filename1) as fp,open(filename2,"w") as wp：
        for no,line in enumerate(fp,1)：
            wp.write(line)
        fp.close()
        wp.close()
#在文件 password2.txt 末尾加上一行文字"摘自理工学院学生毕业论文摘要"
def append_file(filename)：
    with open(filename,"a＋") as fp：      #在尾部追加一行
        fp.write('\n')
        fp.write('[摘自理工学院学生毕业论文摘要]')
        fp.seek(0,0)  #将文件指针移到开头
        print('\n',fp.readlines())  #f.readlines()全部输出,结果为字符串列表
        fp.close()
#在文件 password2.txt 第 6 行和第 14 行后分别插入一行文字"——这是第一段"
#和"——这是第二段"
def insert_file(filename)：
    with open(filename，"r＋") as fp：
        n＝6
        fileline＝fp.readlines()
        fileline.insert(n,'——这是第一段\n')
        fileline.insert(14,'——这是第二段\n')
        fp.seek(0)
        fp.writelines(fileline)
        fp.close()
def main()：
    print("读取 password.txt 文件内容".center(50,"—"))
    readfile("password.txt")
    print("复制 password.txt 文件内容到 password2.txt 中".center(50, "—"))
```

```
    copy_file("password.txt",'password2.txt')
    print("在文件 password2.txt 末尾加上一行文字'摘自理工学院学生毕业论文摘要'"
        .center(50，"－"))
    append_file('password2.txt')
    print("在文件 password2.txt 第 6 行和第 14 行后分别插入一行文字'——这是第一
        段'和'——这是第二段'".center(50，"－"))
    insert_file('password2.txt')
if __name__＝＝"__main__":
    main()
```

3.6.3　文件的定位

实现文件的随机读写操作关键是要移动位置指针,这个过程称为文件的定位。Python 中文件的定位有以下方法。

1.tell()

tell()函数的作用是获取文件的当前指针位置,即相对于文件开始位置的偏移字节数。例如:

fp＝open(r"c:\text\myfile.txt","r",buffering＝1024)

fp.tell()

2.seek()

seek()函数的作用是把文件指针移动到相对的位置处。它的一般形式为:

文件对象名.seek(offset,whence)

offset 为要移动的字节数,移动时以 offset 为基准,offset 为正时表示向文件末尾方向移动,为负时向文件头部方向移动;whence 为指定移动的基准位置,whence＝0 表示以文件开始处为基准点,whence＝1 表示当前位置为基准点,whence＝2 表示以文件末尾为基准点。如案例 3-18。

3.7　课后习题

一、单选题

1.以下关于语言类型的描述正确的是(　　)。

A.静态语言采用解释方式执行,脚本语言采用编译方式执行

B.C 语言是静态语言,Python 语言是脚本语言

C.编译是将目标代码转换成源代码的过程

D.解释是将源代码一次性转换成目标代码同时逐条运行目标代码的过程

2.Python 语句 print("hello,你好")输出(　　)。

A.("hello,你好")　　　　　　　　B. "hello,你好"

C. hello,你好　　　　　　　　　　D.运行结果出错

3.Python 语言通过(　　)来体现语句之间的逻辑关系。

A. {}　　　　　　　　B. ()　　　　　　　　C. 缩进　　　　　　　D.自动识别逻辑

4.关于 Python 版本,以下说法正确的是(　　　)。

A. Python 3.x 是 Python 2.x 的扩充,语法层无明显改进

B. Python 3.x 代码无法向下兼容 Python 2.x 的既有语法

C. Python 2.x 和 Python 3.x 一样,依旧不断发展和完善

D.以上说法都正确

5.语句 x,y=eval(input())执行时,输入数据格式错误的是(　　　)。

A. 3 4　　　　　　　B. (3,4)　　　　　　C. 3,4　　　　　　D. [3,4]

6.Python 语言中,以下表达式输出结果为 11 的选项是(　　　)。

A. print("1+1")　　　　　　　　　　B. print(1+1)

C. print(eval("1+1"))　　　　　　　　D. print(eval("1"+"1"))

7.关于 import 的描述,以下选项中错误的是(　　　)。

A.使用 import turtle 导入 turtle 库

B.使用 form turtle import setup 导入 turtle 库

C.使用 import turtle as t 导入 turtle 库,取别名为 t

D. import 保留字用于导入模块或模块中的对象

8.下列表达式的值为 True 的是(　　　)。

A. 2!=5 or 0　　　B. 3>2>2　　　C. 5+4j>2-3j　　　D. 1 and 5==0

9.Python 支持复数类型,以下说法错误的是(　　　)。

A.实部和虚部都是浮点数　　　　　　B.表示复数的语法是 real+image j

C.1+1j 是复数　　　　　　　　　　D.虚部后缀 j 必须是小写形式

10.字符串 s='abcde',n 是字符串 s 的长度。索引字符串 s 字符'c',正确的语句是(　　　)。

A. s[n/2]　　　　　　　　　　　　B. s[(n+1)/2]

C. s[(n-1)//2]　　　　　　　　　　D. s[(n+1)//2]

11.以下能够根据给定字符分隔字符串 s 的函数是(　　　)。

A. s.split()　　　　B. s.strip()　　　　C. s.center()　　　　D. s.replace()

12.下面程序输出的结果是(　　　)。

s1,s2="Mom","Dad"

print("{} loves {}".format(s2,s1))

A. Dad loves Mom　　　　　　　　B. Mom loves Dad

C. s1 loves s2　　　　　　　　　　D. s2 loves s1"

13.以下代码的输出结果是(　　　)。

ls=[[1,2,3],'python',[[4,5,'ABC'],6],[7,8]]

print(ls[2][1])

A. 'ABC'　　　　　　　B. p　　　　　　　C. 4　　　　　　　D. 6

14.以下代码的输出结果是(　　　)。

ls=["2020","1903","Python"]

ls.append(2050)

ls.append([2020,"2020"])

print(ls)

A. ['2020','1903','Python',2020,[2050,'2020']]

B. ['2020','1903','Python',2020]

C. ['2020',1903,'Python',2050,[2020,'2020']]

D. ['2020',1903,Python,2050,['2020']]

15.以下关于 Python 字典变量的自定义中,正确的是(　　)。

A. d={[1,2]:1,[3,4]:3}

B. d={1:as,2:sf}

C. d={(1,2):1,(3,4):3}

D. d={'python':1,[tea,cat]:2}

16. for 或者 while 与 else 搭配使用时,能够执行 else 对应语句块的情况是(　　)。

A.总会执行

B.永不执行

C.仅循环正常结束时

D.仅循环非正常结束时,以 break 结束

17.关于 break 的作用,以下说法正确的是(　　)。

A.按照缩进跳出当前层语句块

B.按照缩进跳出除函数缩进外的所有语句块

C.跳出当前层 for/while 循环

D.跳出所有 for/while 循环

18.下面 Python 代码运行后,a 和 b 的值为(　　)。

a＝23

b＝int(a/10)

a＝(a－b＊10)＊10

b＝a＋b

print(a,b)

A. 23　2　　　　　　B. 30　20　　　　　　C. 30　32　　　　　　D. 32　32

19.以下代码的输出结果是(　　)。

t＝10.5

def above_zero(t):

　　return t＞0

A. True　　　　　　B. False　　　　　　C. 10.5　　　　　　D.没有输出

20.以下的函数定义中,错误的是(　　)。

A. def vfunc(s,a＝1,＊b):

B. def vfunc(a＝3,b):

C. def vfunc(a,＊＊b):

D. def vfunc(a,b＝2):

21.下面这条语句的输出是(　　)。

f＝lambda a＝"hello",b＝"python",c＝"wow":a＋b.split("o")[1]＋c

print(f("hi"))

A. hellopythonwow

B. hipythwow

C. hellonwow

D. hinwow

22.给出以下代码:

def func():

　　print('Hello')

type(func)，type(func())的运行结果分别为(　　　　)。

A. ＜class 'function'＞,＜class 'function'＞

B. ＜class 'function'＞,＜class 'str'＞

C. ＜class 'function '＞,＜class 'NoneType'＞

D. ＜class 'str'＞,＜class 'function '＞

23.给出以下代码：

```
s='an apple a day '
def split( s )：
    return s.split( 'a' )
print(s.split())
```

上述代码的运行结果是(　　　　)。

A.[''，'n', 'pple ', 'd', 'y']　　　　　　　　B. ['an', 'apple', 'a', 'day']

C.在函数定义时报错　　　　　　　　　　D.在最后一行报错

24.属于 Python 读取文件一行内容的操作是(　　　　)。

A. readtext()　　　　B. readline()　　　　C. readall()　　　　D. read()

25.Python 中文件的打开模式不包括(　　　　)。

A. 'a'　　　　　　　B. 'b'　　　　　　　C. 'c'　　　　　　　D. '+'

26.以下关于文件的描述中,正确的是(　　　　)。

A.使用 open()打开文件时,必须要用 r 或 w 指定打开模式,不能省略

B.采用 readlines()可以读入文件中的全部文本,返回一个列表

C.文件打开后,可以用 write()控制对文件内容的读写位置

D.如果没有采用 close()关闭文件,Python 程序退出时文件将不会自动关闭

二、阅读程序题

1.下面程序的运行结果是_____。

```
def main()：
    for x in "Fujian"：
        for i in range(2)：
            print(x,end=',')
            if x =='j'：
                break
if __name__=="__main__"：
    main()
```

2.阅读下列程序,当从键盘输入 23 时,程序的运行结果是_____。

```
import math
def main()：
    v=int(input('input v：'))
    n=int(math.sqrt(v) + 1)
    for i in range(2, n)：
        if v% i ==0：
```

```
                print('No')
        else：
            print('Yes')
if __name__=="__main__"：
    main()
```

3.下面程序的运行结果是＿＿＿＿＿＿＿＿＿＿＿＿。

```
def demo( * p)：
    return sum(p)
def main()：
    print(demo(3，1，6))
if __name__=="__main__"：
    main()
```

4.下面程序实现的功能是＿＿＿＿＿＿＿＿＿＿＿＿。

```
def main()：
    year＝2020
    years＝[]
    while year<=2100：
        if year%400==0 or (year % 4==0 and year%100!=0)：
            years.append(year)
        year+=2
    print("结果:".center(50,'一'),'\n',[i for i in years] )
if __name__=="__main__"：
    main()
```

三、程序填空题

1.下面程序实现打印九九乘法表的功能,请填空。

```
def main()：
    str1=""
    for i in range(1,10)：
        for j in_____：
            str1=str1+str(i)+" * "+str(j)+"="+_____+" "
        str1=str1+"\n"
    print(str1)
if __name__=="__main__"：
    main()
```

2.下面代码的功能是随机生成 50 个介于[1,20]之间的整数,然后统计每个整数出现的频率,请填空。

```
import_____
def main()：
    x=[random._____ (1, 20) for i in range(50)]
```

```
        r＝dict()
        for i in x：
            r[i]＝r.get(i，0)＋1
        for k，v in r.items()：
            print(k，v)
if __name__＝＝"__main__"：
    main()
```

3.8　实验

实验学时：4 学时。

实验类型：设计。

实验要求：必修。

一、实验目的

1.掌握 Python 程序结构的使用。

2.掌握 Python 程序异常处理的用法。

3.掌握自定义函数的创建与调用，理解函数参数及其作用域，能灵活使用高阶、递归与匿名函数，理解闭包和它的作用，掌握装饰器、生成器与迭代器的用法。

二、实验要求

能正确使用 Python 的程序控制结构编写程序，掌握 if，if…elif…else 语句的用法，掌握 while、for 循环语句的用法，掌握 continue、break 的用法，掌握 try…except…的用法，当出现异常时能正确进行异常处理。

能正确创建与调用自定义函数，理解函数形式参数及其作用域，能灵活使用高阶、递归与匿名函数编写程序，理解闭包和它的作用，能正确使用装饰器、生成器与迭代器。

三、实验内容

任务1.新建一个名为 bmi.py 的 Python 源程序文件，该文件实现计算身体质量指数 BMI 功能：从键盘输入你的身高和体重，计算 BMI＝体重/身高^2，根据表 3-11 所示数值判断身体是否肥胖。

表 3-11　国际/国内身体质量指数对照

分类	国际 BMI 值/(kg/m^2)	国内 BMI 值/(kg/m^2)
偏瘦	<18.5	<18.5
正常	18.5～25	18.5～24
偏胖	25～30	24～28
肥胖	>=30	>=28

测试用例如图 3-8 所示。

图 3-8　测试用例

请编写程序实现上述功能,并调试、运行该程序,将运行结果截图到实验报告中。

参考代码如下:

```
#coding=utf-8
def main():
    height=float(input("请输入你的身高(米):"))
    weight=float(input("请输入你的体重(公斤):"))
    bmi=weight/pow(height,2)
    wto,dom="",""       #wto 国际标准,dom 我国标准
    if bmi<18.5:
        wto="偏瘦"
    elif 18.5<=bmi<25:
        wto="正常"
    elif bmi<30:
        wto="偏胖"
    else:
        wto="肥胖"
    if bmi<18.5:
        dom="偏瘦"
    elif bmi<24:
        dom="正常"
    elif bmi<28:
        dom="偏胖"
    else:
        dom="肥胖"
    print("BMI 数值为:{0:.2f},BMI 指标为:国际'{1}',国内'{2}'".format(bmi,wto,dom))
if __name__=="__main__":
    main()
```

任务2.while 循环的应用。新建一个名为 translate.py 的 Python 源程序文件,该文件实现将输入的十进制整数转换成对应的二进制或八进制数的功能。测试用例如图 3-9 和图 3-10 所示。

图 3-9　测试用例

图 3-10　测试用例

请编写程序实现上述功能,并调试、运行该程序,将运行结果截图到实验报告中。

参考代码如下:

```
# coding=utf-8
def main():
    num=int(input("请输入十进制整数:"))
    while True:
        try:
            n=int(input("请输入转换进制:"))
            assert n==2 or n==8
            break
        except:
            print("输入错误!")
    result=[]
    div=num
    while div!=0:
        div,mod=divmod(div,n)
        result.append(mod)
    result.reverse()
    result=''.join(map(str,result))
    print('十进制数:{0}=({1}) {2}进制'.format(num,result,n))
if __name__=="__main__":
    main()
```

任务3.while 二重循环的应用。新建一个名为 warning.py 的 Python 源程序文件,该文件实现在设定时间提醒用户微哨打卡的功能。测试用例如图 3-11 所示。

图 3-11　测试用例

请编写程序实现上述功能,并调试、运行该程序,将运行结果截图到实验报告中。

参考代码如下:

```
# coding=utf-8
import datetime
import time
def warning():
    print(str(datetime.datetime.now())+"    哥们,要微哨打卡啦...")
```

```
        ♯将微哨打卡定时一分钟
        time.sleep(60)
def main(hour＝0,minute＝0)：
    while True：
            ♯判断当前时间是否到达设定时间
        while True：
            now＝datetime.datetime.now()
            if now.hour ＝＝hour and now.minute ＝＝minute：♯当前时间等于设定时间
                break
            else：
                time.sleep(60)    ♯不是设定时间就等一分钟之后再次检测
    warning()    ♯打卡提醒
if __name __＝＝"__main __"：
    main(9,8)
```

任务4.for 循环的使用。新建一个名为 perfect.py 的 Python 源程序文件,该文件实现打印 1000 之内的完全数的功能。某数的因子之和等于该数的数叫完全数,因子就是所有可以整除这个数的数,如 6 的因子为 1,2,3,而 6＝1＋2＋3。测试用例如图 3-12 所示。

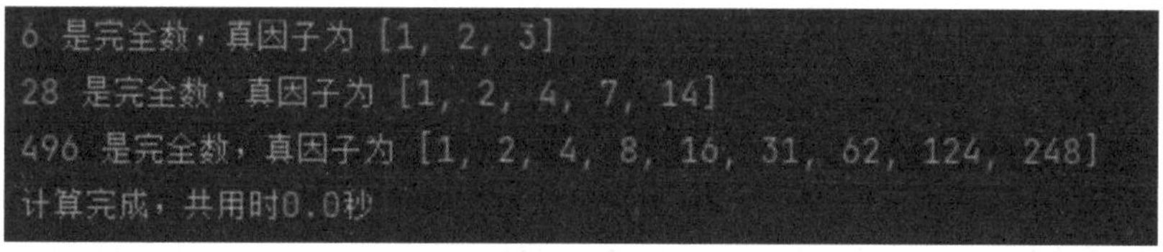

图 3-12　测试用例

请编写程序实现上述功能,并调试、运行该程序,将运行结果截图到实验报告中。
参考代码如下：
方法一：

```
♯coding＝utf-8
import time
def main()：
    start＝time.time()              ♯记录程序运行开始时间点
    factor＝[]                      ♯定义一个列表,将某数的因子加到列表中
    for i in range(2, 1000)：
        for j in range(1, i//2+1)：  ♯i 的真因子的范围在 1～i/2 之间
            if i ％ j ＝＝0：
                factor.append(j)
        if i ＝＝sum(factor)：
            print(i, "是完全数,真因子为", factor)
        factor＝[]
    else：
```

```
            end=time.time()                    #记录程序结束时间点
            print("计算完成,共用时%.1f 秒" % (end-start))
    if __name__=="__main__":
        main()
    """
```

方法二:

```
    start=time.time()
    for i in range(2,10000):
        factor=[x for x in range(1,i) if i % x ==0]
        if i ==sum(factor):
            print(i,"是完全数,真因子为",factor)
    else:
        end=time.time()  #记录程序结束时间点
        print("计算完成,共用时%.1f 秒"%(end-start))
    """
```

任务5.选择、循环和异常处理。新建一个名为 totalscore.py 的 Python 源程序文件,该文件实现对比赛现场评委打的分数进行统计的功能。

(1)先输入评委的人数,评委人数小于等于 2 时产生异常。

(2)然后输入各个评委的分数,每个分数在 0～10 分之间,输入错误时产生异常。

(3)去掉一个最高分和一个最低分后计算所有评委分数的平均值即为现场得分。

测试用例如图 3-13 所示。

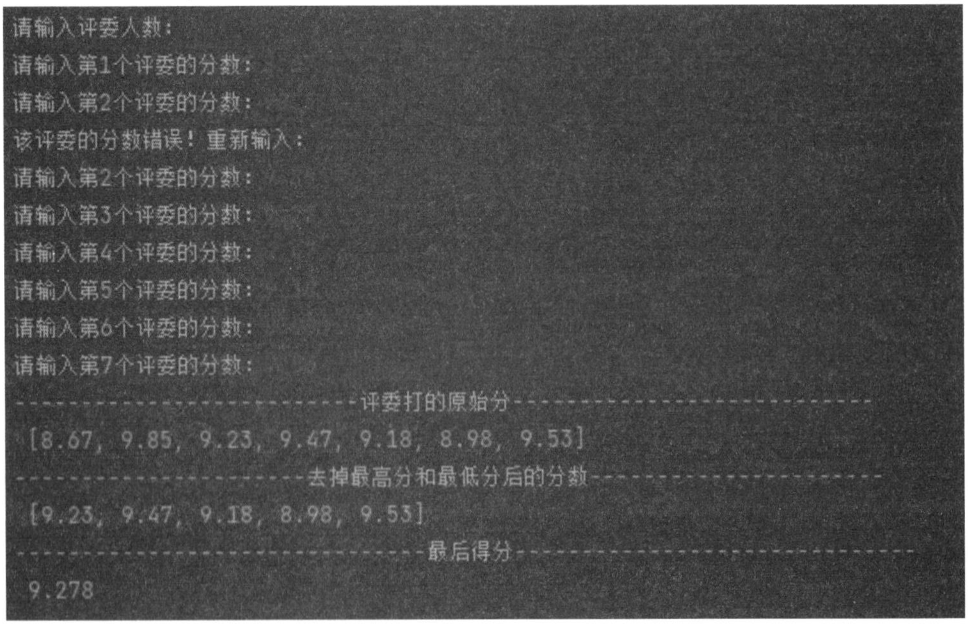

图 3-13　测试用例

请编写程序实现上述功能,并调试、运行该程序,将运行结果截图到实验报告中。

参考代码如下：

```
# coding=utf-8
from copy import *
def main():
    while True:
        try:
            num=int(input("请输入评委人数:"))
            if num<=2:
                print("评委人数太少,评委人数必须多于 2 人!")
            else:
                break
        except:
            pass
    scores=[]
    for x in range(num):
        #评委打的分数必须在 0~10 分之间
        while True:
            try:
                score=float(input("请输入第{0}个评委的分数:".format(x+1)))
                #assert(断言)用于判断一个表达式,在表达式条件为 false 的时候触
                #发异常,断言可以在条件不满足程序运行的情况下直接返回错误,而
                #不必等待程序运行后出现崩溃的情况
                assert 0<=score<=10
                scores.append(score)
                break      #如果输入的分数是正确的,则跳出该循环
            except:
                print("该评委的分数错误!  重新输入:")
    #求最高分、最低分
    hign=max(scores)
    low=min(scores)
    #去掉最高分和最低分后,计算平均分
    scores0=deepcopy(scores)    #此处需要深拷贝,不能浅拷贝
    scores.remove(hign)
    scores.remove(low)
    meanscore=round(sum(scores)/len(scores),3)
    print("评委打的原始分".center(60,'—'),'\n',scores0)
    print("去掉最高分和最低分后的分数".center(57, '—'), '\n', scores)
    print("最后得分".center(65, '—'), '\n',meanscore)
if __name__=="__main__":
    main()
```

任务6.新建一个名为 redLuckyMoney.py 的 Python 源程序文件,该文件实现模拟微信分发红包的功能:从键盘输入红包的金额和抢红包人数(金额在1～200之间,抢红包人数在1～100之间,输入错误提示异常处理),要求每个红包的大小在0.1～3倍的平均数之间随机分配。测试用例如图 3-14 所示。

图 3-14 测试用例

请编写程序实现上述功能,并调试、运行该程序,将运行结果截图到实验报告中。

参考代码如下:

```
♯coding＝utf-8
import random as rd
def redLuckyMoney(amount,num): ♯amount 为拟发红包金额,num 为抢红包的人数
    moneys＝[]    ♯存放每个红包大小
    total＝0
    for x in range(1,num):
        while True:
            try:
                one＝round(rd.uniform(0.1,(amount－total)－(num－x)),2)
                ♯随机生成红包大小
                assert 0＜＝one＜＝(3 * amount/num)
                break
            except:
                pass
        moneys.append(one)
        total＝total＋one    ♯已发红包的总金额
    return moneys
def main():
    while True:
        try:
            amount＝int(input("请输入你包红包的总金额(1～200):"))
            assert 1＜＝amount＜＝200
            break
        except:
            print("输入错误!")
    while True:
```

```
try：
    num＝int(input("请输入抢红包的人数:"))
    assert 1＜＝num＜＝100
    break
except：
    print("输入错误!")
print("红包分发结果如下:".center(60,'—'),'\n',redLuckyMoney(amount,num))
if __name__＝＝"__main__":
    main()
```

任务7.函数的综合应用。新建一个名为 usermanager.py 的 Python 源程序文件,该文件实现如下功能。

(1)显示菜单,如图 3-15 所示。

图 3-15　菜单

(2)选择 3 时,显示所有用户,如图 3-16 所示。

图 3-16　选择菜单

(3)选择 1 时,添加用户,若该用户已经存在,则提示错误信息;若该用户不存在,则可以添加,并提示输入密码。添加完成后提示是否需要继续添加,输入 Y 时继续添加,输入其他字符时退出添加,回到菜单,如图 3-17 所示。

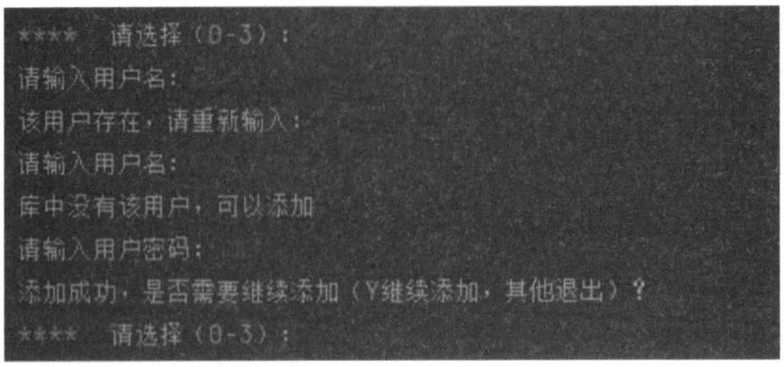

图 3-17　测试用例

(4)选择 2 时,提示输入需要删除的用户名,若该用户不存在,则提示错误信息;若该用户存在,则提示"确定要删除吗",输入 Y 删除,输入其他字符退出。若删除成功,则提示删除成功信息,提示是否需要继续删除,输入 Y 继续,输入其他字符退出回到菜单位置,如图3-18 所示。

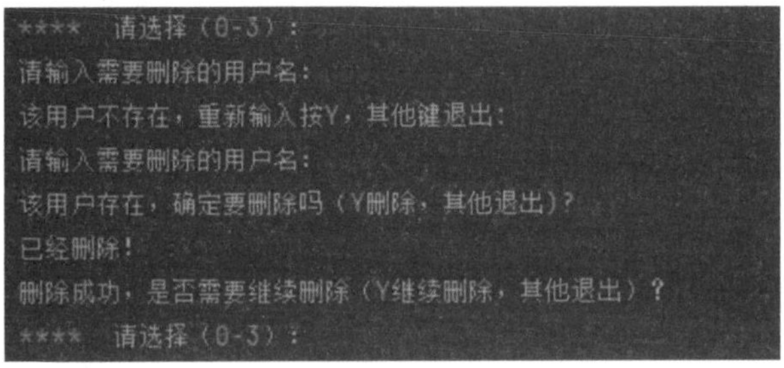

图 3-18　测试用例

(5)再次显示用户信息,如图 3-19 所示,当选择 0 时退出整个程序。

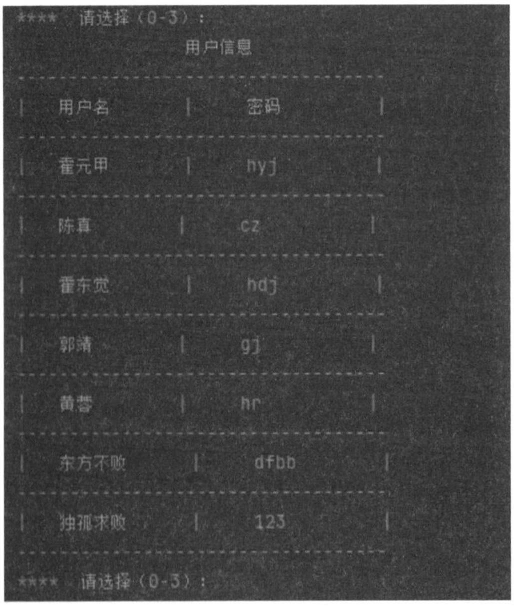

图 3-19　测试用例

请编写程序实现上述功能,并调试、运行该程序,将运行结果截图到实验报告中。

参考代码如下:

```
# coding=utf-8
users={}
def readFile(file):
    with open(file,"r+") as fp:
        lines=fp.readlines()
        for line in lines:
            d=line.strip("\n").split(sep=",")
            users[d[0]]=d[1]
    return users
def saveFile(file):
    with open(file,"w+") as fp:
        s=""
        for key,value in users.items():
            s=s+str(key)+","+str(value)+"\n"
        fp.writelines(s)
def add_user():
    while True:
        user=input("请输入用户名:")
        if user in users:
            print("该用户存在,请重新输入:")
            continue
        else:
            print("库中没有该用户,可以添加")
            password=input("请输入用户密码:")
            users[user]=password
            saveFile("users.csv")
            yesno=input("添加成功,是否需要继续添加(Y 继续添加,其他退出)?")
            if yesno =="Y" or yesno =="y":
                continue
            else:
                break
def delete_user():
    while True:
        user=input("请输入需要删除的用户名:")
        if user in users:
            yesno=input("该用户存在,确定要删除吗(Y 删除,其他退出)?")
            if yesno in "Yy":
```

```
            del users[user]
            print("已经删除!")
            saveFile("users.csv")
            yn=input("删除成功,是否需要继续删除(Y 继续删除,其他退出)?")
            if yn in "Yy":
                continue
            else:
                break
        else:
            print("本次操作没删除任何用户!")
            continue
    else:
        yesno=input("该用户不存在,重新输入按 Y,其他键退出:")
        if yesno in "Yy":
            continue
        else:
            break
def display_user():
    print("用户信息".center(35,' '))
    print('—' * 35)
    print("|      用户名        |       密码          |")
    print('—' * 35)
    for x in users.keys():
        print("|      %-10s|        %-12s|"%(x,users[x]))
        print('—' * 35)
def menu():
    print("字典的使用——添加、删除、显示用户".center(40,'—'))
    print(" ****    1.添加用户                          ****")
    print(" ****    2.删除用户                          ****")
    print(" ****    3.显示用户                          ****")
    print(" ****    0.退出                              ****")
    while True:
        num=input(" ****    请选择(0~3):")
        if num=="1":
            add_user()
        elif num=="2":
            delete_user()
        elif num=="3":
            display_user()
```

```
        elif num＝＝"0"：
            break
        else：
            print("输入错误,请重新选择(0～3)：")
def main()：
    users＝readFile("users.csv")
    menu()
if __name__＝＝"__main__"：
    main()
```

任务8.多个装饰器的应用。新建一个名为 wrapper.py 的 Python 源程序文件,该文件实现在删除信息前判断用户是否登录和判断用户是否具有权限的功能。测试用例如图3-20～图 3-23 所示。

图 3-20　测试用例(1)

图 3-21　测试用例(2)

图 3-22　测试用例(3)

图 3-23　测试用例(4)

请编写程序实现上述功能,并调试、运行该程序,将运行结果截图到实验报告中。操作步骤如下。

（1）先定义用户字典数据和当前登录用户信息（为空），如图 3-24 所示。

```
data={'root':{'name':'root','passwd':'root','is_super':0},'admin':{'name':'admin','passwd':'admin','is_super':1}}
login_user_session={} #当前登录用户信息
```

图 3-24　代码（1）

（2）编写判断用户是否登录装饰器 is_login，代码如图 3-25 所示。

```
#判断用户是否登录，如果没有登录则先登录
def is_login(fun):
    def wrapper(*args,**kwargs):
        if login_user_session:
            result=fun(*args,**kwargs)
            return result
        else:
            print('跳转登录'.center(60,'*'))
            user=input('输入用户名:')
            passwd=input('请输入密码:')
            if user in data:
                if data[user]['passwd']==passwd:
                    login_user_session['username']=user
                    print('登录成功!')
                    #用户登录成功,执行删除操作
                    result=fun(*args,**kwargs)
                    return result
                else:
                    print('密码错误!')
            else:
                print('该用户不存在!')
    return wrapper
```

图 3-25　代码（2）

（3）编写判断用户是否具有权限装饰器 is_permission，代码如图 3-26 所示。

```
#判断用户是否具有权限
def is_permission(fun):
    def wrapper2(*args,**kwargs):
        print('判断用户是否具有权限......')
        current_user=login_user_session.get('username')
        permission=data[current_user]['is_super']
        if permission==1:
            result=fun(*args,**kwargs)
            return result
        else:
            print('用户%s没有权限!'%(current_user))
    return wrapper2
```

图 3-26　代码（3）

(4)将上面两个装饰器应用到 delete()函数中,代码如图 3-27 所示。

```
#应用多个装饰器的函数
@is_login
@is_permission
def delete():
    return 正在删除信息
```

图 3-27　代码(4)

(5)添加主函数代码,如图 3-28 所示。

```
def main():
    print(delete())

if __name__=="__main__":
    main()
```

图 3-28　代码(5)

(6)运行、调试代码。

第 4 章　Python 爬虫

爬虫是"网络爬虫"的简称，又称为网页蜘蛛、网络机器人，是一种按照一定的规则，自动地抓取网络信息的程序或者脚本。

4.1　爬虫概述

有时候，我们需要将目标网页数据下载到本地端，由于网页数据较多，一个一个下载非常麻烦，此时可以通过编写爬虫程序让计算机自动下载目标网页数据，这种技术就是爬虫技术。目前，网络上有很多开源爬虫软件可供开发者使用，常见的有 Nutch、Heritrix、Larbin 等。Larbin 是一个使用 C++开发的开源网络爬虫，有一定的定制选项和较高的网页爬取速度。Heritrix 是一个使用 Java 开发的开源网络爬虫，用户可以使用它从网上抓取想要的资源，其最出色之处在于它良好的可扩展性，方便用户实现自己的抓取逻辑。Nutch 是一个开源的由 Java 实现的搜索引擎，它提供了我们运行自己的搜索引擎所需的全部工具，包括全文搜索和 Web 爬虫。

网络爬虫在信息检索和数据挖掘过程中起到重要作用，它通过自动提取网页的方式完成下载网页的工作，实现大规模数据的下载，省去很多人工烦琐的工作。在大数据分析与挖掘架构中，数据采集与储存是重要的工作基础，而爬虫技术又是互联网数据来源的重要部分。

网络爬虫是自动提取网页的程序，可从 Internet 上下载网页，是搜索引擎的重要组成部分。网络爬虫按照系统结构和实现技术可分为传统网络爬虫、聚焦网络爬虫、增量式网络爬虫和深层网络爬虫等。

传统网络爬虫从一个或若干初始网页的 URL 开始，获得初始网页上的 URL，在抓取网页的过程中，不断从当前页面上抽取新的 URL 放入队列，直到满足系统的停止条件。

聚焦网络爬虫的工作流程较为复杂，需要根据一定的网页分析算法过滤与主题无关的链接，保留有用的链接并将其放入等待抓取的 URL 队列。然后，它根据一定的搜索策略从队列中选择下一步要抓取的网页 URL，并重复上述过程，直到达到系统的某一条件时停止。另外，所有被爬虫抓取的网页将会被系统存储，进行一定的分析、过滤，并建立索引，以便以后的查询和检索。对于聚焦网络爬虫来说，这一过程所得到的分析结果还可能对以后的抓取过程给出反馈和指导。

实现爬虫的工作如下：

（1）对计算机网络中的 Web 站点连接和 URL 进行搜索。

（2）由请求模块向 URL 地址发出请求，并得到网站的响应。

（3）从响应内容中对网页数据进行分析与过滤，提取所需数据。

（4）对目标数据进行描述或定义。

增量式网络爬虫是指对已经下载的网页采取增量式更新，只爬取新产生的或者已经发生更改变化网页的爬虫，它能够在一定程度上保证所爬取的页面是比较新的。增量式网络爬虫只会在需要的时候爬取新产生的或者已经发生更改变化的网页，并不会重新下载没有发生改变的页面，可有效减少数据下载量，及时更新已爬取的页面，可以降低时间和空间的消耗，但会增加爬虫算法的复杂度和实现难度。

4.2　爬虫技术原理

网络爬虫是自动提取网页的程序，需要理解客户端发出网页请求和服务器响应的过程。每一个用户打开网页都是从用户向服务器发送访问请求（request）开始，服务器接到用户请求后验证请求的有效性，然后向用户发送相应的响应内容（response），用户收到服务器响应内容后通过浏览器展现出来，用户才可浏览。网页请求的方式有 GET 方式和 POST 方式。GET 方式一般用于获取或者查询资源信息，它在 URL（uniform resource locator，统一资源定位器）后面拼接参数，只能以文本的形式传递参数，传递的数据量小，安全性低，会将信息显示在地址栏，速度快，通常用于对安全性要求不高的请求。POST 方式可以向指定的资源提交要被处理的数据。POST 方式提交数据相对于 GET 方式安全性高一些，传递数据量大，请求对数据长度没有要求，请求不会被缓存，也不会保留在浏览器的历史记录中。POST 方式用于密码等安全性要求高或提交数据量较大的场合，如上传文件、发布文章等。

爬虫技术需要根据一定的网页分析算法过滤与主题无关的链接，保留有用的链接并将其放入等待抓取的 URL 队列。然后，它将根据一定的搜索策略从队列中选择下一步要抓取的网页 URL，并重复上述过程，直到达到系统的某一条件时停止。另外，所有被爬虫抓取的网页将会被系统存贮，进行一定的分析、过滤，并建立索引，以便之后的查询和检索。网络爬虫的基本工作流程为：获取 URL→发送请求→获取响应内容→解析网页内容→保存数据。

（1）获取 URL。URL 是 WWW 的统一资源定位标志，即网络地址。URL 由三部分组成：资源类型、存放资源的主机域名、资源文件名，也可认为由四部分组成：协议、主机、端口、路径。URL 的一般格式为：

protocol:// hostname[:port] / path /[:parameters][?query]♯fragment

protocol 是指定使用的传输协议，如 http、https、ftp、mailto 等，最常用的是 http 协议。hostname 是指存放资源的服务器的域名系统（DNS）主机名或 IP 地址，有时在主机名前也可以包含连接到服务器所需的用户名和密码（格式：username:password@hostname）。port 是指端口号，可以省略，http 默认的端口号为 80。path 是路径，是由零或多个"/"符号隔开的字符串，一般用来表示主机上的一个目录或文件地址。parameters 是参数，用于指定特殊参数的可选项，由服务器端程序自行解释。query 是查询，可以省略，用于给动态网页（如使用 CGI、ISAPI、PHP/JSP/ASP/ASP.NET 等技术制作的网页)传递参数,可有多个参数,用"&"符号隔开,每个参数的名和值用"＝"符号隔开。fragment 是信息片段,是字符串,用于指定网络资源中的片段。例如:一个网页中有多个名词解释,可使用 fragment 直接定位到某一名词解释。

(2)发送请求。客户端向服务器发送 request 请求,request 对象的作用是与客户端交互,收集客户端的 Form、Cookies、超链接,或者收集服务器端的环境变量。request 对象是从客户端向服务器发出请求,包括用户提交的信息以及客户端的一些信息。客户端可通过HTML 表单或在网页地址后面提供参数的方法提交数据,然后服务器通过 request 对象的相关方法来获取这些数据。request 的各种方法主要用来处理客户端浏览器提交的请求中的各项参数和选项。

(3)获取响应内容。服务器响应 response 对象用于动态响应客户端请示,控制发送给用户的信息,并将动态生成响应。response 对象只提供了一个数据集合 cookie,用于在客户端写入 cookie 值。若指定的 cookie 不存在,则创建它;若存在,则将自动进行更新。结果返回给客户端浏览器。

(4)解析网页内容。对服务器返回给客户端浏览器网页的内容要进行一定的分析、过滤,并建立索引,以便之后的查询和检索解析。

(5)保存数据。网页分析算法可以归纳为基于网络拓扑、基于网页内容和基于用户访问行为 3 种类型。基于网络拓扑的分析算法是基于网页之间的链接,通过已知的网页或数据来对与其有直接或间接链接关系的对象(可以是网页或网站等)做出评价的算法。它分为网页粒度、网站粒度和网页块粒度 3 种。基于网页内容的网页分析算法指的是利用网页内容(文本、数据等资源)特征进行网页评价。网页内容从原来的以超文本为主,发展到后来的以动态页面(或称为 hidden web)数据为主,后者的数据量约为直接可见页面数据(PIW,publicly indexable web)的 400~500 倍。由于多媒体数据、Web Service 等各种网络资源日益丰富,因此,基于网页内容的分析算法也从原来的较为单纯的文本检索方法,发展为涵盖网页数据抽取、机器学习、数据挖掘、语义理解等多种方法的综合应用。基于文本的网页分析算法分纯文本分类与聚类算法和超文本分类与聚类算法,文本分析算法可以快速有效地对网页进行分类和聚类,但是由于忽略了网页间和网页内部的结构信息,因此很少单独使用。

4.3　robots 协议

robots 协议(也称为爬虫协议、机器人协议等)的全称是"网络爬虫排除标准"(robots exclusion protocol),网站通过 robots 协议告诉搜索引擎哪些页面可以抓取,哪些页面不能抓取。robots 协议的本质是网站和搜索引擎爬虫的沟通方式,用来指导搜索引擎更好地抓取网站内容,而不是作为搜索引擎之间互相限制和不正当竞争的工具。

robots.txt 文件是一个文本文件,使用任何一个常见的文本编辑器都可以创建和编辑它。robots.txt 是一个协议,而不是一个命令。robots.txt 是搜索引擎中访问网站的时候要查看的第一个文件。robots.txt 文件告诉蜘蛛程序在服务器上什么文件是可以被查看的。

当一个搜索蜘蛛访问一个站点时,它会首先检查该站点根目录下是否存在 robots.txt。如果该文件存在,搜索机器人就会按照该文件中的内容来确定访问的范围;如果该文件不存在,所有的搜索蜘蛛将能够访问网站上所有没有被口令保护的页面。

robots.txt 的格式采用面向行的语法:空行、规则行、注释行(以♯开头)。规则行的格式为:Field:value。常见的规则行有 User-Agent、Disallow、Allow、Crawl-delay。User-Agent 表示运行什么爬虫对网站的数据进行采集;Disallow 表示哪些网站目录中的资源文件是不允许访问的,如果违反该约束就会被网站封禁 IP;Allow 表示哪些网站目录中的资源文件是允许访问的;Crawl-delay 表示相邻两次数据爬取操作之间最小的时间间隔。例如:

User-agent:Baiduspider ♯表示不允许百度爬虫访问网站下所有目录
Disallow:/cgi-bin/*.htm ♯禁止访问/cgi-bin/目录下的所有以".htm"为后缀的URL(包含子目录)
Allow:.htm$ 　　　　　♯仅允许访问以".htm"为后缀的 URL

4.4　Python 爬虫

Python 具有丰富的类库,实现爬虫所需的大部分模块,常见的模块有:

(1)re 模块。即正则表达式模块,负责根据抓取目标数据的描述和定义特征,抓取目标数据。

(2)socket 模块。即网络编程模块,负责计算机网络中网站服务器的连接,以及网站数据的传输等。

(3)urllib 模块。提供了一系列用于操作 URL 的功能,可通过 URL 连接网络并传输数据。

(4)Scrapy 模块。Scrapy 是一个快速、高层次的屏幕抓取和 Web 抓取的框架,用于抓取 Web 站点并从页面中提取结构化的数据。Scrapy 用途广泛,可以用于数据挖掘、监测和自动化测试。它提供了多种类型爬虫的基类,如 BaseSpider、sitemap 爬虫等。

(5)Requests 模块。

(6)lxml 模块。

4.4.1　re 模块

正则表达式又称为规则表达式,简写为 regex、regexp 或 re,通常被用来检索、替换那些符合某个模式(规则)的文本。在 Python 中,正则表达式主要用到 re 模块,re 模块提供了很多函数供编程员调用,要使用 re 模块中的函数,需要使用 import re 语句导入。

1.常用函数

re 模块常用的函数见表 4-1。

表 4-1 re 模块常用函数

函数	功能
compile()	通过编译正则表达式,返回一个正则表达式对象
findall()	返回字符串中所有的匹配(以空格为间隔)
search()	匹配整个字符串,直接找到一个匹配
match()	从字符串起始位置开始匹配一个参数,该参数是符合正则表达式的字符串
split()	将匹配到的字符串作为分割点,对字符串进行分割,最终返回分割列表
sub()	用于将匹配到的字符串替换为参数中的字符串

2.匹配规则

以字符串匹配为例,通过导入 re 模块对字符串进行匹配,需要创建一个正则匹配对象,通过 re 模块的 compile() 方法实现。其参数为正则表达式,也称匹配模式,以字符串形式传入。

【案例 4-1】 使用 re 模块查找匹配规则的字符串。

```
#coding:utf-8
import re
def main():
    #创建一个正则表达式对象
    pattern=re.compile('\d+\.\d+')
    str="3.14159,2.51456 abc 189.189   521"
    result=pattern.findall(str)
    result2=re.findall('\d+\.\d+',str)
    print(result,result2)
if __name__=="__main__":
    main()
```

程序运行结果如下:

['3.14159','2.51456','189.189'] ['3.14159','2.51456','189.189']

3.字符串前缀

匹配规则以字符串形式作为参数传入相应的匹配方法。字符串前缀用于匹配字符串固定字符编码格式。

例如:re.compile(u'+.+'),其中字符串'+.+'是参数,字符串前的 u 是固定前缀,用于固定编码格式以支持中文编码。常见的前缀有:

(1)u/U:表示字符串为 unicode 编码。其特点为可以针对任何字符串。该前缀表示对字符串进行 unicode 编码。一般英文字符在使用不同编码的情况下,都可以正常解析,所以一般不带 u;但是针对中文,必须表明所需编码,否则一旦编码转换就会出现乱码。建议所有编码方式采用 utf-8,对中英文支持较好。

(2)r/R:表示字符串为非转义的原始字符串。其特点为字符串前缀以 r 开头,则后面的字符都是普通字符,如\n 仅表示一个反斜杠和字母 n,不表示换行符。以 r 开头的字符,常用语为正则表达式，对应于 re 模块。

（3）b：表示字符串采用 bytes 编码。其特点为在 Python 3.x 中默认的 str 是 unicode，bytes 是 Python 2.x 的 str，b 前缀代表的是 bytes。

4.4.2　socket 模块

在 Python 中，实现网络编程主要用到 socket 模块，socket 模块提供了很多函数供编程员调用，要使用 socket 模块中的方法，需要使用 import socket 语句导入 socket 模块。socket 模块的常用函数见表 4-2。

表 4-2　socket 模块常用函数

函数	功能
gethostname()	获取主机名
gethostbyname()	通过主机名获得网络中该主机的 IP 地址
inet_aton()	将十进制 IP 地址格式转换成二进制 IP 地址形式
socket()	新建 socket 套接字对象
bind()	将套接字绑定到地址
listen()	服务器监听传入的连接
setblocking()	设置是否阻塞（默认为 True）
accept()	服务器接受连接并返回（conn,address）元组
connect()	客户端连接到服务器端的 address 处的套接字
send()、sendall()、sendto()	将数据发送到连接的套接字
recv()、recvfrom()	接收套接字的数据
settimeout()	设置套接字操作的超时时间

1.基于 TCP 的网络编程

TCP（transmission control protocol，传输控制协议）是一种面向连接的、可靠的、基于字节流的传输层通信协议。数据传输前必须先建立连接来保证传输的可靠性。基于 TCP 的网络编程的工作流程如图 4-1 所示。基于 TCP 的网络编程分服务器端程序和客户端程序，服务器端程序的工作流程如下。

（1）创建 socket 对象。例如：

s＝socket.socket(socket.AF_INET,SOCK_STREAM)

AF_INET 指定使用 IPv4，如果要用 IPv6，就指定为 AF_INET6。SOCK_STREAM 指定使用面向流的 TCP 协议，这样，socket 对象创建成功，但还没建立连接。

（2）绑定端口。例如：s.bind(('127.0.0.1',8888))。

（3）监听端口。例如：s.listen(8)　　　　　♯传入的参数指定等待连接的最大数量

（4）建立连接。

（5）创建线程使用连接函数收发数据。每个连接都必须创建新线程来处理，否则在处理连接的过程中，单线程无法接收其他客户端的连接。

客户端程序的工作流程如下。

(1)创建 socket 对象。例如:s=socket.socket(socket.AF_INET,SOCK_STREAM)。

(2)连接服务端 IP。例如:s.connect(('127.0.0.1',8888))。

(3)接收数据。例如:s.recv(1024)。

(4)发送数据。例如:s.send(data)。

(5)断开连接。

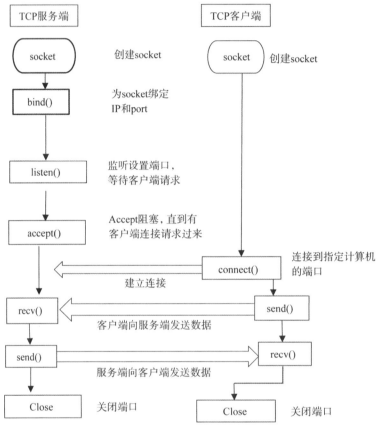

图 4-1　基于 TCP 网络编程

【案例 4-2】 编写一个简单的基于 TCP 的服务器与客户端聊天程序。

服务器端程序代码如下:

```
import socket
import threading
num=0
def chat(service_client_socket,addr):
    #等待接收客户端消息,存放在 2 个变量 service_client_socket 和 addr 里
    if not addr in user:
        print('Accept new connection from %s:%s…' %addr)
        #如果 addr 不在 user 字典里,则执行以下代码
        for scs in serv_clie_socket:
```

```
                serv_clie_socket[scs].send(data + '进入聊天室…'.encode('utf-8'))
                    #发送 user 字典的 data 和 address 到客户端
                user[addr]=data.decode('utf-8') #data 是最新进入聊天室的客户,解压后放入 user
                serv_clie_socket[addr]=service_client_socket
            #接收的消息解码成 utf-8 并存在字典 user 里,键名定义为 addr
            #print("可以开始聊天了≫≫≫≫≫")
            #如果 addr 在 user 字典里,跳过本次循环
            while True:
                d=service_client_socket.recv(1024)
                if (('EXIT'.lower() in d.decode('utf-8')) | (d.decode('utf-8')=='error1')):
                    #如果 EXIT 在发送的 data 里
                    name=user[addr]
                    #user 字典 addr 键对应的值赋值给变量 name
                    user.pop(addr)
                    serv_clie_socket.pop(addr)
                    #删除 user 里的 addr
                    for scs in serv_clie_socket:
                        #从 user 取出 address
                        serv_clie_socket[scs].send((name + '离开了聊天室…').encode('utf-8'))
                        #发送 name 和 address 到客户端
                    print('Connection from %s:%s closed.' % addr)
                    global num
                    num=num-1
                    break
                else:
                    print('"%s" from %s:%s' % (d.decode('utf-8'), addr[0], addr[1]))
                    for scs in serv_clie_socket:
                        #从 user 遍历出 address
                        if serv_clie_socket[scs]!=service_client_socket:
                            #address 不等于 addr 时,执行下面的代码
                            serv_clie_socket[scs].send(d)
                            #发送 data 到客户端
s=socket.socket(socket.AF_INET, socket.SOCK_STREAM)    #创建 socket 对象
addr=('10.209.2.254', 9999)
s.bind(addr)    #绑定地址和端口
s.listen(128)
print('TCP Server on',addr[0], ":", addr[1], "……")
user={}    #存放字典{addr:name}
serv_clie_socket={}    #存放{socket:不同线程的套接字}
```

```
while True：
    try：
        print("等待接收客户端的连接请求…")
        service_client_socket,addr＝s.accept()    ＃等待接收客户端的连接请求
        print("接收到客户端的连接请求…")
    except ConnectionResetError：
        print('Someone left unexcept.')
    data＝service_client_socket.recv(1024)
    if data.decode()＝＝'error1'：
        print(addr,"关闭了登录窗口…")
        continue
    print("data＝", data.decode())
    ＃为服务器分配线程
    num＝num＋1
    r＝threading.Thread(target＝chat, args＝(service_client_socket，addr),
                        daemon＝True)
    r.start()
    print("聊天室人数：", num)
```

上面程序调入多线程与 scoket 包,用于实现多线程连接,同时记录本地地址与端口,开启监听,等待请求;当收到某个客户端的请求后建立连接,为每一个客户端分配一个线程,并记录客户端地址与端口;当收到某个客户端发送的数据时,将数据转发给所有与服务器连接的客户机;当某个客户端断开连接,通知所有与服务器连接的客户机;服务器一直保持监听状态,等待其他客户端接入服务器。

客户端程序代码如下：

```
import tkinter
from tkinter import font
import tkinter.messagebox
import socket
import threading
import time
string＝"
def my_string(s_input)：
    string＝s_input.get()
def Send(sock)：
    if string !＝"：
        message＝name ＋ '：' ＋ string
        data＝message.encode('utf-8')
        sock.send(data)
        if string.lower()＝＝'EXIT'.lower()：
            exit()
```

```
def recv(sock)：
    sock.send(name.encode('utf-8'))
    while True：
        data＝sock.recv(1024)
        ♯加一个时间戳
        time_tuple＝time.localtime(time.time())
        str＝("{}点{}分".format(time_tuple[3], time_tuple[4]))
        rrecv＝tkinter.Label(t, text＝data.decode('utf-8'), width＝40,
                            anchor＝'w', bg＝'pink')    ♯接收的消息靠左边
        rrecv.pack()
def left()：
    global string
    string＝rv1.get()
    Send(s)
    if string !＝"：
        rleft＝tkinter.Label(t, text＝string, width＝40, anchor＝'e')
        ♯发送的消息靠右边
        rleft.pack()
        rv1.set(")
def Creat()：
    global name
    name＝n.get()
    ♯接收进程
    tr＝threading.Thread(target＝recv, args＝(s,), daemon＝True)
    ♯daemon＝True 表示创建的子线程守护主线程,主线程退出子线程直接销毁
    tr.start()
    l.destroy()
    e.destroy()
    b.destroy()
    t.title("聊天室")
    t.geometry("500x600")
    rL0＝tkinter.Label(t, text＝'%s 的聊天室' % name, width＝40)
    rL0.pack()
    rL1＝tkinter.Label(t, text＝'请输入消息：', width＝20, height＝1)
    rL1.place(x＝0, y＝450)
    rE1＝tkinter.Entry(t, textvariable＝rv1)
    rE1.place(x＝200, y＝450)
    rB1＝tkinter.Button(t, text＝"发送", command＝left)
    rB1.place(x＝380, y＝450)
```

```
＃发送进程
def JieShu():
    tkinter.messagebox.showwarning(title='你确定退出吗？',
                                    message='刚才你单击了关闭按钮')
    s.send("error1".encode('utf-8'))
    exit(0)
s＝socket.socket(socket.AF_INET，socket.SOCK_STREAM)
server＝('10.209.2.254'，9999)
s.connect(server)    ＃建立连接
t＝tkinter.Tk()
t.title("多人聊天室")
t.geometry("300x200＋500＋200")
l＝tkinter.Label(t，text='多人聊天室欢迎您,请输入您的名称'，width＝40，height＝8)
l.pack()
n＝tkinter.StringVar()
e＝tkinter.Entry(t，width＝15，textvariable＝n)
e.pack()
rv1＝tkinter.StringVar()
name＝n.get()
b＝tkinter.Button(t，text="登录"，width＝40，height＝10，command＝Creat)
b.pack()
t.protocol("WM_DELETE_WINDOW",JieShu)
t.mainloop()
s.close()
```

上面的程序调入多线程与 scoket 包,用于实现多线程连接;调入 tkinter 包,用于图形化页面展示,同时记录本地地址与端口,向服务器发送连接请求,建立持续连接。程序实现图形化登录界面,记录输入的用户名,发送给服务器,当进入聊天界面时,从服务器接收到的消息显示在左边,发送给服务器的消息显示在右边。当需要退出时,弹出警示界面,退出后与服务器断开连接,聊天结束。

2.基于 UDP 的网络编程

使用 UDP 协议时,不需要建立连接,只需要知道对方的 IP 地址和端口号就可以直接发送数据包。

【案例 4-3】 基于 UDP 的客户端与服务器端通信。

服务器端程序代码如下:

```
＃coding:utf-8
import socket
def main():
    s＝socket.socket(socket.AF_INET,socket.SOCK_DGRAM)
    ＃绑定端口
```

```
    s.bind(('127.0.0.1',8999))
    print('bind UDP on 8999…')
    while True：
        ＃接收数据
        data，address＝s.recvfrom(1024)
        print('received form ％s:％s.'％address)
        s.sendto('Hello，％ s!'％data,address)
if __name__＝＝"__main__"：
    main()
```

客户端程序代码如下：

```
＃coding：utf-8
import socket
def main()：
    s＝socket.socket(socket.AF_INET,socket.SOCK_DGRAM)
    for data in['Zhang','Wang','Zhao']：
        ＃绑定端口
        s.sendto(data,('127.0.0.1',8999))
        ＃接收数据
        print(s.recv(1024))
    s.close()
if __name__＝＝"__main__"：
    main()
```

【案例 4-4】　socket 抓取网页数据。

```
＃coding：utf-8
import socket
def main()：
    ＃创建 socket 对象
    s＝socket.socket(socket.AF_INET,socket.SOCK_STREAM)
    ＃建立连接
    s.connect(('www.xmut.edu.cn',80))
    s.send(b'GET/HTTP/1.1\r\nHost:www.xxx.edu.cn\r\nConnection:close\r\n\r\n')
    ＃接收数据
    buffer＝[]
    while True：
        ＃每次最多接收 1K 字节
        data＝s.recv(1024).decode()
        if data：
            buffer.append(data)
```

```
        else：
            break
        recdata＝''.join(buffer)
        s.close()
        header,html＝recdata.split('\r\n\r\n',1)
        print(header)
        html＝html.encode()
        ♯将接收的数据写入文件 xmut.html
        with open('xmut.html','wb') as f：
        f.write(html)
    f.close()
if __name__＝＝"__main__"：
    main()
```

4.4.3　urllib 模块

urllib 是 Python 内置的 HTTP 请求模块,它包含 4 个子模块。

(1)request 模块。最基本的 HTTP 请求模块,可以用来模拟发送请求。request 模块的常用函数有 urlopen()、Request()等。

(2)error 模块。异常处理模块,当出现请求错误时,可以捕获异常,然后进行处理。

(3)parse 模块。为工具模块,提供了许多 URL 处理的方法,如拆分、解析、合并等。

(4)robotparser 模块。主要用于识别网站的 rebots.txt 文件,然后判断哪些网站可以爬取,哪些网站不能爬取。

urllib 模块使用 urllib.request.urlopen()函数访问网页,urlopen()函数用于打开一个远程的 URL 连接,并向这个连接发出请求,获取响应结果。它返回一个 http 响应对象,格式为：

urllib.request.urlopen(url,data＝None,[timeout,]＊,cafile＝None,capath＝None,cadefault＝False,context＝None)

参数 url 为打开连接的网址;data 用来指明发往服务器请求中的额外参数信息,默认值为 None,此时以 get 方式发送请求,添加 data 参数时以 post 方式发送请求;timeout 设置网站访问的超时时间;cafile、capath、cadefault 用于实现可信任 CA 证书的 http 请求;context 实现 SSL 加密传输。

response 响应对象也有很多函数,如 read()表示读取响应信息的字节流,getcode()表示获取当前网页的状态码,geturl()表示获取当前网页的 url,getheaders()表示返回一个包含服务器响应 http 请求所发送的头部信息。

urllib 爬取网页数据的工作流程一般为：

(1)确定 URL 网址字符串。

(2)向网站发出请求,把字符串传入 request 对象。

(3)把请求返回的信息赋值到 response 对象。

(4)写入 txt 文件。

【**案例 4-5**】　使用 urllib 爬取网站的响应信息。

```
＃coding：utf-8
import urllib.request
def main()：
    ＃请求的头部,User-Agent 为浏览器的类型
    header＝{'User-Agent':'Mozilla/5.0(Windows NT 6.1;WOW64)AppleWebKit/537.36
            (KHTML,like Gecko)Chrome/58.0.3029.96 Safari/537.36'}
    ＃request 请求对象,请求某一网站的内容
    request＝urllib.request.Request('http://www.xmut.edu.cn',headers＝header)
    ＃网站的响应
    response1＝urllib.request.urlopen('http://www.xmut.edu.cn')
    response2＝urllib.request.urlopen(request)
    ＃读取响应信息的字节流
    html＝response1.read()
    ＃信息写入文件
    f＝open('./AL9-7.txt','wb')
    f.write(html)
    f.close()
if __name__＝＝"__main__"：
    main()
```

4.4.4　Requests 模块

Python 内置的 urllib 模块可以访问网络资源,但是由于它内部缺少一些实用的功能,所以用起来比较麻烦。后来出现了一个第三方模块 Requests,Requests 继承了 urllib2 的所有特性。Requests 支持 HTTP 连接保持和连接池,支持使用 cookie 保持会话,支持文件上传,支持自动确定响应内容的编码,支持国际化的 URL 和 POST 数据自动编码。

Requests 可以模拟浏览器的请求,比起之前用到的 urllib 模块更加便捷,功能更加强大,因为 Requests 本质上就是基于 urllib3 来封装的。使用 Requests 模块前必须先安装它,可以使用 pip install requests 命令进行安装。

Requests 库常用的请求函数有 get()、post()、put()、head()、delete()等。get()函数用来获取 html 网页提交的 get 请求,对应于 http 的 get 方法;post()函数用来获取 html 网页提交 post 请求,对应于 http 的 post 方法;head()函数用来获取 html 网页的头部信息请求,对应于 http 的 head 方法;put()函数用来获取 html 网页提交的 put 请求,对应于 http 的 put 方法;delete()函数用来获取 html 网页提交的删除请求,对应于 http 的 delete 方法。例如:

```
r＝requests.get(url)
r＝requests.post(url, data＝{'key':'value'})
r＝requests.put(url, data＝{'key':'value'})
r＝requests.delete(url)
r＝requests.head(url)
```

Requests 库中的响应属性见表 4-3。

表 4-3　Requests 库中的响应属性

属性	描述
r.status_code	http 请求的返回状态码,200 表示连接成功
r.text	http 响应内容(结果为字符串文本)
r.encoding	编码方式
r.content	http 响应内容(结果为二进制形式)
r.apparent_encoding	根据网页内容分析出的编码方式

【案例 4-6】 使用 Requests 库的 get()函数获取网页数据,输出响应属性的内容。

```
#coding:utf-8
import requests
def main():
    url='http://www.baidu.com'
    response=requests.get(url)
    print(type(response))                #输出响应对象的内容
    print(response.status_code)          #输出响应状态码
    print(response.headers)              #输出响应的头信息
    print(response.text)                 #输出响应的内容
if __name__=="__main__":
    main()
```

【案例 4-7】 使用 Requests 库爬取网页内容,爬取失败抛出异常。

```
#coding:utf-8
import requests
def main():
    #向百度提交关键字
    keyword='python'
    try:
        kw={'wd':keyword}
        r=requests.get('http://www.baidu.com/s',params=kw)
        print(r.request.url)
        r.raise_for_status()
        print(len(r.text))
    except:
        print('爬取失败')
#requests 的异常:DNS 查询失败、拒绝连接的 ConnectionError 异常、无效 HTTP
#响应时的 HTTPError 异常、请求 URL 超时的 Timeout 异常,以及请求超过最
#大定向数的 TooManyRedirects 异常
```

```
    url2='http://www.baidu.com'
    try：
        rr=requests.get(url2,timeout=30)    #请求超时时间为 30 s
        rr.raise_for_status()               #如果状态码不是 200,则触发异常
        rr.encoding=rr.apparent_encoding    #配置编码
        return rr.text
    except：
        print('产生异常')
if __name__=="__main__"：
    main()
```

4.4.5　lxml 模块

lxml 是一种使用 Python 编写的解析库,可以迅速、灵活地处理 XML(可扩展标记语言)和 HTML(超文本标记语言)。它支持 XML Path Language(XPath)和 Extensible Stylesheet Language Transformation(XSLT),并且实现了常见的 ElementTree API。lxml 的主要功能是解析 XML 和 HTML 文件。使用 lxml 库需要先进行安装,命令为：pip install lxml。lxml 库中最常用的是 lxml.html 和 lxml.etree 子模块,用来解析 HTML 文档和 XML 文档。

使用 etree 模块要先进行导入,命令为：from lxml import etree。etree 模块提供了一些函数执行数据读取和数据输出功能,常用的函数见表 4-4。

表 4-4　etree 常用函数

函数	描述
etree.HTML(text)	将 text 字节流文件(HTML 文件)转换为 lxml.etree._Element 对象(节点树)
etree.XML(text)	将 text 字节流文件(XML 文件)转换为 lxml.etree._Element 对象(节点树)
etree.tostring()	将 lxml.etree._Element 对象转换成字符串(字节流)
etree.fromsting(string)	将 string 转换为 Element 对象或 ElementTree 对象
etree.parse(file)	将 file 文件转换为 ElementTree 对象

ElementTree 是一个包装类,对应于提供序列化功能的"整个元素层次结构",即元素树、节点树;而 Element 是一个"更大"的类,它定义了 Element 接口,即元素、节点。Element 对象的常用属性和函数见表 4-5 和表 4-6。

表 4-5　Element 对象的常用属性

属性	描述
tag	String,元素(节点)数据种类
text	String,元素(节点)的内容
attrib	Dictionary,元素(节点)的属性字典
tail	String,元素(节点)的尾形

表 4-6   Element 对象的常用函数

函数	描述
clear()	清空所有元素（节点）
get(key,default＝None)	获取 key 对应的属性值，如果该属性值不存在，则返回 default 值
items()	返回一个列表，列表元素为（key,value）
keys()	返回包含所有元素属性键的列表
set(key,value)	设置新的属性键名与值
append(subelement)	添加子元素
extend(subelements)	添加一串元素对象作为子元素
find(match)	查找第一个匹配子元素，匹配对象可以是 tag 或 path
findall(match)	查找所有匹配子元素，匹配对象可以是 tag 或 path
findtext(match)	查找第一个匹配子元素，返回它的 text 值，匹配对象可以是 tag 或 path
insert(index,element)	在指定位置插入子元素
iter(tag＝None)	生成遍历当前元素所有子元素或者给定 tag 的子元素的迭代器
iterfind(match)	根据 tag 或 path 查找所有的子元素
itertext()	遍历所有子元素并返回 text 值
remove(subelement)	移除子元素
xpath()	查找元素（结点）及子元素，可以使用 XPath 表达式

XPath 表达式（也称为 XPath 语言）是一种用于在 XML（可扩展标记语言）文档中提取信息的表达式语言。XPath 语言允许使用路径表达式来指定 XML 文档中的节点或属性，用于解析 XML 文档，搜索特定的元素或属性，检索或更新信息。XPath 使用一种路径表达式语法来指定 XML 文档中每个节点或属性，它包括几种不同的操作，用在 XML 文档中搜索和提取特定元素。XPath 路径表达式语法格式有：

（1）基本用法：//标签名［@属性名＝值］。

（2）叠加用法：支持逻辑运算 and/or。

//标签名［@属性名＝值 and @属性名＝值］

//标签名［@属性名＝值 or @属性名＝值］

//＊［@id＝"xxx"］＊为通配符

XPath 在 XML 文档中选取节点，节点是沿着路径来选取的。常用的路径表达式规则见表 4-7。

表 4-7   XPath 路径表达式规则

表达式	描述
nodename	选取此节点及所有子节点
/	从根节点选取

续表

表达式	描述
//	从匹配选择的当前节点选取文档中的节点
.	选取当前节点
..	选取当前节点的父节点
@	选取属性,通过属性值选取数据,常用元素属性有@id 、@name、@type、@class、@tittle、@href

【案例 4-8】　有一个测试网页 test.html,使用 lxml 和 etree 爬取并解析测试网页内容。

test.html 文件:

```
<html lang="en">
<head>
<meta charset="utf-8" />
<title>lxml 和 xpath</title>
</head>
<body>
  <div>
    <p>诗词欣赏</p>
  </div>
  <div class="song">
    <p>李清照</p><p>王安石</p><p>苏轼</p><p>柳宗元</p>
    <ahref="http://www.song.com/" title="赵匡胤" target="_self">
      <span>this is span</span>宋朝是最强大的王朝,不是军队的强大,而是经
济很强大,国民都很有钱</a>
    <ahref="" class="du">总为浮云能蔽日,长安不见使人愁</a>
    <img src="http://www.baidu.com/meinv.jpg" alt="" />
  </div>
  <div class="tang">
  <ul>
    <li>
      <ahref="http://www.baidu.com" title="qing">清明时节雨纷纷,路上行
人欲断魂,借问酒家何处有,牧童遥指杏花村</a>
    </li>
    <li>
      <ahref="http://www.163.com" title="qin">秦时明月汉时关,万里长征
人未还,但使龙城飞将在,不教胡马度阴山</a>
    </li>
    <li>
      <ahref="http://www.126.com" alt="qi">岐王宅里寻常见,崔九堂前几
```

度闻,正是江南好风景,落花时节又逢君 </a>

```
        </li>
        <li>
            <ahref="http://www.sina.com" class="du">杜甫</a>
        </li>
        <li>
            <ahref="http://www.dudu.com" class="du">杜牧</a>
        </li>
    </ul>
    </div>
</body>
</html>
```

爬虫代码如下:

```
from lxml import etree
def main():
    tree=etree.parse('./test.html')
    song1=tree.xpath('//div[@class="song"]')
    a1=tree.xpath('//div[@class="tang"]/ul/li[2]/a')    #定位到第二个 li 中的 a 标签
    du1=tree.xpath('//a[@href="" and @class="du"]')
    #逻辑定位//a:整个源码下的 a 标签
    #[@href="" and @class="du"] href 为空,class 属性为 du
    ng1=tree.xpath('//div[contains(@class, "ng")]')    #模糊匹配
    ta1=tree.xpath('//div[starts-with(@class, "ta")]')
    text1=tree.xpath('//div[@class="song"]/p[1]/text()')    #取文本
    #/text()获取当前标签中直系存储的文本数据
    #song 的 div 下的第一个 p 子标签
    text2=tree.xpath('//div[@class="tang"]//text()')
    #//text()获取 tang 这个 div 标签下所有子标签中存储的文本数据
    sx1=tree.xpath('//div[@class="tang"]//li[2]/a/@href')
    #取属性,指定 a 标签对应的 href 的值
    ls=[song1,a1,du1,ng1,ta1,text1,text2,sx1]
    print(ls)
if __name__=="__main__":
    main()
```

4.5 Python 多线程爬虫

网络爬虫程序是一种 I/O 密集型程序,程序中涉及了很多网络 I/O 以及本地磁盘 I/O

操作,这些都会消耗大量的时间,从而降低程序的执行效率,而 Python 提供的多线程能够在一定程度上提升 I/O 密集型程序的执行效率。

Python 提供了两个支持多线程的模块,分别是_thread 和 threading,其中_thread 模块处于底层,功能有限;threading 中不仅包含了_thread 模块中的所有方法,还提供一些其他方法:

threading.currentThread():返回当前的线程变量。

threading.enumerate():返回一个所有正在运行的线程的列表。

threading.activeCount():返回正在运行的线程数量。

线程的使用方法:

from threading import Thread

t＝Thread(target＝函数名)　　　♯创建线程对象

t.start()　　　　　　　　　　♯启动线程

t.join()　　　　　　　　　　♯阻塞等待回收线程

在处理线程的过程中,要时刻注意线程的同步问题,即多个线程不能操作同一个数据,否则会造成数据的不确定性。通过 threading 模块的 Lock 对象能够保证数据的正确性。使用多线程将抓取数据写入磁盘文件,此时,就要对执行写入操作的线程加锁,这样才能够避免写入的数据被覆盖。当线程执行完写操作后会主动释放锁,继续让其他线程去获取锁,周而复始,直到所有写操作执行完毕。例如:

from threading import Lock

lock＝Lock()

♯获取锁

lock.acquire()

writer.writerows("线程锁问题解决")

♯释放锁

lock.release()

对于 Python 多线程而言,由于 GIL 全局解释器锁的存在,同一时刻只允许一个线程占据解释器执行程序,当此线程遇到 I/O 操作时就会主动让出解释器,让其他处于等待状态的线程去获取解释器来执行程序,而该线程则回到等待状态,这主要是通过线程的调度机制实现的。所以需要构建一个多线程共享数据的模型,让所有线程都到该模型中获取数据。queue(队列,先进先出)模块提供了创建共享数据的队列模型。比如,把所有待爬取的 URL 地址放入队列中,每个线程都到这个队列中去提取 URL。queue 模块的具体使用方法如下:

from queue import Queue

q＝Queue()　　　　　　　　♯建立队列对象

q.put(url)　　　　　　　　♯向队列中添加爬取一个 url 链接

q.get()　　　　　　　　　♯获取一个 url,当队列为空时,阻塞

q.empty()　　　　　　　　♯判断队列是否为空

【案例 4-9】　多线程爬取某网页。代码如下:

import requests

```python
from threading import Thread
from queue import Queue
import time
from fake_useragent import UserAgent
from lxml import etree
import csv
from threading import Lock
import json


class mthreadSpider(object):
    def __init__(self):
        self.url='http://app.mi.com/categotyAllListApi? page={}&
                categoryId={}&pageSize=30'
        # 存放所有 URL 地址的队列
        self.q=Queue()
        self.i=0
        # 存放所有类型 id 的空列表
        self.id_list=[]
        # 打开文件
        self.f=open('XiaomiShangcheng.csv','a',encoding='utf-8')
        self.writer=csv.writer(self.f)
        # 创建锁
        self.lock=Lock()
    def get_cateid(self):
        # 请求
        url='http://app.mi.com/'
        headers={ 'User-Agent': UserAgent().random}
        html=requests.get(url=url,headers=headers).text
        # 解析
        parse_html=etree.HTML(html)
        xpath_bds='//ul[@class="category-list"]/li'
        li_list=parse_html.xpath(xpath_bds)
        for li in li_list:
            typ_name=li.xpath('./a/text()')[0]
            typ_id=li.xpath('./a/@href')[0].split('/')[-1]
            # 计算每个类型的页数
            pages=self.get_pages(typ_id)
            # 往列表中添加二元组
            self.id_list.append((typ_id,pages))
```

```
    #入队列
    self.url_in()


    #获取 count 的值并计算页数
    def get_pages(self,typ_id):
        #获取 count 的值,即 app 总数
        url=self.url.format(0,typ_id)
        html=requests.get(url=url,headers={'User-Agent':UserAgent().random}).json()
        count=html['count']
        pages=int(count)//30 + 1
        return pages


    #url 入队函数,拼接 url,并将 url 加入队列
    def url_in(self):
        for id in self.id_list:
            #id 格式:('4',pages)
            for page in range(1,id[1]+1):
                url=self.url.format(page,id[0])
                #把 URL 地址入队列
                self.q.put(url)


    #线程事件函数：get()—请求—解析—处理数据
    def get_data(self):
        while True:
            #判断队列不为空则执行,否则终止
            if not self.q.empty():
                url=self.q.get()
                headers={'User-Agent':UserAgent().random}
                html=requests.get(url=url,headers=headers)
                res_html=html.content.decode(encoding='utf-8')
                html=json.loads(res_html)
                self.parse_html(html)
            else:
                break
    #解析函数
    def parse_html(self,html):
        #写入 csv 文件
        app_list=[]
        for app in html['data']:
```

```
            #app 名称 + 分类 + 详情链接
            name=app['displayName']
            link='http://app.mi.com/details? id=' + app['packageName']
            typ_name=app['level1CategoryName']
            #把每一条数据放到 app_list 中,并通过 writerows()实现多行写入
            app_list.append([name,typ_name,link])
            print(name,typ_name)
            self.i +=1
        #向 CSV 文件中写入数据
        self.lock.acquire()
        self.writer.writerows(app_list)
        self.lock.release()
    #入口函数
    def main(self):
        #URL 入队列
        self.get_cateid()
        t_list=[]
        #创建多线程
        for i in range(1):
            t=Thread(target=self.get_data)
            t_list.append(t)
            #启动线程
            t.start()
        for t in t_list:
            #回收线程
            t.join()
        self.f.close()
        print('数量:',self.i)
if __name__=='__main__':
    start=time.time()
    spider=mthreadSpider()
    spider.main()
    end=time.time()
    print('执行时间:%.1f' % (end-start))
```

4.6　Scrapy 爬虫框架

Scrapy 是一个基于 Twisted 实现的异步处理爬虫框架，该框架使用 Python 语言编写。Scrapy 框架应用广泛，常用于数据采集、网络监测，以及自动化测试等。Scrapy 爬虫框架由 Scrapy Engine、Scheduler、Downloader、Spider、Item Pipeline、Downloader Middlewares 部件组成，如图 4-2 所示。

Scrapy Engine(引擎)：整个 Scrapy 框架的核心，负责 Spider、Item Pipeline、Downloader、Scheduler 中间的通信，以及信号、数据传递等。

Scheduler(调度器)：它负责接收引擎发送过来的 Request 请求，并按照一定的方式进行整理排列，入队，当引擎需要时，交还给引擎。

Downloader(下载器)：负责下载 Scrapy Engine 发送的所有 Requests 请求，并将其获取到的 Responses 交还给 Scrapy Engine，由引擎交给 Spider 来处理。

Spider(爬虫)：负责处理所有 Responses，从中分析提取数据，获取 Item 字段需要的数据，并将需要跟进的 URL 提交给引擎，再次进入 Scheduler。

Item Pipeline(管道)：负责处理 Spider 中获取到的 Item，并进行数据存储，如存入 MySQL 数据等。

Downloader Middlewares(下载中间件)：可以当作一个可以自定义扩展下载功能的组件。

Spider Middlewares(Spider 中间件)：可以自定义扩展操作(如处理 Spider 输出响应、输出结果、新的请求等)和 Spider 中间通信的功能组件。

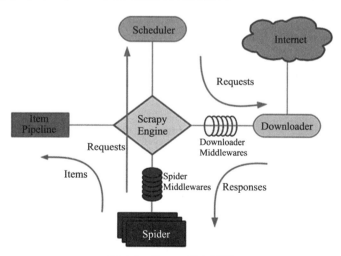

图 4-2　Scrapy 爬虫框架

4.6.1　Scrapy 下载安装

Scrapy 支持常见的主流平台,比如 Linux、Mac、Windows 等,安装命令为:

pip install scrapy

Scrapy 框架提供了一些常用的命令用来创建项目、查看配置信息,以及运行爬虫程序。如表 4-8 所示。

表 4-8　Scrapy 常用命令

命令	格式	描述
startproject	scrapy startproject 项目名称	新建一个 scrapy 项目
genspider	scrapy genspider 爬虫文件名	新建一个爬虫文件
runspider	scrapy runspider 爬虫文件名	运行爬虫文件
crawl	scrapy crawl 爬虫项目名	运行爬虫项目(需要创建项目)
list	scrapy list	列出项目中所有爬虫文件
view	scrapy view url 地址	从浏览器打开 url
shell	scrapy shell url 地址	命令行交互模式
settings	scrapy settings	查看当前项目的配置信息

4.6.2　使用 Scrapy 爬取数据

使用 Scrapy 框架爬取数据的工作流程分为以下几步。

1.新建 Scrapy 项目

在开始爬取之前,必须创建一个新的 Scrapy 项目。进入自定义的项目目录中,运行下列命令:

scrapy startproject 项目名称

例如:scrapy startproject mySpider

在项目中会创建一个 mySpider 文件夹,目录结构如图 4-3 所示。

```
mySpider/
    scrapy.cfg
    mySpider/
        __init__.py
        items.py
        pipelines.py
        settings.py
        spiders/
            __init__.py
            ...
```

图 4-3　mySpider 目录结构

其中,scrapy.cfg 是项目的基本配置文件;mySpider/是项目的 Python 模块,将会从这里引用代码;mySpider/items.py 是项目的目标文件,主要用于定义要抓取的数据结构;mySpider/pipelines.py 是项目的管道文件,用于处理抓取的数据;mySpider/settings.py 是项目的全局配置文件;mySpider/spiders/是存储爬虫文件的目录。

2.定义需要爬取的结构化数据 Item

打开 mySpider 目录下的 items.py 文件,可以通过创建一个 scrapy.Item 类,并且定义类型为 scrapy.Field 的类属性来定义一个 Item。例如:

```
import scrapy
class TutorialItem(scrapy.Item):        ♯此类为 scrapy.Item 的子类
    author＝scrapy.Field()
    dynasty＝scrapy.Field()
    title＝scrapy.Field()
    context＝scrapy.Field()
```

3.编写爬虫程序 Spider,并爬取结构化数据 Item

在 mySpider/spider 目录里新建一个名为 shici.py 的文件,编写爬虫代码。例如:

```
import scrapy
class ShiciSpider(scrapy.Spider):        ♯此类为 scrapy.Spider 的子类
    name＝"shici"                          ♯爬虫的识别名称,必须唯一
    allowed_domains＝["www.xxx.com"]♯搜索的域名范围,爬取 xxx.com 下的网页
    start_urls＝["https://www.xxx.com/paiming? p＝1/", ]
    ♯爬取的 URL 元组或列表,爬虫从这里开始
    p＝1
    def parse(self, response):          ♯网页解析的方法
        filename＝"abc.html"
        open(filename,'w').write(response.body) ♯将网页爬取的内容存入 abc.html 文件
        print("开始"＋str(response.url))
        for shi in response.css("div.shici_card"):
            list＝shi.xpath('./ div[2] / div/text()').getall() ＋
                            shi.xpath('./ div[2] / div/div/text()').getall()
            list＝''.join([i.strip() for i in list])
            yield {
                "author": shi.css("div.list_num_info a::text").get(),
                "dynasty": shi.xpath('./div[@class＝"list_num_info"]/text()')[1].get(),
                "title": shi.css("div.shici_list_main h3 a::text").getall(),
                ♯"context": shi.xpath('./div[@class＝"shici_list_main"]/div[@class＝
                "shici_content"]/text()')[1].get()
                "context":list
```

```
        }
    next_page＝response.css("＃list_nav_part a:nth-last-child(2)::attr(href)").get()
    print(next_page)
    time.sleep(3)
    global p
    if p＝＝10：
        return 0
        pass
    if next_page is not None：
        yield response.follow(next_page，callback＝self.parse)
```

4.编写 Item Pipelines 来存储爬取的结构化数据 Item

(1)爬取的数据默认保存在文件中，也可以保存到 MySQL 数据库中。

```
class TutorialPipeline：
    def process_item(self, item，spider)：
        return item
```

(2)打开 settings.py 配置文件,编辑下列代码：

```
BOT_NAME＝"tutorial"
SPIDER_MODULES＝["tutorial.spiders"]
NEWSPIDER_MODULE＝"tutorial.spiders"
ROBOTSTXT_OBEY＝False
＃在配置文件末尾添加 mysql 常用变量
MYSQL_HOST＝'localhost'
MYSQL_USER＝'root'
MYSQL_PWD＝'123'
MYSQL_PORT＝'3306'
MYSQL_DB＝'shici'
MYSQL_CHARSET＝'utf-8'
```

(3)打开 scrapy.cfg 文件,编辑下列代码：

```
[settings]
default＝tutorial.settings
[deploy]
project＝tutorial
```

(4)打开 run.py 文件,编辑下列代码：

```
from scrapy import cmdline
cmdline.execute('scrapy crawl shici -o shici.csv'.split()) ＃执行项目
```

4.7　Python 爬虫案例

【案例 4-10】　爬取百度贴吧网页中某贴吧名下若干页的标题和链接，如图 4-4 所示。

输入贴吧名：*王者荣耀*

输入起始页：*1*

输入终止页：*3*

第1页抓取成功

第2页抓取成功

第3页抓取成功

执行时间：28.88

图 4-4　百度贴吧爬虫

爬取后的数据存入"王者荣耀-X 页.csv"文件中，内容如图 4-5 所示。

```
贴子名称,链接
谁排 明姚跟我,https://tieba.baidu.com/p/8613766314
S33赛季首个"超标怪"出现，典书重做胜率飙升，全新出装提前看,https://tieba.baidu.com/p/8604157921
军训跳舞那个谁还没吃,https://tieba.baidu.com/p/8613610156
能给我来个游戏搭子吗,https://tieba.baidu.com/p/8613742048
有没有那种视频买,https://tieba.baidu.com/p/8613770972
q钻耀谁打,https://tieba.baidu.com/p/8613767412
v耀排有无糕手,https://tieba.baidu.com/p/8613765209
逐风适合谁？半肉鲁班或可崛起,https://tieba.baidu.com/p/8610530002
绝世美女来d固玩了,https://tieba.baidu.com/p/8613713406
有没有人搞新的v圈,https://tieba.baidu.com/p/8613754204
```

图 4-5　爬取的"王者荣耀-1 页.csv"文件内容

参考代码如下：

```python
import csv
from urllib import request,parse
import time
import random
import requests
from lxml import etree
from urllib import request, parse
#定义一个爬虫类
class TiebaSpider(object):
    #初始化 url 属性
    def __init__(self):
```

```
        self.url='http://tieba.baidu.com/f? {}'
    # 请求函数,得到页面文件编码
    def get_html(self,url):
        res=requests.get(url=url,headers={"user-agent": "Mozilla/5.0
                (Windows NT 10.0; Win64; x64)AppleWebKit/537.36
                (KHTML, like Gecko) Chrome/95.0.4638.69 Safari/537.36"})
        # Windows 会存在乱码问题,需要使用 gbk 解码,并使用 ignore 忽略不能处理的字节
        # Linux 不会存在上述问题,可以直接使用 decode('utf-8')解码
        html=res.content.decode('utf-8').replace("<!--","").replace("-->", "")
        return html
    # 解析函数
    def parse_html(self,html):
        # print(html)
        eroot=etree.HTML(html)
        # 提取行数据
        li_list=eroot.xpath('//ul[@id="thread_list"]/li/div/div[2]/div[1]/div[1]/a')
        data=[]
        for i in li_list:
            name=i.xpath('./text()')[0]
            tiebaurl=i.xpath('./@href')[0]
            tiebaurl='https://tieba.baidu.com'+str(tiebaurl)
            dic={'帖子名称':name,'链接':tiebaurl}
            data.append(dic)
        return data
    # 保存文件函数
    def save_html(self,filename,html_data):
        header_list=["帖子名称","链接"]
        with open(filename, mode="w", encoding="utf-8-sig", newline="") as f:
            wt=csv.DictWriter(f,header_list)
            wt.writeheader()              # 保存标题
            wt.writerows(html_data)       # 写入数据
    # 入口函数
    def run(self):
        name=input('输入贴吧名:')
        begin=int(input('输入起始页:'))
        stop=int(input('输入终止页:'))
        # +1 操作保证能够取到整数
        for page in range(begin,stop+1):
            pn=(page-1)*50
```

```
        params={
            'kw':name,
            'pn':str(pn)
        }
        #拼接 URL 地址
        params=parse.urlencode(params)
        url=self.url.format(params)
        #发请求
        html=self.get_html(url)
        #获取网页信息
        html_data=self.parse_html(html)
        #定义路径
        filename='{}—{}页.csv'.format(name,page)
        self.save_html(filename,html_data)
        #提示
        print('第%d 页抓取成功'%page)
        #每爬取一个页面随机休眠 1~2 s
        time.sleep(random.randint(1,2))
#以脚本的形式启动爬虫
if __name__=='__main__':
    start=time.time()
    spider=TiebaSpider()  #实例化一个对象 spider
    spider.run()            #调用入口函数
    end=time.time()
    #查看程序执行时间
    print('执行时间:%.2f'%(end—start))    #爬虫执行时间
```

【案例 4-11】　爬取百度图片网页中指定关键字的图片,存入"E:\image"目录中。参考代码如下:

```
import requests
import re
from urllib import parse
import os
import time
class BaiduImageSpider(object):
    def __init__(self):
        self.url='https://image.baidu.com/search/flip? tn=baiduimage&word={}'
        self.headers={'User-Agent': 'Mozilla/4.0'}
    #获取图片
    def get_image(self, url, word):
```

```
        ♯使用 Requests 模块得到响应对象
        res＝requests.get(url, headers＝self.headers)
        ♯更改编码格式
        res.encoding＝"utf-8"
        ♯得到 html 网页
        html＝res.text
        print(html)
        ♯正则解析
        pattern＝re.compile('"hoverURL":"(.＊?)"', re.S)
        img_link_list＝pattern.findall(html)
        ♯存储图片的 url 链接
        print(img_link_list)
        ♯创建目录,用于保存图片
        directory＝'e:/image/{}/'.format(word)
        ♯如果目录不存在,则创建,此方法常用
        if not os.path.exists(directory):
            os.makedirs(directory)
        ♯添加计数
        i＝1
        for img_link in img_link_list:
            filename＝'{}{}_{}.jpg'.format(directory, word, i)
            self.save_image(img_link, filename)
            i ＋＝1
            time.sleep(1)
    ♯下载图片
    def save_image(self,img_link, filename):
        html＝requests.get(url＝img_link, headers＝self.headers).content
        with open(filename, 'wb') as f:
            f.write(html)
        print(filename, '下载成功')
    ♯入口函数
    def run(self):
        word＝input("您想要谁的照片?")
        word_parse＝parse.quote(word)
        url＝self.url.format(word_parse)
        self.get_image(url, word)
if __name__＝＝'__main__':
    spider＝BaiduImageSpider()
    spider.run()
```

【案例 4-12】　爬取有道翻译,如图 4-6 所示。

请输入要翻译的单词: *中秋节到了,家家团团圆圆*
翻译结果: In the Mid-Autumn festival, every family reunion

图 4-6　有道翻译

参考代码如下:

```
# coding:utf-8
import hashlib
import random
import time
from hashlib import md5
import requests
class YoudaoSpider(object):
    def __init__(self):
        # url 一定要写抓包时抓到的 POST 请求的提交地址,但是需要去掉 url 中的"_o",
        # "_o"是一种 url 反爬策略,做了页面跳转,若直接访问会返回{"errorCode":50}
        self.url='http://fanyi.youdao.com/translate_o?smartresult=dict&smartresult=rule'
        self.headers={
            'Cookie':'OUTFOX_SEARCH_USER_ID=-1927650476@223.97.13.65;',
            'Host': 'fanyi.youdao.com',
            'Origin': 'http://fanyi.youdao.com',
            'Referer': 'http://fanyi.youdao.com/',
            "User-Agent": "Mozilla/5.0 (Windows NT 10.0; Win64; x64)
                           AppleWebKit/537.36 (KHTML, like Gecko)
                           Chrome/89.0.4389.90 Safari/537.36",
        }
    # 获取 lts 时间戳,salt 加密盐,sign 加密签名
    def get_lts_salt_sign(self,word):
        lts=str(round(time.time() * 1000))
        salt=lts + str(random.randint(0, 9))
        data="fanyideskweb" + word + salt + "Tbh5E8=q6U3EXe+&L[4c@"
        sign=hashlib.md5()
        sign.update(data.encode("utf-8"))
        sign=sign.hexdigest()
        return lts,salt,sign
    def attack_yd(self,word):
        lts,salt,sign=self.get_lts_salt_sign(word)
        # 构建 form 表单数据
        data = {
```

```
                "i": str(word),
                "from": "AUTO",
                "to": "AUTO",
                "smartresult": "dict",
                "client": "fanyideskweb",
                "salt": salt,
                "sign": sign,
                # "lts": lts,
                # "bv": "cda1e53e0c0eb8dd4002cefc117fa588",
                # "doctype": "json",
                "version": "2.1",
                "keyfrom": "fanyi.web",
                "action": "FY_BY_REALTIME"
            }
            # 使用 requests.post() 方法提交请求
            res = requests.post(
                            url = self.url,
                            data = data,
                            headers = self.headers,).json()
            result = res["translateResult"][0][0]["tgt"]
            print('翻译结果:', result)
        def run(self):
            try:
                word = input('请输入要翻译的单词:')
                self.attack_yd(word)
            except Exception as e:
                print(e)
if __name__ == '__main__':
    spider = YoudaoSpider()
    spider.run()
```

4.8　课后习题

一、单选题

1.下列(　　)不是 Python Requests 库提供的方法。

A. head()　　　　　　B. post()　　　　　　C. push()　　　　　　D. get()

2.在 Python Requests 库中,检查 response 对象返回是否成功的状态属性是(　　)。

A. status_code　　　　B. status　　　　　C. headers　　　　　D. raise_for_status

3.在 Python Requests 库中,(　　)属性代表从服务器返回 HTTP 协议头所推荐的编码方式。

　　A. text　　　　　　　B. encoding　　　　　C. headers　　　　　D. apparent_encoding

4.在 Python Requests 库中,(　　)属性代表从服务器返回 HTTP 协议内容部分的编码方式。

　　A. text　　　　　　　B. encoding　　　　　C. headers　　　　　D. apparent_encoding

5. 在 Python Requests 库中,(　　)是由于 DNS 查询失败造成的获取 URL 异常。

　　A. requests.Timeout　　　　　　　　　　B. requests.HTTPError

　　C. requests.ConnectionError　　　　　　D. requests.URLRequired

6.下列是不合法的 HTTP URL 的是(　　)。

　　A. www.ha123.com:80　　　　　　　　　B. http://192.168.3.25/course/BIT-100067101#/

　　C. https://202.101.3.5/　　　　　　　　D. http://xmu.cn/hMvN6

7.在 Python Requests 库的 get()方法中,能够定制向服务器提交 HTTP 请求头的参数是(　　)。

　　A. cookies　　　　　　B. json　　　　　　C. headers　　　　　D. data

8.在 Python Requests 库的 get()方法中,timeout 参数用来约定请求的超时时间,超时时间的单位是(　　)。

　　A.分钟　　　　　　　B.毫秒　　　　　　　C.秒　　　　　　　　D.微秒

9.(　　)不是网络爬虫带来的负面问题。

　　A.商业利益　　　　　B.法律风险　　　　　C.隐私泄露　　　　　D.性能干扰

10.下列描述错误的是(　　)。

　　A. robots 协议可以作为法律判决的参考性"行业共识"

　　B. robots 协议告知网络爬虫哪些页面可以抓取,哪些不能

　　C. robots 协议是互联网上的国际准则,必须严格遵守

　　D. robots 协议是一种约定

11.如果一个网站的根目录下没有 robots.txt 文件,下列说法错误的是(　　)。

　　A.网络爬虫应该以不对服务器造成性能干扰的方式爬取内容

　　B.网络爬虫可以不受限制地爬取该网站内容并进行商业使用

　　C.网络爬虫可以适意爬取该网站内容

　　D.网络爬虫的不当爬取行为仍然具有法律风险

12.百度的关键词查询提交接口如下:

http://www.baidu.com/s?Wd=keyword

其中,keyword 代表查询关键词,提交查询关键词该使用 Requests 库的(　　)方法。

　　A. head()　　　　　　B. post()　　　　　　C. push()　　　　　D. get()

13.在 Python Requests 库中,response 对象的(　　)属性可以获取网络上某个 URL 对应的图片或视频等二进制资源。

　　A. content　　　　　　B. status_code　　　　C. head　　　　　　D. text

14.网络爬虫不具有下列(　　)功能。

　　A.分析教务系统网络接口,用程序在网上抢课

B.爬取某个人电脑中的数据和文件

C.爬取网络公开的用户信息,并汇总出售

D.持续关注某个人的微博或朋友圈,自动为新发布的内容"点赞"

二、填空题

1.在下列代码中填空。

```
try：
    r＝requests.get(url)
    r._____ (  )
    r.encoding＝r.apparent_encoding
    print(t.text)
except：
    print("Error")
```

2.在 HTTP 协议中,能够对 URL 进行局部更新的方法是_____。

3.某个网络爬虫叫 NoSpider,编写一个 Robots 协议文本,限制该爬虫爬取根目录下所有.html 类型文件,但不限制其他文件。请补充 robots.txt 文件中空缺的内容。

User-agent：NoSpider

Disallow：_____

4.运行下列代码后,输出结果是_____ 。

```
>>> pa＝{'k':'v','x':'y'}
>>> r＝requests.request('GET','http://python123.io/ws',params＝pa)
>>> print(r.url)
```

4.9　实验

实验学时：2 学时。

实验类型：验证。

实验要求：必修。

一、实验目的

1.理解爬虫技术。

2.掌握正则表达式、网络编程。

3.掌握 re、socket、urllib、Requests、lxml 模块及其函数的使用。

二、实验要求

分析所需爬取信息网页的源代码,使用 re、socket、urllib、Requests、lxml 模块及其函数爬取网页内容,并分析网页内容,提取所需要的数据。

三、实验内容

任务1.使用 urllib 抓取网页数据。

(1)确定网址字符串。例如：'http://www.baidu.com'。

(2)向网站发出请求,把字符串传入 request 对象。

（3）把请求返回的信息赋值到 response 对象。

（4）写入 txt 文件。

用 Python 编写程序实现。

参考代码如下：

```
#coding:utf-8
import urllib.request
def main():
    #请求的头部,User-Agent 为浏览器的类型
    header={'User-Agent':'Mozilla/5.0(Windows NT 6.1;WOW64)AppleWebKit/537.36
            (KHTML,like Gecko)Chrome/58.0.3029.96Safari/537.36'}
    #request 请求对象,请求某一网站的内容
    request=urllib.request.Request('http://www.xxx.edu.cn',headers=header)
    #网站的响应
    response1=urllib.request.urlopen('http://www.xxx.edu.cn')
    response2=urllib.request.urlopen(request)
    #读取响应信息的字节流
    html=response1.read()
    #信息写入文件
    f=open('./AL9-7.txt','wb')
    f.write(html)
    f.close()
if __name__=="__main__":
    main()
```

任务2.使用 Requests 模块爬取百度首页文件的内容,输出响应对象的类型、状态码和头信息。用 Python 编写程序实现。

参考代码如下：

```
#coding:utf-8
import requests
def main():
    url='http://www.baidu.com'
    response=requests.get(url)
    print(type(response))          #输出响应对象的内容
    print(response.status_code)    #输出响应的状态码
    print(response.headers)        #输出响应的头信息
    print(response.text)           #输出响应的内容
if __name__=="__main__":
    main()
```

任务3.使用 Requests 和 lxml 模块爬取某网站的内容,转换成 html 对象,解析 html 结点内容,存入数据文件中。

参考代码如下：

```
import requests，time，csv
import pandas as pd
from lxml import etree

#获取每一页的 url
def Get_url(url)：
    all_url=[]
    for i in range(1,101)：
        all_url.append(url+'pg'+str(i)+'/')
    return all_url

#获取每一套房子详情信息的 url
def Get_house_url(all_url，headers)：
    num=0
    #简单统计页数
    for i in all_url：
        r=requests.get(i，headers=headers)
        html=etree.HTML(r.text)
        url_ls=html.xpath("//ul[@class='listContent']/li/a/@href")    #获取房子的 url
        Analysis_html(url_ls，headers)
        time.sleep(4)
        print("第%s 页爬完了"%i)
        num+=1

#获取每一套房子的详情信息
def Analysis_html(url_ls，headers)：
    for i in url_ls：  #num 记录爬取成功的索引值
        r=requests.get(i，headers=headers)
        html=etree.HTML(r.text)
        name=(html.xpath("//div[@class='wrapper']/text()"))[0].split()#获取房名
        money=html.xpath("//span[@class='dealTotalPrice']/i/text()")    #获取价格
        area=html.xpath("//div[@class='deal-bread']/a/text()")[2]
        data=html.xpath("//div[@class='content']/ul/li/text()")    #获取房子基本属性
        Save_data(name，money，area，data)

def Save_data(name，money，area，data)：
    result=[name[0]]+money+[area]+data
    print(result)
```

```
with open(r'新的二手房房价 2.csv','a',encoding='utf_8_sig',newline='')as f：
    wt＝csv.writer(f)
    wt.writerow(result)
    print('已写入')
    f.close()


if __name__ ＝＝ '__main__':
    url＝'https：//xm.lianjia.com/chengjiao/'
    headers＝{
        "Upgrade-Insecure-Requests"："1",
        "User-Agent"："Mozilla/5.0 (Windows NT 10.0；Win64；x64)AppleWebKit/537.36
        (KHTML，like Gecko) Chrome/72.0.3626.121 Safari/537.36"
    }
    all_url＝Get_url(url)
    with open(r'新的二手房房价 2.csv','a',encoding='utf_8_sig',newline='')as f：
        table_label＝['小区名','价格/万', '地区', '房屋户型', '所在楼层', '建筑面积',
                    '户型结构', '套内面积', '建筑类型', '房屋朝向', '建成年代',
                    '装修情况', '建筑结构', '供暖方式', '梯户比例', '产权年限',
                    '配备电梯', '链家编号', '交易权属', '挂牌时间', '房屋用途',
                    '房屋年限', '房权所属']
        wt＝csv.writer(f)
        wt.writerow(table_label)
    Get_house_url(all_url，headers)
```

特别声明：爬取的数据只能作为学习练习用，用完删除，不能作其他用途，否则涉及侵权违法行为，责任自负，本书作者及出版社概不负责。

第5章　NumPy

Python 语言是一种面向对象的解释型计算机程序设计语言，它具有丰富和功能强大的数据分析和处理库。在国内外，很多数据分析师使用 Python 语言编程来分析数据。使用 Python 语言编程来分析数据和挖掘数据需要用到的常用模块和第三方模块如表 5-1 和表 5-2 所示。

表 5-1　数据分析与挖掘中用到的 Python 常用模块

模块名称	模块简介	应用场景
数学模块（math）	包含很多科学计算方法，如平方根、对数、三角函数等	经常对数据进行标准化、求统计值等处理
日期时间模块（datetime）	主要用于处理时间类型的数据，如时间数据格式化、时间的获取、时间数据与字符串的转换等	数据通常会带时间戳，有时，时间也是一种重要的特征。如新闻中，有新闻发送的时间、发布时间等就会用到该模块
随机模块（random）	主要用于随机数的生成、选取	进行数据采集、数据生成时经常会用到随机方法
文件操作模块（file）	主要提供文件的操作，如文件的读取和写入	数据挖掘的样本通常会存储在文件中，文件操作是必备的基本技能
正则匹配模块（re）	主要进行字符串的匹配、检测	在处理文本数据时，经常用 re 进行文本检索

表 5-2　数据分析与挖掘中用到的第三方模块

模块名称	描述
NumPy	Python 语言扩展程序库，支持大量的维度数组与矩阵运算
SciPy	集成了数学、科学和工程的计算包，有效计算 NumPy 矩阵，使 NumPy 和 SciPy 协同工作
Matplotlib	专门用来绘图的工具包，可以使用它来进行数据可视化
pandas	数据分析工具包，它基于 NumPy 构建，纳入大量的库和标准数据模型
scikit-learn	基于 SciPy 进行延伸的机器学习工具包，包含大量的机器学习算法模型，有六大基本功能：分类、回归、聚类、数据降维、模型选择和数据预处理

续表

模块名称	描述
OpenCV	非常庞大的图像处理库,实现了非常多的图像和视频处理方法,如图像视频加载、基础特征获取、边缘检测等,处理图像通常需要其支持
NLTK	是比较传统的自然语言处理模块,自带很多语料,以及全面的传统自然语言处理算法,比如字符串处理、卡方检验等,非常适合自然语言入门使用
Gensim	包含浅层词嵌入的文本处理模块,以及常用的自然语言处理相关方法,如 T F-IDF、word2vec 等模型

5.1　认识 NumPy

NumPy 是 Python 语言的一个扩展程序库,主要用于数学和科学计算,特别是数组计算。它是一个提供多维数组对象、多种派生对象(如矩阵)以及用于快速操作数组的函数和 API,包括数学、逻辑、数组形状变换、排序、选择、I/O、离散傅里叶变换、基本线性代数、基本统计运算、随机模拟等。

NumPy 包的核心是 n 维数组对象 ndarray,它是一系列同类型数据的集合,下标从 0 开始进行集合中元素的索引。

NumPy 数组和标准 Python Array(数组)的区别如下。

(1)NumPy 数组在创建时具有固定的大小,与 Python 原生数组对象(可以动态增长)不同。更改 ndarray 的大小将创建一个新数组并删除原来的数组。

(2)NumPy 数组中的元素都需要具有相同的数据类型,因此在内存中的大小相同。Python 原生数组中的元素允许不同的数据类型。

(3)NumPy 数组有助于对大量数据进行高级数学和其他类型的操作,这些操作的执行效率更高,比使用 Python 原生数组的代码更少。

(4)越来越多的基于 Python 的科学和数学软件包使用 NumPy 数组,虽然这些工具通常都支持 Python 原生数组作为参数,但它们在处理之前还是会将输入的数组转换为 NumPy 数组,输出也通常为 NumPy 数组。

5.2　ndarray

整个 NumPy 库的基础是 ndarray 对象,它具有如下特点:

(1)ndarray 对象用于存放同类型元素的多维数组。

(2)ndarray 中的每个元素在内存中都有相同存储大小的区域。

(3)ndarray 内部结构包括一个指向数据(内存或内存映射文件中的一块数据)的指针、数据类型或 dtype、一个表示数组形状(shape)的元组(即表示各维度大小的元组)和一个跨度元组(stride),元组中的整数指的是前进到当前维度下一个元素需要跨过的字节数。如图 5-1 所示。

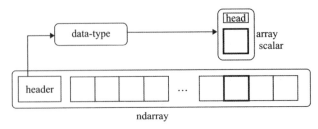

图 5-1　ndarray 内部结构

5.2.1　创建 NumPy 数组

NumPy 创建 ndarray 数组的构造方法是:

numpy.array(object,dtype＝None,copy＝True,order＝None,subok＝False,ndmin＝0)

参数说明如表 5-3 所示。

表 5-3　ndarray 构造函数参数功能描述

参数	描述
object	数组或嵌套的数列
dtype	数组元素的数据类型,可选
copy	对象是否需要复制,可选
order	创建数组的样式,C 为行方向,F 为列方向,A 为任意方向(默认)
subok	默认返回一个与基类类型一致的数组
ndmin	指定生成数组的最小维度

例如:

import numpy as np

a＝np.array([1,2,3])

print(a)

NumPy 也自带几种常用的初始化函数,其作用是方便生成元素值为各类数据类型的数组,如表 5-4 所示。

表 5-4　NumPy 常用的初始化函数

函数名	描述
zeros()	生成元素全为 0 的数组,例如:np.zeros([3,4])　　♯生成 3 行 4 列元素全为 0 的数组
ones()	生成元素全为 1 的数组,例如:np.ones((2,3,4),dtype＝np.int16) ♯生成 2 个 3 行 4 列元素全为 1,类型为 np.int16 的数组
linspace()	生成间距相等的若干个元素的数组,例如:np.linspace(0,2,9) ♯在 0～2 之间生成间距相等的 9 个数的数组

续表

函数名	描述
full()	生成元素的值全为某个数的数组,例如:np.full((2,3),8) ♯生成 2 行 3 列元素值全为 8 的数组
eye()	生成对角线元素值全为 1,其他元素值全为 0 的数组,例如:np.eye(3) ♯生成 3 行 3 列对角线元素值全为 1,其他元素值全为 0 的数组
random()	生成随机数数组,例如:np.random.random((2,2)) ♯生成 2 行 2 列元素值在 0～1 之间的随机数数组

【案例 5-1】　利用 NumPy 初始化函数生成各种 ndarray 对象。

参考代码如下:

```
import numpy as np
def main():
    arr1＝np.zeros(shape＝(4,4),dtype＝np.int8)
    ♯生成 4 行 4 列里面元素值全为 0 的二维数组
    np.disp(arr1)
    arr2＝np.ones(shape＝(3,4))
    ♯生成 3 行 4 列里面元素值全为 1 的二维数组
    print(arr2)
    arr3＝np.full(shape＝(4,5),fill_value＝100)
    ♯生成 4 行 5 列里面元素值全为 100 的二维数组
    np.disp(arr3)
    arr4＝np.random.randint(1,100,size＝(3,4))
    ♯生成 3 行 4 列的 1～100 之间的随机整数
    print(arr4)
    arr5＝np.random.rand(2,3)
    ♯生成 2 行 3 列的 0～1 之间的随机数
    print(arr5)
    ♯生成 3 行 4 列的正态分布的随机数
    arr6＝np.random.normal(loc＝175,scale＝10,size＝(3,4))
    ♯loc 为均值,scale 为标准差
    print(arr6)
    ♯生成 2～10 之间 4 个元素的等差数列整数数组
    arr7＝np.linspace(2,10,4,dtype＝np.int)
    print(arr7)
    ♯生成 5 行 5 列对角线元素为 1,其余元素为 0 的二维数组
    arr8＝np.eye(5)
    np.disp(arr8)
    ♯生成从 10 的－2 次方到 10 的 4 次方的 10 个数的等比数组
    arr9＝np.logspace(－2,4,10)
```

```
        np.disp(arr9)
if __name__ == "__main__":
    main()
```

程序运行结果如下：

```
[[0 0 0 0]
 [0 0 0 0]
 [0 0 0 0]
 [0 0 0 0]]
[[1. 1. 1. 1.]
 [1. 1. 1. 1.]
 [1. 1. 1. 1.]]
[[100 100 100 100 100]
 [100 100 100 100 100]
 [100 100 100 100 100]
 [100 100 100 100 100]]
[[81 57 97 91]
 [89 90 56 54]
 [54 10 67 27]]
[[0.86558205 0.04153566 0.068631  ]
 [0.17826785 0.04081042 0.12029934]]
[[171.68772509 181.56543809 178.34037782 163.0427673 ]
 [176.42228278 179.53385739 169.90531104 177.96631222]
 [191.4282962  174.49512754 168.68902308 190.24329274]]
[2  4  7 10]
[[1. 0. 0. 0. 0.]
 [0. 1. 0. 0. 0.]
 [0. 0. 1. 0. 0.]
 [0. 0. 0. 1. 0.]
 [0. 0. 0. 0. 1.]]
[1.00000000e-02 4.64158883e-02 2.15443469e-01 1.00000000e+00
 4.64158883e+00 2.15443469e+01 1.00000000e+02 4.64158883e+02
 2.15443469e+03 1.00000000e+04]
```

【案例 5-2】 生成一个元素类型为结构型的 ndarray 对象。元素类型为：name 为字符串，age 为整数，marry 为布尔型。

参考代码如下：

```
import numpy as np
def main():
    student = np.dtype([('name', 'S20'), ('age', 'i1'), ('marry', 'bool')])
    print(student)
```

```
student_arr＝np.array([('tom', 21, True), ('Janny', 18, False),
                      ('pet', 20, True)], dtype＝student)
    print(student_arr)
if __name__＝＝"__main__":
    main()
```

程序运行结果如下：

[('name', 'S20'), ('age', 'i1'), ('marry', '?')]

[(b'tom', 21, True) (b'Janny', 18, False) (b'pet', 20, True)]

在 numpy.random 模块中，提供了多种随机数的生成函数（表 5-5）。

表 5-5　numpy.random 模块常用的随机数生成函数

函数名称	描述
rand(m,n)	生成 m 行 n 列的二维数组，每个元素的值为[0,1)之间的随机小数
randint(a,b,(m,n))	生成 m 行 n 列的二维数组，每个元素的值为[a,b)之间的随机整数
randn(m,n)	生成 m 行 n 列的二维数组，每个元素的值符合标准正态分布
shuffle(数组)	随机打乱数组的排序
uniform(a,b,k)	随机生成均匀分布的 k 个[a,b]之间的小数
choice()	随机抽取数组中的元素
beta()	产生 beta 分布的随机数
normal()	产生正态/高斯分布的随机数

【案例 5-3】　随机数生成函数举例。

参考代码如下：

```
import numpy as np
def main():
    a1＝['张','李','陈','刘','赵','王','钱']
    ♯在 a1 中随机抽取 3 个元素构成数组
    a＝np.random.choice(a1, size＝3, replace＝False)
    np.disp(a)
    np.random.shuffle(a1)
    print(a1)
    b＝np.random.uniform(low＝2, high＝4, size＝(3,4))
    ♯随机产生 3 行 4 列 2～4 之间的浮点数
    np.disp(b)
if __name__＝＝"__main__":
    main()
```

程序运行结果如下：

['陈' '赵' '刘']

['刘', '赵', '王', '张', '钱', '陈', '李']

$$[[2.17463365\ 3.03679638\ 3.69528523\ 2.94718998]$$
$$[2.54744801\ 2.59075155\ 2.19484683\ 3.83200499]$$
$$[2.3880587\ \ \ 2.16334932\ 2.86798795\ 2.84658419]]$$

5.2.2　NumPy 数组的属性

NumPy 数组的维数称为秩(rank),一维数组的秩为 1,二维数组的秩为 2,以此类推。在 NumPy 中,每一个线性的数组称为一个轴(axes),秩其实是描述轴的数量。比如,二维数组相当于一个一维数组,而这个一维数组中每个元素又是一个一维数组。所以这个一维数组就是 NumPy 中的轴,而轴的数量——秩,就是数组的维数。

NumPy 数组的常用属性有 dtype、size、shape、itemsize、ndim、nbytes、flags 等(表 5-6)。

表 5-6　NumPy 数组的常用属性

函数名称	描述
dtype	ndarray 对象的元素类型
size	数组元素的总个数
shape	数组的维度,返回一个元组,这个元组的长度就是维度的数目。比如,一个二维数组,其维度表示"行数"和"列数",也可用于调整数组大小
itemsize	以字节的形式返回数组中每一个元素的大小,以字节为单位
ndim	数组的维数,等于秩
nbytes	数组中所有元素占用的字节数
flags	返回 ndarray 对象的内存信息

【案例 5-4】　查看 ndarray 对象的属性。

参考代码如下:

```python
import numpy as np
def main():
    c=np.full(shape=(3,4,5),fill_value=3.14)
    st="此数组的维数:"+str(c.ndim)+"\n 总个数:"+str(c.size)+
        "\n 形状:"+str(c.shape)+"\n 所占字节数:"+str(c.nbytes)
    np.disp(st)
    nd4=np.random.normal(loc=175,scale=10,size=(3,5))
    st2="此数组的元素的数据类型:"+str(nd4.dtype)+"\n 内存信息:"+
        str(nd4.flags)+"\n 每个元素的大小:"+str(nd4.itemsize)
    print(st2)
if __name__=="__main__":
    main()
```

程序运行结果如下:

此数组的维数:3

总个数:60

形状：(3，4，5)

所占字节数：480

此数组的元素的数据类型：float64

内存信息：C_CONTIGUOUS：True

　　F_CONTIGUOUS：False

　　OWNDATA：True

　　WRITEABLE：True

　　ALIGNED：True

　　WRITEBACKIFCOPY：False

　　UPDATEIFCOPY：False

每个元素的大小：8

5.2.3　NumPy 数组的变换

NumPy 数组的变换包括改变数组的维度（即数组重塑）、数组的合并、数组的分割、数组转置和轴对换等操作。常见的函数如表 5-7 所示。

表 5-7　NumPy 数组变换的常用函数

函数名	描述
reshape()	用于将原来数组的数据重新按照维度划分，划分后只是改变数据的显示方式，并未重新创建数组，如果指定的维度和数组的元素数目不匹配，将抛出异常
flatten()	将一个多维数组转换成一维数组形式，可以指定转换的顺序，转换后生成一个新数组
astype()	显式指定数组中元素的类型，将会创建一个新的数组
split()	沿指定的轴将数组分割成子数组
hsplit() vsplit()	沿着水平轴（横向）分割数组 沿着垂直轴（纵向）分割数组
concatenate()	沿指定的轴连接两个或多个数组，要求指定轴上的元素相同，默认按垂直连接
stack()	沿新轴连接数组序列，数组的形状必须相同
hstack() vstack()	通过水平堆叠生成数组 通过垂直堆叠生成数组
transpose()	数组转置
swapaxes()	数组轴对换

【案例 5-5】　数组变换举例。

参考代码如下：

```
＃encoding＝utf-8
import numpy as np
def main():
    a1＝np.arange(1,13)
```

```
        print(a1,a1.ndim)
        a2＝a1.reshape(3,4)              ♯转换成二维数组
        print(a2,a2.ndim)
        b2＝np.eye(3,4).astype(np.int)
        print(b2)
        c1＝np.concatenate((a2,b2))  ♯数组 a2 和 b2 垂直合并
        print(c1)
        c2＝np.hstack((a2, b2))          ♯数组 a2 和 b2 合并
        print(c2)
        d＝np.split(c2,indices_or_sections＝3)
        print(d)
        b3＝b2.transpose((1,0))        ♯转置,(1,0)为轴编号的元组
        print(b3)
        a22＝a2.T                          ♯转置
        print(a22)
        a23＝a2.swapaxes(0,1)          ♯转置
        print(a23)
    if __name__＝＝"__main__":
        main()
```

程序运行结果如下：

```
[ 1  2  3  4  5  6  7  8  9 10 11 12] 1
[[ 1  2  3  4]
 [ 5  6  7  8]
 [ 9 10 11 12]] 2
[[1 0 0 0]
 [0 1 0 0]
 [0 0 1 0]]
[[ 1  2  3  4]
 [ 5  6  7  8]
 [ 9 10 11 12]
 [ 1  0  0  0]
 [ 0  1  0  0]
 [ 0  0  1  0]]
[[ 1  2  3  4  1  0  0  0]
 [ 5  6  7  8  0  1  0  0]
 [ 9 10 11 12  0  0  1  0]]
[array([[1, 2, 3, 4, 1, 0, 0, 0]]),array([[5, 6, 7, 8, 0, 1, 0, 0]]),array([[ 9, 10, 11, 12,  0,  0,  1,  0]])]
[[1 0 0]
```

```
 [0 1 0]
 [0 0 1]
 [0 0 0]]
[[ 1  5  9]
 [ 2  6 10]
 [ 3  7 11]
 [ 4  8 12]]
[[ 1  5  9]
 [ 2  6 10]
 [ 3  7 11]
 [ 4  8 12]]
```

5.2.4　索引与切片

NumPy 数组可以通过索引下标访问某个元素,数组索引用[]加序号的形式引用单个数组元素,序号从左到右是从 0 开始递增,从右到左则是从−1 开始递减,例如:

一维数组 np.array([10,32,2,1,11,6,1,2,3,4,20])的索引如表 5-8 所示。

表 5-8　NumPy 数组下标索引表

左到右索引	[0]	[1]	[2]	[3]	[4]	[5]	[6]	[7]	[8]	[9]	[10]
元素的值	10	32	2	1	11	6	1	2	3	4	20
右到左索引	[−11]	[−10]	[−9]	[−8]	[−7]	[−6]	[−5]	[−4]	[−3]	[−2]	[−1]

二维数组 np.array([[11,12,13,14],[21,22,23,24],[31,32,33,34]])的索引如表 5-9 所示。

表 5-9　NumPy 数组索引表

	[,0]	[,1]	[,2]	[,3]
[0,]	11	12	13	14
[1,]	21	22	23	24
[2,]	31	32	33	34

切片操作是指抽取数组的一部分元素生成新的数组。对 Python 列表进行切片操作得到的数组是原数组的副本,而对 NumPy 数组进行切片操作得到的数组是指向相同缓冲区的视图。使用切片是在[]内用":"隔开数字的方式完成,如抽取一维数组 a 的第 2、3、4 个元素可用 a[1:4]表示,抽取一维数组 a 的第 2、4、6、8 个元素可用 a[1:8:2]表示,抽取一维数组 a 的第 0,2,4,6,8…个元素可用 a[::2]表示。a[::−2]表示从右边开始抽取,每隔 2 个元素进行抽取。二维数组的切片操作类似推理。

【案例 5-6】 NumPy 数组的索引与切片。

参考代码如下：

```python
import numpy as np
def main():
    a=np.array([10,32,2,1,11,6,1,2,3,4,20]) #创建一维数组
    print(a[1:5])           #结果:[32 2 1 11]
    print(a[::3])           #结果:[10 1 1  4]
    print(a[::-2])          #结果:[20 3 1 11  2 10]
    a1=np.array([[11,12,13,14,15],[21,22,23,24,25],[31,32,33,34,35],
                [41,42,43,44,45]])
    print(a1)
    print(a1[2,4])          #值为 35
    print(a1[0,1:4])        #结果:[12 13 14]
    print(a1[1:4,0])        #结果:[21 31 41]
    print(a1[::2,::-2])     #结果:[[15 13 11][35 33 31]]
    print(a1[:,1])          #结果:[12 22 32 42]
if __name__=="__main__":
    main()
```

5.2.5　NumPy 数组的迭代器对象

NumPy 迭代器对象 numpy.nditer 提供了一种灵活访问一个或多个数组元素的方式，迭代器最基本的任务是完成对数组元素的访问。nditer 中的 order 参数可控制迭代的顺序，order='F'时，以列序优先；order='C'时，以行序优先。

【案例 5-7】 使用 NumPy 迭代器对象访问数组元素。

参考代码如下：

```python
import numpy as np
def main():
    a=np.array([[2,1,-2],[3,0,1],[1,1,-1]])
    print('原始数组'.center(30,'='), '\n',a)
    print('迭代输出结果'.center(30,'='), '\n')
    for x in np.nditer(a):
        print(x,end=',')
    print('\n', '以行序优先(C)迭代输出结果'.center(40, '='), '\n')
    for x in np.nditer(a.T,order='C'):
        print(x,end=' ')
    print('\n','以行序优先(C 顺序)访问数组转置的 copy 数组'.center(40,'='),'\n')
    for x in np.nditer(a.T.copy(order='C')):
        print(x,end='  ')
if __name__=="__main__":
    main()
```

程序运行结果如下：

==============原始数组==============

[[2　1　−2]

[3　0　1]

[1　1　−1]]

==============迭代输出结果==============

2,1,−2,3,0,1,1,1,−1,

==============以行序优先(C)迭代输出结果==============

2 3 1 1 0 1 −2 1 −1

=======以行序优先(C 顺序)访问数组转置的 copy 数组=======

2 3 1 1 0 1 −2 1 −1

numpy.nditer 对象还有另一个可选参数 op_flags，默认情况下，nditer 将视待迭代遍历的数组为只读对象(read-only)。为了在遍历数组的同时，实现对数组元素的修改，必须指定该参数为 read-write 或 write-only 模式。

【案例 5-8】　使用 NumPy 迭代器对象修改数组元素的值。

参考代码如下：

```
import numpy as np
def main():
    a=np.array([[2,1,−2],[3,0,1],[1,1,−1]])
    print('原始数组'.center(30,'='),'\n',a)
    print('修改后的数组'.center(30,'='),'\n')
    for x in np.nditer(a,op_flags=['readwrite']):
        x[…]=2 * x
    print(a)
if __name__=="__main__":
    main()
```

程序运行结果如下：

==============原始数组==============

[[2　1　−2]

[3　0　1]

[1　1　−1]]

==============修改后的数组==============

[[4　2　−4]

[6　0　2]

[2　2　−2]]

如果将 op_flags 的值设为 readonly，即 op_flags=['readonly']，程序运行则会出现"ValueError：assignment destination is read-only"错误。

5.3 NumPy 数组的运算

NumPy 数组支持向量化运算。为了提高运算速度,NumPy 数组运算是在 C 语言引擎中执行的,它不需要通过循环语句就可以完成批量计算。NumPy 数组的运算有四则运算、关系运算、逻辑运算,还有数组的集合运算。四则运算完成加(+)、减(−)、乘(＊)、除(/)、幂(＊＊)等运算。关系运算符有>、>=、<、<=、==、!=。逻辑运算有逻辑与(numpy.all()函数)、或(numpy.any()函数)运算,其结果为布尔值(True 或 False)。集合运算有求交集、并集、差集、异或集等。

5.3.1 四则运算和关系运算

NumPy 数组的四则运算可以采用运算符加(+)、减(−)、乘(＊)、除(/)、幂(＊＊)来完成运算操作,实际上是对应位置元素之间的运算,也可使用 add()、subtract()、multiply()、divide()、power()函数实现。关系运算有>、>=、<、<=、==、!=比较运算,其结果为布尔值(True 或 False)。

【案例 5-9】 NumPy 数组的四则运算和关系运算举例。

参考代码如下:

```python
import numpy as np
def main():
    a=np.arange(25)
    a=a.reshape((5,5))
    b=np.array([10,32,2,1,11,6,1,2,3,4,20,1,1,1,4,5,6,8,10,9,1,2,3,1,2])
    b=b.reshape((5,5))
    print('数组 a'.center(30,'−'),'\n',a)
    print('数组 b'.center(30,'−'),'\n',b)
    print('a+b'.center(30,'−'),'\n',a+b)      # 等价于函数 np.add(a,b)
    print('a−b'.center(30,'−'),'\n',a−b)      # 等价于函数 np.subtract(a,b)
    print('a＊b'.center(30,'−'),'\n',a＊b)      # 等价于函数 np.multiply(a,b)
    print('a/b'.center(30,'−'),'\n',a/b)       # 等价于函数 np.divide(a,b)
    print('a＊＊2'.center(30,'−'),'\n',a＊＊2)
    print('a<b'.center(30,'−'),'\n',a<b)
    print('a>=b'.center(30,'−'),'\n',a>=b)
    print('a!=b'.center(30,'−'),'\n',a!=b)
    print('a==b'.center(30,'−'),'\n',a==b)
if __name__=="__main__":
    main()
```

程序运行结果如下：
---------------- 数组 a ----------------
[[0 1 2 3 4]
 [5 6 7 8 9]
 [10 11 12 13 14]
 [15 16 17 18 19]
 [20 21 22 23 24]]
---------------- 数组 b ----------------
[[10 32 2 1 11]
 [6 1 2 3 4]
 [20 1 1 1 4]
 [5 6 8 10 9]
 [1 2 3 1 2]]
---------------- a＋b ----------------
[[10 33 4 4 15]
 [11 7 9 11 13]
 [30 12 13 14 18]
 [20 22 25 28 28]
 [21 23 25 24 26]]
---------------- a－b ----------------
[[-10 -31   0   2 -7]
 [-1   5   5   5   5]
 [-10 10 11 12 10]
 [10 10   9   8 10]
 [19 19 19 22 22]]
---------------- a＊b ----------------
[[0 32   4   3 44]
 [30   6 14 24 36]
 [200 11 12 13 56]
 [75 96 136 180 171]
 [20 42 66 23 48]]
---------------- a/b ----------------
[[0.   0.03125   1.   3.   0.36363636]
 [0.83333333 6.   3.5   2.66666667 2.25   ]
 [0.5   11.   12.   13.   3.5   ]
 [3.   2.66666667 2.125   1.8   2.11111111]
 [20.   10.5   7.33333333 23.   12.   ]]
---------------- a＊＊2 ----------------
[[0 1 4 9 16]

```
[ 25  36  49  64  81]
[100 121 144 169 196]
[225 256 289 324 361]
[400 441 484 529 576]]
----------------a<b----------------
[[ True  True False False  True]
[ True False False False False]
[ True False False False False]
[False False False False False]
[False False False False False]]
----------------a>=b----------------
[[False False  True  True False]
[False  True  True  True  True]
[False  True  True  True  True]
[ True  True  True  True  True]
[ True  True  True  True  True]]
----------------a!=b----------------
[[ True  True False  True  True]
[ True  True  True  True  True]
[ True  True  True  True  True]
[ True  True  True  True  True]]
----------------a==b----------------
[[False False  True False False]
[False False False False False]
[False False False False False]
[False False False False False]
[False False False False False]]
```

两个形状不同的数组之间有时也能执行算术运算,此时会对数组进行扩展,使其形状相同,然后执行算术运算,这种机制称为 NumPy 的广播机制。广播(broadcasting)是指不同形状的数组之间执行算术运算的方式。但不是所有的数组之间都能执行算术运算。广播的原则是:如果两个数组的后缘维度(即从末尾开始算起的维度)的轴长度相符,或其中一方的长度为 1,则被认为它们是可广播兼容的,广播会在缺失或长度为 1 的维度上进行。此外,多维数组还可以和标量进行运算,此时会将该标量和数组中的每个元素执行运算,并将结果进行保存。对数组中的切片进行赋值时,也会根据广播机制,将值传到相应的位置上。

5.3.2 逻辑运算

NumPy 数组的逻辑运算使用 all()和 any()函数,如表 5-10 所示。

表 5-10　NumPy 数组的逻辑运算函数

函数名称	描述
any()	如果数组中存在一个为 True 的元素,则返回 True
all()	如果数组中所有元素的值均为 True,则返回 True

【案例 5-10】　NumPy 数组的逻辑运算举例。

参考代码如下:

```
import numpy as np
def main():
    arr=np.array([[0,True,1],[False,2,0],[3,12,6>5],[False,False,False]])
    print(arr)
    k=np.all(arr)                    #判断 arr 数组的所有元素是否为真
    k0=np.all(arr,axis=1)            #判断各行的所有元素是否为真
    k1=np.any(arr,axis=0)[1]         #判断第 2 列是否有一个元素为真
    k2=np.any(arr,axis=1)[3]         #判断第 4 行是否有一个元素为真
    print(k,k0,k1,k2)
if __name__=="__main__":
    main()
```

程序运行结果如下:

```
[[ 0  1  1]
 [ 0  2  0]
 [ 3 12  1]
 [ 0  0  0]]
False [False False True False] True False
```

5.3.3　集合运算

两个一维数组之间还可以执行常见的集合运算,如求交集、并集、差集、异或集等,结果中如果包含重复数据,则会自动删除多余的数据。集合运算常见的函数如表 5-11 所示。

表 5-11　NumPy 数组的集合运算函数

函数名	描述
intersect1d(a,b)	求一维数组 a 与 b 的交集
setdiff1d(a,b)	求一维数组 a 与 b 的差集
union1d(a,b)	求一维数组 a 与 b 的并集
setxor1d(a,b)	求一维数组 a 与 b 的异或集
in1d(a,b)	判断 a 中的元素是否在 b 中,结果为布尔类型数组

【**案例 5-11**】 NumPy 数组的集合运算举例。

参考代码如下：

```python
import numpy as np
def main():
    #flatten()函数是将二维数组转换为一维数组
    arr1=np.array([[0,True,1],[False,2,0],[3,12,6>5],[False,False,False]]).flatten()
    arr2=np.arange(1,13)
    print('数组 arr1'.center(30, '—'), '\n', arr1)
    print('数组 arr2'.center(30, '—'), '\n', arr2)
    print('数组 arr1 与 arr2 的交集'.center(30, '—'), '\n', np.intersect1d(arr1,arr2))
    print('数组 arr1 与 arr2 的并集'.center(30, '—'), '\n', np.union1d(arr1, arr2))
    print('数组 arr2 与 arr1 的差集'.center(30, '—'), '\n', np.setdiff1d(arr2, arr1))
if __name__=="__main__":
    main()
```

程序运行结果如下：

```
---------------数组 arr1---------------
 [0  1  1  0  2  0  3 12  1  0  0  0]
------------数组 arr2------------
 [1  2  3  4  5  6  7  8  9 10 11 12]
--------数组 arr1 与 arr2 的交集--------
 [1  2  3 12]
--------数组 arr1 与 arr2 的并集--------
 [0  1  2  3  4  5  6  7  8  9 10 11 12]
--------数组 arr2 与 arr1 的差集--------
 [4  5  6  7  8  9 10 11]
```

5.4 NumPy 函数的使用

5.4.1 NumPy 数学函数

使用 Python 自带的运算符，可完成加减乘除、取余、取整、求幂等运算，导入 math 模块后，还可运行求绝对值、阶乘、求平方根等数学函数，如果要完成更加复杂的一些数学运算，使用 NumPy 数学函数是简单方便的方法。NumPy 为我们提供了更多的数学函数，以帮助我们更好地完成一些数值计算。NumPy 常用的数学函数如表 5-12 所示。

表 5-12　NumPy 常用数学函数功能描述

函数	描述
sin()、cos()、tan()	三角正弦、余弦、正切
arcsin()、arccos()、arctan()	三角反正弦、反余弦、反正切
hypot()	直角三角形求斜边
degrees()	弧度转换为度
radians()	度转换为弧度
sinh()、cosh()、tanh()	双曲线正弦、余弦、正切
arcsinh()、arccosh()、arctanh()	反双曲线正弦、余弦、正切
around()	按指定精度返回四舍五入后的值
rint()	四舍五入求整
exp()、log()	指数函数、自然对数函数
floor()	向下取整,返回不大于输入参数的最大整数
ceil()	向上取整,返回不小于输入参数的最小整数
sqrt()、cbrt()	平方根、立方根
square()	平方
fabs()	绝对值
sign()	符号函数,正数返回 1,负数返回 −1,零返回 0

【案例 5-12】　NumPy 常用数学函数的使用。

参考代码如下:

```
import numpy as np
def main():
    angle=np.array([0,30,45,60,90])    #角度值的数组系列
    print('不同角度的正弦、余弦值'.center(50,'—'),'\n')
    sin1=np.sin(angle * np.pi/180)
    cos1=np.cos(np.radians(angle))#也可调用函数 np.radians(angle)
    print(np.around(sin1,decimals=2),np.around(cos1,decimals=2))
    arcsin1=np.arcsin(sin1)  #结果为弧度
    print('角度的值'.center(50,'—'),  '\n')
    print(np.degrees(arcsin1))#结果为角度
if __name__=="__main__":
    main()
```

程序运行结果如下:

```
-------------------不同角度的正弦、余弦值--------------------
[0.   0.5  0.71  0.87  1. ] [1.   0.87   0.71   0.5   0. ]
```

```
-----------------------角度的值-----------------------
[0. 30. 45. 60. 90.]
```

5.4.2 NumPy 字符串函数

字符串是一个有序的字符集合,NumPy 字符串函数用于对 dtype 为 numpy.string 或 numpy.unicode 的数组执行向量化字符串操作,它们基于 Python 内置库中的标准字符串函数,这些函数在字符数组类(numpy.char)中定义。NumPy 常用的字符串函数如表 5-13 所示。

表 5-13 NumPy 常用字符串函数功能描述

函数	描述
add()	对两个数组的逐个字符串元素进行连接
multiply()	返回按元素多重连接后的字符串
center()	居中字符串
capitalize()	将字符串第一个字母转换为大写
title()	将字符串的每个单词的第一个字母转换为大写
lower()	数组元素转换为小写
upper()	数组元素转换为大写
split()	指定分隔符对字符串进行分割,并返回数组列表
splitlines()	返回元素中的行列表,以换行符分割
strip()	移除元素开头或者结尾处的特定字符
join()	通过指定分隔符来连接数组中的元素
replace()	使用新字符串替换字符串中的所有子字符串
decode()	数组元素依次调用 str.decode
encode()	数组元素依次调用 str.encode

【案例 5-13】 NumPy 字符串函数的使用。

参考代码如下:

```
import numpy as np
def main():
    print('连接两个字符串'.center(30,'='),'\n')
    print(np.char.add(['hello'],['xiamen']))
    print(np.char.add(['china','fujian'],['xiamen','jimei']))
    print('\n','执行多重连接'.center(30,'='),'\n')
    print(np.char.multiply('理工',4))
    print(np.char.center('厦门理工',20,fillchar='*'))  #字符串居中
    print(np.char.capitalize('xiamenligong'))  #将第一个字母转换为大写
    print(np.char.title('i love china'))  #将每个单词的第一个字母转换为大写
```

```
    print(np.char.split('www.cctv.com',sep='.'))
    # 按指定分隔符对字符串进行分割并返回数组
    print(np.char.splitlines('i\n love china'))
    # 以换行符作为分隔符来分割字符串并返回数组
    print(np.char.splitlines('i\r love china'))
    print(np.char.strip('hmade in chinah','h'))    # 移除字符串头尾的 h 字符
    print(np.char.strip(['xhello','okx','xhix'],'x'))    # 移除系列中字符串头尾的 x 字符
    print(np.char.join([':','—'],['385','1234']))  # 通过指定分隔符来连接列表中元素
    print(np.char.replace('厦门集美,美集了','集','极'))  # 字符串替换
if __name__=="__main__":
    main()
```

程序运行结果如下：

===========连接两个字符串===========

['helloxiamen']

['chinaxiamen' 'fujianjimei']

===========执行多重连接===========

理工理工理工理工

******** 厦门理工 ********

Xiamen ligong

I Love China

['www', 'cctv', 'com']

['i', 'love china']

['i', 'love china']

made in china

['hello' 'ok' 'hi']

['3:8:5' '1-2-3-4']

厦门极美,美极了

5.4.3　NumPy 统计函数

NumPy 提供了很多统计函数,主要用于从一系列数据中查找最大值、最小值,求和、平均值、百分位数、中位数,分析标准差、方差等。NumPy 常用的统计函数如表 5-14 所示。

表 5-14　NumPy 常用统计函数功能描述

函数	描述
amin()	用于计算数组中元素沿指定轴的最小值
amax()	用于计算数组中元素沿指定轴的最大值
ptp()	计算数组中元素最大值与最小值的差(最大值－最小值)
percentile()	用于计算小于这个值的百分位数

续表

函数	描述
median()	用于计算数组中元素的中位数(中值)
mean()	用于计算数组中元素的算术平均值
average()	根据另一个数组中给出的各自的权重计算数组中元素的加权平均值
std()	用于计算数组元素的标准差。标准差是一组数据平均值分散程度的一种度量,标准差是方差的算术平方根,即 std＝sqrt(mean((x－x.mean()) ** 2))
var()	用于计算数组中的方差。方差也称样本方差,是每个样本值与全体样本值的平均数之差的平方值的平均数,即 mean((x－x.mean()) ** 2),标准差是方差的平方根
cumsum()	用于计算数组中的元素沿指定轴累积求和
cumprod()	用于计算数组中的元素沿指定轴累积求积

【案例 5-14】 给定 NumPy 数组数据(3 行 3 列),应用 NumPy 统计函数求出每行/列的最大值、最大值与最小值的差、百分位数、中位数、平均值等。

程序代码如下:

```python
import numpy as np
def main():
    a＝np.array([[1,7,4],[2,5,8],[6,9,3]])
    print('原始数组'.center(30, '='), '\n', a)
    print('按行求最小值,按列求最大值,数组最大值'.center(30, '='),
        '\n',np.amin(a,axis＝1),np.amax(a,axis＝0),np.amax(a))
    print('按行、按列求最大值与最小值的差'.center(30, '='),
        '\n',np.ptp(a, axis＝1),np.ptp(a, axis＝0),np.ptp(a))
    #numpy.percentile(a,q,axis) a 为数组,q 为要计算的百分位数(0～100),axis 为轴
    print('按列求 50％的百分位数'.center(30, '—'), '\n', np.percentile(a,50, axis＝0))
    print('按列求 25％的百分位数'.center(30, '—'), '\n', np.percentile(a, 25, axis＝0))
    print('按列求 75％的百分位数'.center(30, '—'), '\n', np.percentile(a, 75, axis＝0))
    print('按行求 50％的百分位数'.center(30, '—'), '\n', np.percentile(a,50, axis＝1))
    print('不指定轴求 50％的百分位数'.center(30, '—'), '\n', np.percentile(a, 50))
    print('求中位数'.center(30, '—'), '\n', np.median(a))
    print('按列求中位数'.center(30, '—'), '\n', np.median(a,axis＝0))
    print('按行求中位数'.center(30, '—'), '\n', np.median(a, axis＝1))
    print('求平均值,按行、列求平均值'.center(30, '='),
        '\n', np.mean(a),np.mean(a,axis＝1),np.mean(a,axis＝0))
if __name__＝＝"__main__":
    main()
```

程序运行结果如下：

============原始数组============

[[1 7 4]

[2 5 8]

[6 9 3]]

======按行求最小值,按列求最大值,数组最大值======

[1 2 3] [6 9 8] 9

========按行、按列求最大值与最小值的差========

[6 6 6] [5 4 5] 8

--------按列求 50% 的百分位数--------

[2. 7. 4.]

--------按列求 25% 的百分位数--------

[1.5　6.　3.5]

--------按列求 75% 的百分位数--------

[4. 8. 6.]

--------按行求 50% 的百分位数--------

[4. 5. 6.]

-------- 不指定轴求 50% 的百分位数---------

5.0

----------求中位数-------------

5.0

----------按列求中位数-----------

[2. 7. 4.]

----------按行求中位数-----------

[4. 5. 6.]

=======求平均值,按行、列求平均值=======

5.0 [4. 5. 6.] [3. 7. 5.]

【案例 5-15】　给定 NumPy 数组数据,应用 NumPy 统计函数求出加权平均数、标准差和方差。

程序代码如下：

```
import numpy as np
def main():
    a=np.array([1,2,3,4])
    print('原始数组'.center(30, '='), '\n', a)
    print('不指定权重的加权平均数'.center(30, '='), '\n',np.average(a))
    wts=np.array([1,3,4,2])
    #加权平均值=(1*1+2*3+3*4+4*2)/(1+3+4+2)
    print('按指定权重的加权平均数'.center(30, '='), '\n',
```

```
        np.average(a,axis＝0，weights＝wts))
    ＃标准差是一组数据平均值分散程度的一种度量,std＝sqrt(mean((x－x.mean()) ** 2))
    print('求标准差'.center(30, '－'), '\n', np.std(a))
    ＃方差是每个样本值与全体样本值的平均数之差的平方值的平均数,
    ＃var＝mean((x－x.mean()) ** 2)
    print('求方差'.center(30, '－'), '\n', np.var(a))
if __name__＝＝"__main__":
    main()
```

程序运行结果如下：

```
============原始数组============
 [1 2 3 4]
=========不指定权重的加权平均数=========
 2.5
=========按指定权重的加权平均数=========
 2.7
------------ 求标准差 ------------
 1.118033988749895
------------ 求方差 ------------
 1.25
```

5.4.4　NumPy 排序函数

NumPy 的排序函数有 sort()、argsort()、lexsort()、searchsorted()、partition()、sort_complex()等,各函数功能如表 5-15 所示。

表 5-15　NumPy 常用排序函数功能描述

函数	描述
sort()	返回输入数组的排序数组
argsort()	对输入数组沿着指定轴进行排序,返回排序后数组的索引
lexsort()	对数组按多个字段进行排序,如果一个字段的值相同,则按另一个字段排序。它是间接排序,不修改原数组,返回数组的索引
searchsorted()	在已排序的数组寻找元素,返回数组中需要插入值的位置以保持排序
partition()	按指定元素对数组分区排序
sort_complex()	对复数进行排序,按照先实部后虚部的顺序进行排序

NumPy 排序函数 sort()与 argsort()的格式为：

numpy.sort(a,axis,kind,order)

numpy.argsort(a,axis,kind,order)

参数 a 表示要排序的数组；参数 axis 表示沿着它排序数组的轴,axis＝0 按列排序,axis＝1按行排序；参数 kind 表示排序的种类,默认为'quicksort'(快速排序)。NumPy 提供了多种排序方法,如'quicksort'快速排序、'mergesort'归并排序、'heapsort'堆排序,3 种排序算法的特性比较如表 5-16 所示。

表 5-16　3 种排序算法的特性比较

种类	速度	最坏情况	工作空间	稳定性
'quicksort'(快速排序)	1	O(n^2)	0	否
'mergesort'(归并排序)	2	O(n * log(n))	0~n/2	是
'heapsort'(堆排序)	3	O(n * log(n))	0	否

参数 order 表示如果数组包含字段,则可以设置要按照此字段进行排序。

NumPy 排序函数 searchsorted()的格式为:

numpy.searchsorted(a,v,side,sorter)

参数 a 表示要排序的数组;参数 v 表示待查询索引的元素值;参数 side 表示查询索引时的方向,side='left'为从左到右,side='right'为从右到左;参数 sorter 表示如果数组包含字段,则可以设置要按照此字段进行排序。

【案例 5-16】　对原始数组进行普通排序,按指定排序字段排序及多列排序和复数排序。

程序代码如下:

```
import numpy as np
def main():
    a=np.array([9,1,8,4,2,7,5,3,6])
    print('原始数组'.center(30, '='), '\n', a)
    print('排序后的数组'.center(30, '='), '\n',np.sort(a,axis=0))
    #指定排序字段
    dt=np.dtype([('name','S10'),('age',int)])
    b=np.array([('Rose',18),('Tom',21),('Jimu',17),('Janny',19)],dtype=dt)
    print('原始数组'.center(30, '='), '\n', b)
    print('按 name 排序'.center(30, '='), '\n', np.sort(b, order='name'))
    #多列排序
    nm=('Rose','Tom','Jimu','Janny')
    dv=('china','japan','china','japan')
    px=np.lexsort((dv,nm))
    print('多列排序,结果值为索引'.center(30, '='), '\n',px)
    print('获取排序后的数据'.center(30, '='), '\n',[nm[i]+','+dv[i] for i in px])
    print('复数排序 1'.center(30, '='), '\n', np.sort_complex(a))
    print('复数排序 2'.center(30, '='), '\n', np.sort_complex([2+1.j,
        1+2.5j, 6+0.3j,1+4j,3+0.5j]))
    print('分区排序'.center(30, '='), '\n', np.partition(a,6))
    print('第 3 小的值'.center(30, '='), '\n', a[np.argpartition(a, 2)[2]])
```

```
    print('第 4 大的值'.center(30, '='), '\n', a[np.argpartition(a, -4)[-4]])
if __name__ == "__main__":
    main()
```

程序运行结果如下：

```
===========原始数组===========
[9 1 8 4 2 7 5 3 6]
===========排序后的数组===========
[1 2 3 4 5 6 7 8 9]
===========原始数组===========
[(b'Rose', 18) (b'Tom', 21) (b'Jimu', 17) (b'Janny', 19)]
===========按 name 排序===========
[(b'Janny', 19) (b'Jimu', 17) (b'Rose', 18) (b'Tom', 21)]
===========多列排序,结果值为索引===========
[3 2 0 1]
===========获取排序后的数据===========
['Janny,japan', 'Jimu,china', 'Rose,china', 'Tom,japan']
===========复数排序 1===========
[1.+0.j 2.+0.j 3.+0.j 4.+0.j 5.+0.j 6.+0.j 7.+0.j 8.+0.j 9.+0.j]
===========复数排序 2===========
[1.+2.5j 1.+4.j  2.+1.j  3.+0.5j 6.+0.3j]
===========分区排序===========
[5 2 3 4 1 6 7 8 9]
===========第 3 小的值===========
 3
===========第 4 大的值===========
 6
```

5.4.5 NumPy 条件筛选函数

在 NumPy 中可以按单个或多个固定值进行筛选，也可按给定的条件进行筛选。NumPy 的条件筛选函数有 where()、extract()、argmax()、argmin()、nonzero() 等，各函数的功能描述如表 5-17 所示。

表 5-17 NumPy 常用条件筛选函数功能描述

函数	描述
argmax()	沿给定轴返回最大元素的索引
argmin()	沿给定轴返回最小元素的索引
nonzero()	返回数组中非零元素的索引
where()	返回数组中满足条件的元素的指定值
extract()	返回满足条件的数组中的元素

【案例 5-17】　在给定数组数据中,查找数组的最大值、最小值及它们的索引,筛选满足指定条件的数据。

程序代码如下:

```python
import numpy as np
def main():
    a=np.array([[30,20,40],[90,10,50],[80,30,60]])
    print('原始数组'.center(30, '='), '\n', a)
    print('数组最大值索引:'.center(30, '='), '\n',np.argmax(a))
    print('展开数组:'.center(30, '='), '\n', a.flatten())
    print('按列求数组最大值索引:'.center(30, '='), '\n', np.argmax(a,axis=0))
    print('按行求数组最大值索引:'.center(30, '='), '\n', np.argmax(a, axis=1))
    minindex=np.argmin(a)
    print('求数组的最小值:'.center(30, '='), '\n', a.flatten()[minindex])
    b=np.array([[30, 0, 40],[0, 11, 50],[0, 37, 0]])
    print('原始数组'.center(30, '='), '\n', b)
    print('数组中非零元素的索引'.center(30, '='), '\n', np.nonzero(b))
    t=np.where(b>10)
    print('求满足条件的元素的索引'.center(30, '='), '\n',t )
    print('求满足条件的元素'.center(30, '='), '\n', b[t])
    # 查找满足条件的元素
    condition=np.mod(b,2)==0
    print('偶数元素'.center(30, '='), '\n', np.extract(condition,b))
if __name__=="__main__":
    main()
```

程序运行结果如下:

```
============原始数组=============
[[30 20 40]
 [90 10 50]
 [80 30 60]]

==========数组最大值索引:===========
3

============展开数组:=============
[30 20 40 90 10 50 80 30 60]

=========按列求数组最大值索引:==========
[1 2 2]

=========按行求数组最大值索引:==========
[2 0 0]
```

===========求数组的最小值：===========
10

============原始数组============
[[30 0 40]
 [0 11 50]
 [0 37 0]]

===========数组中非零元素的索引===========
(array([0, 0, 1, 1, 2], dtype=int64), array([0, 2, 1, 2, 1], dtype=int64))

==========求满足条件的元素的索引==========
(array([0, 0, 1, 1, 2], dtype=int64), array([0, 2, 1, 2, 1], dtype=int64))

==========求满足条件的元素==========
[30 40 11 50 37]

============偶数元素===========
[30 0 40 0 50 0 0]

5.4.6 NumPy 其他函数

在 NumPy 中,除上述介绍的一些函数外,还有一些其他函数,如 unique()、mat()、transpose()、title()、repeat()等,各函数的功能描述如表 5-18 所示。

表 5-18 NumPy 其他函数功能描述

函数	描述
unique()	删除数组中的重复数据,并对数据进行排序
mat()	将一个数组转换成矩阵
transpose()	将数组行列转置,只改变元素访问顺序,并未生成新的数组
title()	将数组的数据按照行列复制扩展
repeat()	将数组中的每个元素重复若干次

5.5 NumPy 数据文件的读写

在包含大量数据的情况下进行数据分析,NumPy 需要读写磁盘上的文本数据或二进制数据。NumPy 为 ndarray 对象引入了扩展名为.npy 的文件,用于存储重建 ndarray 所需的数据、图形、dtype 和其他信息。NumPy 常见的数据读写函数有 load()、save()、loadtxt()、savetxt()、savez()等。load()和 save()函数读写文件,数组数据以未压缩的原始二进制格式保存在扩展名为.npy 的文件中。loadtxt()和 savetxt()函数用于读写文本文件(如.txt)。savez()函数用于将多个数组写入文件中,默认情况下,数组以未压缩的原始二进制格式保存在扩展名为.npz 的文件中。

5.5.1　二进制文件的读写

NumPy 的 load()函数用于从二进制文件中读取数据,save()函数用于将数据写入二进制文件中。load()函数的原型为:

numpy.load(file, mmap_mode＝None, allow_pickle＝True, fix_imports＝True, encoding＝'ascii')

函数参数的作用如下。

(1)file:要读取的文件。

(2)mmap_mode:内存映射模式,值为{None,'r＋','r','w＋','c'},默认值为 None。

(3)allow_pickle:可选项,布尔值,默认值为 True。allow_pickle＝True 表示允许使用 Python pickle 保存对象数组,Python 中的 pickle 用于在保存到磁盘文件或从磁盘文件读取之前对对象进行系列化和反系列化。allow_pickle＝False 表示不允许使用 pickle,加载对象数组失败。

(4)fix_imports:可选项,布尔值,默认值为 True。fix_imports＝True 表示 Python2 中读取 Python3 保存的数据。

(5)encoding:编码,值可以是'latin1'、'ascii'、'bytes',默认值是'ascii'。

save()函数的原型为:

numpy.save(file,arr,allow_pickle＝True,fix_imports＝True)

函数参数的作用:参数 file 表示要读取或写入的二进制文件,扩展名为.npy。如果文件没有指定扩展名,系统会自动加上 .npy。参数 arr 表示读取或写入的数据数组。参数 allow_pickle 为可选项,布尔值。allow_pickle＝True 表示允许使用 Python pickle 保存对象数组,Python中的 pickle 用于在保存到磁盘文件或从磁盘文件读取之前对对象进行系列化和反系列化。参数fix_imports 为可选项,布尔值。fix_imports＝True表示Python2中读取Python3 保存的数据。

【案例 5-18】 将 1,2,3,…,8,9 这些数据写入 tempnpy.npy 文件中,然后从该文件中读出数据并显示。

程序代码如下:

```
# encoding:utf-8
import numpy as np
import os
def main():
    os.getcwd()
    # 写入 npy 文件
    np.save('tempnpy',np.array([[1,2,3],[4,5,6],[7,8,9]]))
    # 读取 tempnpy.npy 文件的内容
    data＝np.load('tempnpy.npy')
    print(data)
    # 以只读模式读取 tempnpy.npy 文件的内容
```

```
        X＝np.load('tempnpy.npy',mmap_mode＝'r')
        print(X[1,:])
if __name__＝＝"__main__":
    main()
```

程序运行结果如下：

```
[[1 2 3]
 [4 5 6]
 [7 8 9]]
[4 5 6]
```

【案例 5-19】 将多个数组文件写入 tempnpz.npz 文件中,然后从该文件中读出数据并显示各个数组。

程序代码如下：

```
＃encoding:utf-8
import numpy as np
import os
def main():
    os.getcwd()
    arr1＝np.array([[1,2,3],[4,5,6],[7,8,9]])
    arr2＝np.array(['china','xiamen'])
    ＃将多个数组写入 npz 文件
    np.savez('tempnpz.npz',a＝arr1,b＝arr2)
    ＃读取 tempnpz.npz 文件的内容
    data＝np.load('tempnpz.npz')
    print('arr1 数组'.center(30, '—'), '\n',data['a'])
    print('arr2 数组'.center(30, '—'), '\n',data['b'])
if __name__＝＝"__main__":
    main()
```

程序运行结果如下：

```
------------ arr1 数组 ------------
 [[1 2 3]
 [4 5 6]
 [7 8 9]]
------------ arr2 数组 ------------
 ['china' 'xiamen']
```

5.5.2 文本文件的读写

NumPy 用于读写文本文件的函数是 loadtxt()和 savetxt()。

loadtxt()函数的原型为：

numpy.loadtxt(fname, dtype ＝＜class 'float'＞, comments='＃', delimiter＝None,

$$converters=None, skiprows=0, usecols=None, unpack=False,$$
$$ndmin=0, encoding='bytes')$$

函数参数的作用如下。

(1)fname:要读取的文件。

(2)dtype:结果数组的数据类型,可选项,默认值为 float。

(3)comments:用于指示注释开头的字符或字符列表,即跳过文件中指定注释字符串开头的行,可选项。

(4)delimiter:指定读取文件中数据的分隔符,可选项,默认值为 None。

(5)converters:对读取的数据进行预处理,可选项,默认值为 None。

(6)skiprows:跳过的行数,可选项,默认值为 0。

(7)usecols:指定读取的列,可选项,其中 0 为第 1 列。usecols=(1,4,5)表示读取第 2、5、6 列数据。默认值为 None,表示读取所有列数据。

(8)unpack:是否解包,可选项,布尔值,默认值为 False。unpack=True 表示会对返回的数组进行转置。

(9)ndmin:返回的数组的最小维度,默认值为 0。

(10)encoding:编码,值可以是'latin1'、'ascii'、'bytes',默认值是'ascii'。

savetxt()函数的原型为:

$$numpy.savetxt(fname, X, fmt='\%.18e', delimiter=' ', newline='n', header='',$$
$$footer='', comments='\#', encoding=None)$$

函数参数的作用如下。

(1)fname:要写入的文件。

(2)X:要保存到文本文件中的数据。

(3)fmt:格式字符系列,可选项。

(4)delimiter:分隔列的字符串或字符,可选项。

(5)newline:分隔行的字符串或字符(即换行符),可选项。

(6)header:在文件开头写入的字符串,可选项。

(7)footer:在文件结尾写入的字符串,可选项。

(8)comments:将页眉和页脚字符串前附加的字符串标记为注释,可选项。

(9)encoding:编码,值可以是'latin1'、'ascii'、'bytes',默认值是'ascii'。

【案例 5-20】　使用 loadtxt()函数加载文本数据。

程序代码如下:

```
# encoding:utf-8
import numpy as np
import os
from io import StringIO
def main():
    os.getcwd()
    c=StringIO(u"0 1\n2 3")
    w1=np.loadtxt(c) #通过文本加载数据
```

```
    print('通过文本加载数据'.center(30, '—'), '\n',w1)
    d=StringIO(u"M 20 68\nF 36 59")
    w2=np.loadtxt(d,dtype={'names':('gender','age','weight'),'formats':('str','i4','f4')})
    print('文本加载时指定类型'.center(30, '—'), '\n',w2)
    e=StringIO(u"1,0,2\n3,0,6")
    x,y=np.loadtxt(e,delimiter=',',usecols=(0,2),unpack=True)
    print('第1列'.center(30, '—'), '\n',x)
    print('第3列'.center(30, '—'), '\n',y)
if __name__=="__main__":
    main()
```

程序运行结果如下：

```
---------- 通过文本加载数据 ----------
 [[0. 1.]
 [2. 3.]]
---------- 文本加载时指定类型 ----------
 [('', 20, 68.) ('', 36, 59.)]
------------- 第1列 --------------
 [1. 3.]
------------- 第3列 --------------
 [2. 6.]
```

【案例 5-21】 使用 NumPy 函数进行数据文件的读写操作。

程序代码如下：

```
# encoding:utf-8
import numpy as np
def main():
    a=np.random.randint(1,100,size=(10,5))
    np.save('numpyIOFile.npy',a)
    b=np.load('numpyIOFile.npy')
    print('npy 格式文件'.center(30, '='), '\n',b)
    np.savetxt('numpyIOTxt.txt',a,fmt='%d',delimiter=',')
    c=np.loadtxt('numpyIOTxt.txt',delimiter=',')
    print('txt 格式文件'.center(30, '='), '\n',c)
    a1=np.arange(0,1.0,0.1)
    a2=np.sin(a1)
    np.savez("numpyIOnpz.npz",a,a1,sin_array=a2)
    d=np.load("numpyIOnpz.npz")
    print('npz 格式文件'.center(30, '='), '\n',d)
    print(d.files)
    print('数组 a'.center(30, '='), '\n',d['arr_0'])
```

```
    print('数组 a1'.center(30, '='), '\n', d['arr_1'])
    print('数组 a2'.center(30, '='), '\n', d['sin_array'])
if __name__ == "__main__":
    main()
```

程序运行结果如下：

```
===========npy 格式文件============
[[88 19 40 80 54]
 [48  8 79 36 81]
 [34 75 54 38 42]
 [55 88 42 10 95]
 [11 18 51 10  2]
 [21  9 53 28 72]
 [37 72 60 86 73]
 [58 95 81  6 54]
 [77 82 63 41 58]
 [49 11  1 78 21]]

===========txt 格式文件============
[[88. 19. 40. 80. 54.]
 [48.  8. 79. 36. 81.]
 [34. 75. 54. 38. 42.]
 [55. 88. 42. 10. 95.]
 [11. 18. 51. 10.  2.]
 [21.  9. 53. 28. 72.]
 [37. 72. 60. 86. 73.]
 [58. 95. 81.  6. 54.]
 [77. 82. 63. 41. 58.]
 [49. 11.  1. 78. 21.]]

===========npz 格式文件============
<numpy.lib.npyio.NpzFile object at 0x00000262774FB198>
['sin_array', 'arr_0', 'arr_1']

=============数组 a =============
[[88 19 40 80 54]
 [48  8 79 36 81]
 [34 75 54 38 42]
 [55 88 42 10 95]
 [11 18 51 10  2]
 [21  9 53 28 72]
 [37 72 60 86 73]
```

$$[58\ 95\ 81\ \ 6\ 54]$$
$$[77\ 82\ 63\ 41\ 58]$$
$$[49\ 11\ \ 1\ 78\ 21]]$$
============= 数组 a1 =============
$$[0.\ \ \ 0.1\ 0.2\ 0.3\ 0.4\ 0.5\ 0.6\ 0.7\ 0.8\ 0.9]$$
============= 数组 a2 =============
$$[0.\qquad 0.09983342\ 0.19866933\ 0.29552021\ 0.38941834\ 0.47942554$$
$$0.56464247\ 0.64421769\ 0.71735609\ 0.78332691]$$

5.6 NumPy 数据分析案例

有一个名为"股票数据分析.csv"的股票数据文件,内有"日期、开盘价、最高价、最低价、收盘价、涨跌额、涨跌幅、成交量、成交金额"等数据(图 5-2),请使用 NumPy 编程统计成交量加权平均价格、收盘均价、股票收益率等信息。

```
0,日期,开盘价,最高价,最低价,收盘价,涨跌额,涨跌幅(%),成交量(股),成交金额(元)
1,20140331,2043.05,2048.13,2024.19,2033.31,-8.41,-0.41,94356536.00,71573688750.00
2,20140328,2046.85,2060.13,2035.24,2041.71,-4.88,-0.24,121681965.00,94221958284.00
3,20140327,2060.81,2073.98,2042.71,2046.59,-17.08,-0.83,119149374.00,94996460806.00
4,20140326,2070.57,2074.57,2057.65,2063.67,-3.64,-0.18,102611116.00,80463446277.00
5,20140325,2063.32,2079.55,2057.49,2067.31,1.03,0.05,131822232.00,100173660038.00
6,20140324,2050.83,2074.06,2043.33,2066.28,18.66,0.91,147700085.00,110244496617.00
7,20140321,1987.68,2052.47,1986.07,2047.62,54.14,2.72,144477656.00,109438064673.00
8,20140320,2017.22,2030.85,1993.00,1993.48,-28.26,-1.40,110333048.00,88630977588.00
9,20140319,2019.98,2022.18,2002.44,2021.73,-3.46,-0.17,95180797.00,79473241174.00
10,20140318,2026.22,2034.92,2020.41,2025.20,1.52,0.08,96777193.00,83580456683.00
11,20140317,2009.88,2024.37,1999.25,2023.67,19.33,0.96,86250374.00,72017781997.00
12,20140314,2008.83,2017.91,1990.98,2004.34,-14.77,-0.73,87775111.00,69925888157.00
13,20140313,2000.70,2029.12,1996.53,2019.11,21.42,1.07,100978116.00,77979057254.00
14,20140312,1996.24,2011.06,1974.38,1997.69,-3.47,-0.17,101361719.00,79293072715.00
15,20140311,1994.42,2008.07,1985.60,2001.16,2.09,0.10,92705265.00,76870326506.00
16,20140310,2042.35,2042.63,1995.55,1999.07,-58.84,-2.86,115696666.00,95032992605.00
17,20140307,2058.38,2079.49,2050.47,2057.91,-1.67,-0.08,103709540.00,89332133920.00
18,20140306,2050.03,2065.79,2030.95,2059.58,6.49,0.32,109290133.00,92561446561.00
```

图 5-2 "股票数据分析.csv"文件

编程思路解析:要实现上述数据分析,首先要读取"股票数据分析.csv"文件数据,可使用 NumPy 中的 loadtxt() 函数读取收盘价和成交量;其次,读出的数据不能直接使用 NumPy 数据分析统计函数计算,因为读出的数据是字符对象类型,需要转换成 float 类型;最后,可使用 NumPy 数据分析统计函数计算出结果。

程序代码如下:

```
#encoding:utf-8
import numpy as np
```

```
#统计信息：成交量加权平均价格、时间加权平均价格、平均价、最高价、最低价、股票收益率
def tongji():
    spj,cjl = np.loadtxt(open("股票数据分析.csv",encoding='utf-8'),
            dtype=np.str,delimiter=",",usecols=(5,8),unpack=True,skiprows=1)
    #数据类型转换
    sp1=[]
    for i in range(0,spj.size):
        try:
            sp1.append(float(spj[i]))
        except:
            continue
    sp=np.array(sp1)
    cj1=[]
    for i in range(0,cjl.size):
        try:
            cj1.append(float(cjl[i]))
        except:
            continue
    cj=np.array(cj1)
    print("收盘价".center(30,"="),'\n',sp)
    print("成交量".center(30,"="),'\n',cj)
    #数据处理
    cj_mean=np.average(sp,weights=cj)    #成交量加权平均价格
    print("成交量加权平均价格".center(30,"="),'\n',cj_mean)
    t=np.arange(len(sp))
    time_mean=np.average(sp,weights=t) #时间加权平均价格
    print("时间加权平均价格".center(30,"="),'\n',time_mean)
    ave=np.mean(sp)             #收盘价的平均价格
    print("收盘价的平均价格".center(30, "="), '\n', ave)
    sp_max=np.max(sp)           #最高收盘价
    sp_min=np.min(sp)           #最低收盘价
    print("最高收盘价、最低收盘价".center(30, "="), '\n', sp_max,sp_min)
    sp_ptp=np.ptp(sp)           #收盘价的极差
    sp_mid=np.median(sp)        #收盘价的中位数
    sp_var=np.var(sp)           #收盘价的方差
    gpsyl=np.diff(sp)/sp[:-1]   #股票收益率
    dssyl=np.diff(np.log(sp))    #收盘价的对数收益率
    print("股票收益率、对数收益率".center(30, "="), '\n',gpsyl)
    print("股票对数收益率".center(30, "="), '\n',dssyl)
```

```
    zsyl＝np.where(gpsyl＞0)
    print("收益率为正的交易日".center(30，"＝")，'\n',zsyl)
def main()：
    tongji()
if __name__＝＝"__main__"：
    main()
```

程序运行结果如下：

=============收盘价=============

[2033.31 2041.71 2046.59 … 2725.84 2721.01 2716.51]

=============成交量=============

[9.43565360e＋07 1.21681965e＋08 1.19149374e＋08 … 1.13485736e＋08

1.16771899e＋08 1.49501388e＋08]

==========成交量加权平均价格==========

3281.412419274049

==========时间加权平均价格==========

3068.7308217087084

==========收盘价的平均价格==========

3030.6804180327867

=========最高收盘价、最低收盘价==========

5166.35 1991.25

=========股票收益率、对数收益率==========

[0.00413119 0.00239015 0.00834559 … 0.05511214 −0.00177193

−0.0016538]

==========股票对数收益率==========

[0.00412268 0.0023873 0.00831096 … 0.05364705 −0.0017735

−0.00165517]

==========收益率为正的交易日==========

(array([0，   1，   2，…，2433，2434，2436]，dtype-int64)，)

5.7　课后习题

一、单选题

1.NumPy 的核心数组对象是(　　)。

A. array　　　　　B. ndarray　　　　　C. ufunc　　　　　D. matrix

2.下列不属于 ndarray 数组属性的是(　　)。

A. ndim　　　　　B. shape　　　　　C. size　　　　　D. add

3.已知 import numpy as np,现要创建一个 3 行 3 列的数组,下列代码中错误的是(　　)。

A. np.arange(0,9).reshape(3,3)　　　　　B. np.eye(3)

C. np.mat("1 2 3 4 5 6 7 8 9")　　　　　D. np.random.random([3,3,3])

4.下列代码的运行结果是(　　)。

import numpy as np

print(np.linspace(0,12,5))

A. [1.　4.　7.　10.　13.]　　　　　B. [2.　5.　8.　11.　12.]

C. [0.　3.　6.　9.　12.]　　　　　D. [2.　4.　6.　8.　10.]

5.已知:

import numpy as np

a=np.array([[1,3,5,7],[2,4,6,8]])

代码 print(a.shape)的输出结果是(　　)。

A. (2,4)　　　　B. 8　　　　C. 32　　　　D. [2,4]

6.已知 import numpy as np,现要创建一个 2 行 4 列全为 1 的矩阵数组,下列代码中正确的是(　　)。

A. np.zeros(shape=(2,4),dtype=np.int8)

B. np.ones(shape=(2,4),dtype=np.int8)

C. np.ones(shape=(4,2),dtype=np.int8)

D. np.zeros(shape=(4,2),dtype=np.int8)

7.NumPy 数组的迭代器对象是(　　)。

A. Iterator　　　　B. nditer　　　　C. foreach　　　　D. order

8.NumPy 中用于将角度转换为弧度的函数是(　　)。

A. around　　　　B. degrees　　　　C. floor　　　　D. radians

9.splitlines()函数的作用是(　　)。

A.返回元素中的行列表,以换行符分隔

B.返回按元素多重连接后的字符串

C.使用新字符串替换字符串中的所有子字符串

D.通过指定分隔符来连接数组中的元素

10.使用 numpy.nditer 对象在遍历数组的同时,实现对数组元素的修改,需要将 op_flags 参数的值设为(　　)。

A. readonly　　　　　　　　　　B. none

C. readwrite 或 writeonly　　　　D.以上值均可

11.以行序优先迭代输出数组元素的值需要将 numpy.nditer 对象的参数 order 的值指定为(　　)。

A. 'C'　　　　B. 'F'　　　　C. 'R'　　　　D. 'row'

12.下列代码的执行结果是(　　)。

import numpy as np

print(np.char.join(['+',':'],['567','123']))

A. ['5+6+7'　'1:2:3']　　　　　B. ['1+2+3'　'5:6;7']

C. ['5:6:7' '1+2+3']   D. ['1:2:3' '5+6+7']

13.已知：

import numpy as np

a＝np.array([[1,3,5,7],[2,4,6,8]])

代码 print(a[：,−2])的输出结果是(   )。

A. [[2 4 6 8]]   B. [2 4 6 8]   C. [[1 3 5 7]]   D. [1 3 5 7]

14.现有一段程序：

import numpy as np

arr＝np.array([[10,20,0],[8,0,0],[0,4,2],[0,0,7]])

c＝np.where(arr＜10)

print(arr[c][1])

运行的结果是(   )。

A. 4   B. 8   C. 2   D. [0 8 0 0 0 4 2 0 0 7]

15.下列不是 NumPy 数据读写函数的是(   )。

A. savez   B. loadtxt   C. load   D. open

16.np.loadtxt(open("a.txt",encoding='utf-8'),dtype=np.str,delimiter="，"，usecols=(1,5))中的参数 usecols=(1,5)的作用是(   )。

A.读取文件 a.txt 的第 0 列和第 4 列   B.读取文件 a.txt 的第 1 列和第 5 列

C.读取文件 a.txt 的第 2 列和第 6 列   D.跳过文件 a.txt 的第 1 行和第 5 行

17.nonzero()函数的作用是(   )。

A.返回数组中零元素的值   B.返回数组中零元素的索引

C.返回数组中非零元素的值   D.返回数组中非零元素的索引

18.现有一段程序：

import numpy as np

arr＝np.array([[10,21,0],[8,0,0],[1,4,2],[0,0,7]])

con＝np.mod(arr,2)!=0

print(np.extract(con,arr))

它的作用是(   )。

A.输出数组 arr 中为奇数的所有元素值

B.输出数组 arr 中为奇数的所有元素的索引

C.输出数组 arr 中为奇数的所有元素的个数

D.输出数组 arr 中元素为奇数的所在位置

二、填空题

1.NumPy 包的核心是 n 维数组对象_____,它是一系列同类型数据的集合,下标从 0 开始进行集合中元素的索引。

2.NumPy 数组的维数称为秩(rank),二维数组的秩为_____。

3.ndarray 对象的_____属性表示数组中所有元素占用的字节数。

4.NumPy 数组可以通过索引下标访问某个元素,数组索引用[ ]加序号的形式引用单个数组元素,序号从左到右从_____开始递增,从右到左则从_____开始递减。

5.a[∷－3]表示从_____边开始抽取,每隔_____个元素进行抽取。

6.NumPy 迭代器对象 numpy.nditer 中的 order 参数可控制迭代的顺序,order＝'C'时以____序优先。

7.np.char.capitalize('welcome')的运行结果是_____。

8.NumPy 中用于计算数组中的方差的函数是_____。

9.NumPy 排序函数 searchsorted()中参数 side 表示查询索引时的方向,side＝'_____'时表示从右到左。

10.NumPy 为 ndarray 对象引入了扩展名为_____的文件,用于存储重建ndarray 所需的数据、图形、dtype 和其他信息。

三、编写程序题

1.随机生成 100 个 1～100 分之间的整数,构成 20 行 5 列的二维数组,输出整个数组的最大值、平均值、第 4 行的最小值和第 3 列的 25％的百分位数。

2.有一个名为 score1.txt 的文本文件,内有如图 5-3 所示的数据,现需要使用 NumPy 库编写程序实现如下数据分析:读取该文件数据,将学号开头的"2017"替换为"2019",并统计各课程的平均分。

```
学号,      姓名 ,    Python ,   Java  ,   C++ ,   OS
20170102,  刘静,     88 ,      76  ,    65 ,    81
20170103 , 李峰 ,    72,       67,     82,     76
20180105,  赵涛,     69,       87,     75,     64
20170106,  黄明海,   90,       71,     89,     70
20180102,  张生,     68 ,      76  ,    65 ,    88
20160103 , 吴名 ,    82,       47,     92,     76
20150105,  陈真,     79,       87,     55,     84
20170106,  肖刚,     50,       81,     99,     65
```

图 5-3 程序题 2 图

程序运行结果如图 5-4 所示。

```
[['20190102'    刘静' '88' '76' '65' '81']
 ['20190103'   '李峰' '72' '67' '82' '76']
 ['20180105'   赵涛' '69' '87' '75' '64']
 ['20190106'   黄明海' '90' '71' '89' '70']
 ['20180102'   张生' '68' '76' '65' '88']
 ['20160103'   吴名' '82' '47' '92' '76']
 ['20150105'   陈真' '79' '87' '55' '84']
 ['20190106'   肖刚' '50' '81' '99' '65']]
---Python、Java、C++、OS课程的平均分---
74. 75 74. 0 77. 75 75. 5
```

图 5-4 程序运行结果

3.1 万人参与厦门市政府组织的万人博饼庆中秋活动,每人只能博 1 次。用 NumPy 分析博得状元的概率。用 Python 与第三方库 NumPy 编写程序实现。

5.8　实验

实验学时：4 学时。

实验类型：验证、设计。

实验要求：必修。

一、实验目的

1.掌握 NumPy 创建数组的方法。

2.掌握 NumPy ndarray 的属性、索引与切片、运算。

3.掌握 NumPy 迭代数值及修改数组中元素值的操作。

4.掌握 NumPy 常用函数（如字符串函数，统计函数，排序、分组及线性代数函数）的使用方法。

二、实验要求

使用 Numpy.array 的构造函数创建数组，学会使用 NumPy ndarray 的属性、索引与切片、运算，掌握 NumPy 迭代数值及修改数组中元素值等常用操作。实现使用 NumPy 字符串函数进行文本处理，使用统计函数进行数据分析等。

三、实验内容

任务 1.NumPy 基础操作，按下列步骤操作（可以在 PyCharm 和 Jupyter Notebook 中运行）。

第 1 步，首先导入 NumPy 包。

import numpy as np

第 2 步，创建数组。

arr1＝np.random.randn(3,4)

print('arr1:\n',arr1)

arr2＝np.array([[1,2,3,4],[5,6,7,8],[9,10,11,12]])

print('arr2:',arr2)

第 3 步，数学运算：加、减、乘、除、幂。

print('arr1 ＋ arr1:\n',arr1＋arr2)

print('arr1 － arr1:\n',arr1－arr2)

print('arr2 * 10:\n',arr2 * 10)

print('arr2 * arr2:\n',arr2 * arr2)

print('arr2/2:\n',arr2/2)

print('arr2 ** 2:\n',arr2 ** 2)

第 4 步，取第 2 行第 3 列的值。

temp1＝arr2[1][2]

print(temp1)

第 5 步，修改指定位置（第 2 行第 3 列）的值。

arr2[1][2]＝1

```
print(arr2[1][2])
```

第 6 步,通过切片的方式取出第 2 行和第 3 行的值。

```
temp2＝arr2[1:3]
print(temp1)
```

第 7 步,索引。

```
print(arr2[1])
```

第 8 步,创建 10 行 10 列全部为 0 的数组。

```
a2＝np.zeros((10,10))
np.disp(a2)
```

第 9 步,创建 8 行 8 列,对角线元素全为 1,其他元素为 0 的数组。

```
a3＝np.eye(8)
print(a3)
```

第 10 步,创建 7 行 8 列元素全部为 1 的数组。

```
a5＝np.ones((7,8),dtype＝np.int8)
print(a5)
```

第 11 步,创建 50 行 50 列元素全部为 100 的数组。

```
a6＝np.full((50,50),100)
np.disp(a6)
```

第 12 步,生成 10 行 10 列的矩阵,每行的数据都是 0～9。

```
ls＝[np.arange(0,10)]
a＝np.array(ls * 10)
a.reshape(10,10)
```

第 13 步,切片,将数组的外围元素全部改为 1。

```
a[[0,9]]＝1
a[:,[0,9]]＝1
print(a)
```

第 14 步,输出第 1、2 行。

```
np.disp(a[1:3])    ♯等价于 print(a[1:3])
```

第 15 步,输出第 3、4、5 列。

```
np.disp(a[:,3:6])
```

第 16 步,输出第 8 列。

```
np.disp(a[:,[8]])
```

第 17 步,输出第 8 行。

```
np.disp(a[8])
np.disp(a[np.ix_([8])])
```

第 18 步,生成数组,查看数组的属性。

```
c＝np.full(shape＝(3,4,5),fill_value＝3.14)
st＝"此数组的维数:"＋str(c.ndim)＋"\n 总个数:"＋str(c.size)＋"\n 形状:"＋
            str(c.shape)＋"\n 所占字节数:"＋str(c.nbytes)
```

```
np.disp(st)
nd4＝np.random.normal(loc＝175,scale＝10,size＝(3,5))
np.disp(nd4)
st2＝"此数组的维数:"＋str(nd4.ndim)＋"\n 内存信息:"＋str(nd4.flags)
print(st2)
```

第 19 步,数组运算。

```
a＝np.arange(25)
a＝a.reshape((5,5))
print(a)
b＝np.array([5,4,3,2,1] * 5)
b＝b.reshape((5,5))
np.disp(b)
print("数组 a＋数组 b 的结果为:")
np.disp(np.add(a,b))        ♯等价于 np.disp(a＋b)
print("数组 b 中所有元素求平方:")
np.disp(b ** 2)
print("数组 a * 数组 b 的结果为:")
np.disp(np.multiply(a, b))
print("数组 a 中所有元素之和:")
np.disp(a.sum())
print("数组 a 中所有元素按列求和:")
np.disp(np.sum(a,axis＝0))
print("数组 a 中所有元素累加求和:")
np.disp(np.cumsum(a))
```

任务2.(1)创建一个元素为 10～50 的 10 个随机整数的 ndarray 对象。

(2)创建一个范围在 0～1 之间长度为 6 的等差数列。

用 Python 与第三方库 NumPy 编写程序实现。

参考代码如下:

```
♯ coding:utf-8
import numpy as np
def main():
    nd1＝np.random.randint(10,51,size＝10)
    print('10 个 10～50 之间的随机数'.center(50,'一')＋'\n'＋str(nd1))
    nd2＝np.linspace(0,1,6)
    print('6 个 0～1 之间的等差数列'.center(50, '一') ,'\n' ,nd2)
if __name__＝＝"__main__":
    main()
```

任务3.(1)创建一个每一行都是从 0～4 的 5×5 矩阵。

(2)创建一个 8×8 的 ndarray 对象,且矩阵边界全为 5,里面主对角线为 1,其余为 0 的矩阵。

(3)创建一个平均值为 70,标准差为 5 的 43 个同学的 Python 语言程序设计成绩的随机分数。

用 Python 与第三方库 NumPy 编写程序实现。

参考代码如下:

```
#coding:utf-8
import numpy as np
def main():
    a=np.array([np.arange(0,5)] * 5).reshape(5,5)
    print('每一行都是从 0～4 的 5 * 5 矩阵'.center(50,'—')+'\n',a)
    b=np.eye(8).astype(np.int8)
    b[[0,7]]=5
    b[:,[0,7]]=5
    print('矩阵边界全为 5,里面主对角线为 1,其余为 0 的 8 行 8 列矩阵'.center(50,
        '—')+'\n',b)
    c=np.random.normal(loc=70,scale=5,size=43).astype(np.int8)
    print('平均值为 70,标准差为 5 的 43 个同学的 Python 语言程序设计成绩的
        随机分数'.center(50,'—') + '\n', c)
if __name__=="__main__":
    main()
```

任务4.(1)为 43 个同学随机生成 5 门课程的成绩(分数在 1～100 之间)。

(2)求第 2 门课程的平均分(mean 函数)和第 8 个同学的总分(sum 函数)。

(3)统计第 3 门课程 60～70 分的人数(len 函数)。

用 Python 与第三方库 NumPy 编写程序实现。

参考代码如下:

```
import numpy as np
def main():
    np.set_printoptions(threshold=np.inf)
    score=np.random.randint(1,101,size=(43,5))
    print('学生成绩如下:'.center(50,'—'),'\n',score)
    print(score.mean(axis=0))
    score_2_avg=round(score.mean(axis=0)[1],2)
    print('第 2 门课程的平均分='.center(50, '—'),score_2_avg)
    sum_8=score.sum(axis=1)[7]
    print('第 8 个同学的总分='.center(50, '—'), sum_8)
    course_3=score[:,2]
    count=len(course_3[(course_3>=60) & (course_3<70)])
```

```
        print('第 3 门课程 60～70 分的人数：'.center(50，'—')，count)
    if __name__=="__main__"：
        main()
```

任务5.某人走了 2000 步(每步 0.5 米)，向前走一步记为 1，向后走一步记为一1，当计算距原点的距离时，就是将所有的步数进行累计求和。用 Python 与第三方库 NumPy 编写程序实现。

参考代码如下：

```
import numpy as np
np.set_printoptions(threshold=np.inf)
def main()：
    steps=2000
    data=np.random.randint(0，2，size=steps)
    print(data)
    direction_steps=np.where(data>0，1，-1)
    ♯当 data 的元素为 1 时，direction_steps 为 1，否则为一1
    print(direction_steps)
    dis=direction_steps.cumsum()    ♯求出所有的步数
    print(dis)
    print('向前走的最远的距离='，dis.max())
    print('向后走的最远的距离='， dis.min())
if __name__=="__main__"：
    main()
```

任务6.从一个 10 行 10 列的矩阵中提取出连续的 5 行 5 列区块。用 Python 与第三方库 NumPy 编写程序实现。（提示：np.lib.stride_tricks.as_strided()是矩阵分块函数）

参考代码如下：

```
import numpy as np
def main()：
    ♯从一个 10 行 10 列的矩阵中提取出连续的 5 行 5 列区块
    data=np.random.randint(0，5，size=(10，10))
    print('原数据'.center(50，'—')，'\n'，data)
    n=5
    i=1+(data.shape[0]-5)
    j=1+(data.shape[1]-5)
    ♯np.lib.stride_tricks.as_strided()是矩阵分块函数，shape=(i,j,n,n)表示 i * j 个
    ♯n×n 矩阵块，strides 表示需要生成的新的张量的跨度
    mid_data=np.lib.stride_tricks.as_strided(data，shape=(i,j,n,n)，
    strides=data.strides+data.strides)
    print('提取后的数据'.center(50，'—')，'\n'，mid_data)
```

```
if __name__=="__main__":
    main()
```

任务 7.绘制曼德勃罗花。用 Python 与第三方库 NumPy 编写程序实现。

参考代码如下：

```
import numpy as np
import matplotlib.pyplot as plt
#绘制曼德勃罗集就是所有使数列 z0,z1,z2,…,zn 收敛的复数 c 的集合。z0,z1,z2,…,zn
#可能收敛到一个或多个复平面上的点,而且收敛到的点数和所在的区域有关
def mandelbrot(h,w,maxit=20):
    y,x=np.ogrid[-1.4:1.4:h*1j,-2:0.8:w*1j]
    #ogrid()函数产生一个二维数组,[开始值:终值:步长],h*1j 为复数
    c=x+y*1j
    z=c
    divtime=maxit+np.zeros(z.shape,dtype=int)
    for i in range(maxit):
        z=z**2+c
        diverge=z*np.conj(z)>2**2  #np.conj()复数的共轭,如2+5j的共轭复数为2-5j
        div_now=diverge&(divtime==maxit)
        divtime[div_now]=i
        z[diverge]=2
    return divtime
def main():
    plt.imshow(mandelbrot(400,400))
    #plt.imshow()对图像进行处理,并显示其格式,而plt.show()则是将plt.imshow()
    #处理后的函数显示出来
    plt.show()
if __name__=="__main__":
    main()
```

任务 8.现有股票数据文件"股票数据分析.csv",内有"日期、开盘价、最高价、最低价、收盘价、涨跌额、涨跌幅(%)、成交量(股)、成交金额(元)"等字段,现要分析成交量加权平均价格、时间加权平均价格、平均价、最高价、最低价、股票收益率。用 Python 与第三方库 NumPy 编写程序实现。

参考代码如下：

```
# encoding:utf-8
import numpy as np
#统计收盘价的相关信息:成交量加权平均价格、时间加权平均价格、平均价、最高价、
#最低价、股票收益率
np.set_printoptions(threshold=np.inf)
def tongji():
```

```
# spj 为收盘价,cjl 为成交量
spj,cjl＝np.loadtxt(open("股票数据分析.csv",encoding＝'utf-8'),
                    dtype＝np.str,delimiter＝",",usecols＝(5,8),
                    unpack＝True,skiprows＝1)
# 数据类型转换 object－float
sp1＝[]
for i in range(0,spj.size):
    try:
        sp1.append(float(spj[i]))
    except:
        continue
sp＝np.array(sp1)
cj1＝[]
for i in range(0,cjl.size):
    try:
        cj1.append(round(float(cjl[i]),0))
    except:
        continue
cj＝np.array(cj1)
print("收盘价".center(60,"="),'\n',sp)
print("成交量".center(60,"="),'\n',cj)
# 数据处理
cj_mean＝np.average(sp,weights＝cj)        # 成交量加权平均价格
print("成交量加权平均价格".center(30,"="),'\n',cj_mean)
t＝np.arange(len(sp))
time_mean＝np.average(sp,weights＝t)       # 时间加权平均价格
print("时间加权平均价格".center(30,"="),'\n',time_mean)
ave＝np.mean(sp)                          # 收盘价的平均价格
print("收盘价的平均价格".center(30, "="), '\n', ave)
sp_max＝np.max(sp)                        # 最高收盘价
sp_min＝np.min(sp)                        # 最低收盘价
print("最高收盘价、最低收盘价".center(30, "="), '\n', sp_max,sp_min)
sp_ptp＝np.ptp(sp)                        # 收盘价的极差
sp_mid＝np.median(sp)                     # 收盘价的中位数
sp_var＝np.var(sp)                        # 收盘价的方差
gpsyl＝np.diff(sp)/sp[:-1]                # 股票收益率
dssyl＝np.diff(np.log(sp))                # 收盘价的对数收益率
print("股票收益率、对数收益率".center(30, "="), '\n',gpsyl)
print("股票对数收益率".center(30, "="), '\n',dssyl)
```

```
        zsyl＝np.where(gpsyl＞0)
        print("收益率为正的交易日".center(30，"＝")，'\n'，zsyl)
    def main()：
        tongji()
    if __name__＝＝"__main__"：
        main()
```

任务9.现有某校参加计算机等级考试的成绩数据文件"计算机等级考试成绩.xls"，现要进行如下数据分析。

(1)统计电子信息工程专业缺考的人数(成绩为 0 或空缺视为缺考)及缺考率[缺考率＝(缺考人数×100/专业总人数)％]。

(2)统计动画专业考试通过的人数(成绩≥60 视为考试通过)及通过率。

用 Python 与第三方库 NumPy 编写程序实现。

参考代码如下：

```
# coding：utf-8
import numpy as np
from collections import Counter
np.set_printoptions(threshold＝np.inf)
def main()：
    with open("计算机等级考试成绩.csv"，encoding＝'utf-8') as f：
        data＝np.loadtxt(f，str，delimiter＝","，usecols＝(1,2,3,4)，
                        unpack＝True,skiprows＝1)
        data＝data.T
        print('原始数据'.center(60,'一')，'\n'，data)
        #统计电子信息工程专业缺考的人数(成绩为 0 或空缺视为缺考)
        dq＝data[data[:,2]＝＝'电子信息工程']    #找出所有电子信息工程专业的数据
        #list(map(int,score))将列表中的所有元素转换为 int
        dq_list＝list(map(int,dq[:,3]))
        dq_dict＝Counter(dq_list)    #统计列表中各元素出现的次数,结果为字典
        print('一一一一一一一一一一一电子信息工程专业缺考人数:',dq_dict[0]，
            '缺考率为:',round(dq_dict[0]/len(dq) * 100,1),'%一一一一一一一一')
        dh＝data[data[:,2]＝＝'动画']        #找出所有动画专业的数据
        print(dh)
        dh_list＝list(map(int, dh[:, 3]))
        dh_pass_count＝len([i for i in  dh_list  if i＞＝60])
        print('一一一一一一一一一一一动画专业考试通过人数:',dh_pass_count，
            '通过率为:',round(dh_pass_count/len(dh) * 100,1),'%一一一一一一一')
    if __name__＝＝"__main__"：
        main()
```

第 6 章　pandas

6.1　认识 pandas

pandas 是 Python 的一个数据分析包,最初由 AQR Capital Management 于 2008 年 4 月开发,并于 2009 年底开源出来,目前由专注于 Python 数据包开发的 PyData 开发团队继续开发和维护,属于 PyData 项目的一部分。pandas 最初被作为金融数据分析工具而开发出来,因此,它为时间序列分析提供了很好的支持。pandas 的名称来自面板数据(panel data)和 Python 数据分析(data analysis)。Panel Data 是经济学中关于多维数据集的一个术语,在 pandas 中也提供了 Panel 的数据类型。

pandas 是基于 NumPy 的一种工具,该工具是为了解决数据分析任务而创建的。pandas 提供了高级数据结构和函数,这些数据结构和函数的设计使得利用结构化、表格化数据的工作更快速、简单。pandas 纳入了大量库和一些标准的数据模型,提供了高效操作大型数据集所需的工具,它的出现使 Python 成为强大、高效的数据分析工具。

pandas 具有下列特点。

(1)运算速度快。NumPy 和 pandas 都采用 C 语言编写,pandas 又基于 NumPy,是 NumPy 的升级版本。

(2)消耗资源少。它采用矩阵运算,比 Python 自带的字典或者列表快很多。

(3)可以进行各种数据运算和转换,做数据处理时,比数据库、Excel 等在性能和处理速度上有较大的优势。

(4)它提供了大量的函数,编写程序简单。

6.2　pandas 数据结构

pandas 的数据结构有 3 种:系列(Series)、数据帧(DataFrame)、面板(Panel)。这些数据结构构建在 NumPy 数组之上,一般,较高维数据结构是其较低维数据结构的容器。例如,DataFrame 是 Series 的容器,Panel 是 DataFrame 的容器。它们对应的维数和描述如表 6-1 所示。

表 6-1　pandas 数据结构描述

数据结构	维数	描述
系列	1	一般用 1D 标记,均匀数组,大小不变
数据帧	2	一般用 2D 标记,大小可变的表结构与潜在的异质类型的列
面板	3	一般用 3D 标记,大小可变数组

6.2.1　Series

系列(Series)是能够保存任何类型的数据(如整数、字符串、浮点数、Python 对象等)的一维标记数组。轴标签统称为索引。系列是具有均匀数据的一维数组结构。例如,以下系列是整数 20,33,45…的集合。

20	33	45	8	16	27	59	43	21	80

Series 的特点:都是数据,尺寸大小不可改变,数据的值可变。

pandas 系列可以使用以下构造函数创建:

pandas.Series(data,index,dtype,copy)

构造函数的参数如表 6-2 所示。

表 6-2　Series 构造函数参数功能描述

参数	描述
data	数据采取各种形式,如 ndarray、list、constants
index	轴标签列表
dtype	dtype 用于数据类型。如果没有,将推断数据类型
copy	复制数据,默认为 False

可以使用数组、字典、标量值或常数来创建一个系列。

Series 的常用属性和方法如表 6-3 所示。

表 6-3　Series 的常用属性和方法

属性/方法名	数据类型/返回值数据类型	说明
s.values	ndarray	返回 s 的值
s.name	str	返回 s 的 name(可更改)
s.index	Index	返回 s 的索引(可更改)
s.index.name	str	返回 s 的索引的 name 属性(可更改)
s.index.is_unique	bool	判断 s 的索引值是否唯一
s.dtype	np.dtype	返回 s 的数据类型
s.ftype	str	返回 s 是稀疏的还是稠密的
s.shape	tuple	返回 s 的形状

续表

属性/方法名	数据类型/返回值数据类型	说明
s.nbytes	int	返回 s 的字节数
s.ndim	int	返回 s 的纬度数 1
s.size	int	返回 s 的元素数量
s.strides	tuple	返回 s 中数据的步幅，即指针移动一次的字节数（单元素字节数）
s.get()	int	返回 s 中对应索引的值,若索引不存在,则返回 None 或指定值
s.T	Series	返回 s 的转置
s.loc[i]		[i] 基于单个标签访问 [i1，i2，i3] 基于多个标签访问 [i1:i2] 返回 i1 与 i2 之间的元素（包括边界）
s.iloc[n]		[n] 基于单个位置访问 [n1，n2，n3] 基于多个位置访问 [n1:n2] 类似 list
s.add()	Series	加法运算
s.sub()	Series	减法运算
s.mul()	Series	乘法运算
s.div()	Series	浮点除法运算
s.truediv()	Series	浮点除法运算
s.floordiv()	Series	整数除法运算
s.mod()	Series	取模（余）运算
s.pow()	Series	幂运算

【案例 6-1】 由系列的构造函数生成一个系列[10,20,30,40,50,60]，索引值为'one'、'two'、'three'、'four'、'five'、'six'，输出该系列,并输出系列的值、索引、大小、维度,判断系列是否为空,输出系列的前两个元素和后三个元素。

程序代码如下:

```
import pandas as pd
def main():
    #生成系列,index 为显式索引,根据用户指定的索引访问数据
    s=pd.Series([10,20,30,40,50,60],index={'one','two','three','four','five','six'})
    #输出该系列
    print(s)
    print("———" * 30)
    print("系列的值:",s.values,"\n 系列的索引:",s.index)#输出系列的值、索引
    print("———" * 30)
```

```
        print("系列的大小、维度,判断是否为空:",s.size,s.ndim,s.empty)
        print("———" * 30)
        print("系列的前两个元素:\n",s.head(2))
        print("系列的后三个元素:\n",s.tail(3))
if __name__=="__main__":
    main()
```

程序运行结果如下:

```
two       10
six       20
one       30
four      40
five      50
three     60
dtype:int64
```

——

```
系列的值:[10 20 30 40 50 60]
系列的索引:Index(['two', 'six', 'one', 'four', 'five', 'three'],dtype='object')
```

——

系列的大小、维度,判断是否为空: 6 1 False

——

系列的前两个元素:

```
two       10
six       20
dtype:int64
```

系列的后三个元素:

```
four      40
five      50
three     60
dtype:int64
```

【案例 6-2】　随机生成 50 个整数,按一行显示 10 个整数输出,统计大于等于 60 的数的个数。

程序代码如下:

方法一:遍历数组查找。

```
import pandas as pd
import numpy as np
def main():
    #生成系列,也可用 s=pd. Series(np.random.randint(0,101,size=50))
    s=pd. Series([np.random.randint(100) for i in np.arange(50)])
    for i in range(0, 50):
```

```
        print("%-2d" % s[i], end="   ")
        if (i + 1)%10==0:
            print("\n")
    count=0
    for i in np.arange(50):
        if s[i]>=60:
            count+=1
    print("大于等于 60 的数的个数:%d"%count)
if __name__=="__main__":
    main()
```

程序运行结果如下:

38	80	93	88	19	30	20	36	61	12
41	48	83	4	2	90	40	24	71	15
24	87	12	5	3	35	72	11	95	21
6	47	80	15	44	66	92	0	70	59
82	32	53	86	25	21	31	17	64	79

大于等于 60 的数的个数:18

方法二:调用系列 Series 函数查找。

```
import pandas as pd
import numpy as np
def main():
    s=pd.Series(np.random.randint(0,101,size=50))
    for i in range(0, 50):
        print("%-2d" % s[i], end="   ")
        if (i + 1)%10==0:
            print("\n")
    count=len(s[s>=60])
    print("大于等于 60 的数的个数:%d"%count)
if __name__=="__main__":
    main()
```

程序运行结果如下:

67	7	21	38	62	67	31	58	81	6
47	68	61	91	72	49	35	49	77	72
55	66	37	1	18	77	60	77	39	67
30	20	80	91	86	19	94	85	18	60
16	59	40	12	79	3	92	45	40	45

大于等于 60 的数的个数:23

【**案例 6-3**】　根据系列 s 中的数据['李梅','张明','赵刚','张三丰','张无忌','刘老根','张好','李峰','张斌','张强'],统计张姓人员的个数。

程序代码如下:

```
import pandas as pd
def main():
    s=pd.Series(['李梅','张明','赵刚','张三丰','张无忌','刘老根','张好','李峰','张斌',
                '张强'])
    print("原始数据:\n",s,"\n","———"*20,"\n 张姓人员:")
    count=0
    for i in range(0,s.size):
        if '张' in s[i]:
            count+=1
            print("%s"%s[i],end=" ")
    print("\n 张姓人员的个数:%d"%count)
if __name__=="__main__":
    main()
```

程序运行结果如下:

原始数据:

```
0      李梅
1      张明
2      赵刚
3      张三丰
4      张无忌
5      刘老根
6      张好
7      李峰
8      张斌
9      张强
dtype:object
————————————————————————————————————————————————————————————————
张姓人员:
张明    张三丰    张无忌    张好    张斌    张强
张姓人员的个数:6
```

统计张姓人员的个数的代码同样可以用 count=len(s[s.str.contains('张')])简写。

【案例 6-4】 由字典数据生成系列,找出超过 20 岁男生的姓名。

程序代码如下:

```python
import pandas as pd
def main():
    data=[{'姓名':('李梅','张明','赵刚','张三丰','赵敏','刘老根','张好','李峰','张
        斌','张强')},
        {'性别':('女','男','男','男','女','男','男','男','男','男')},
        {'年龄':(16,18,19,18,17,19,20,21,22,23)}]
    s=pd.Series(data)
    print("原始数据:\n",s,"\n","———"*20,"\n","超过20岁男生的姓名:")
    for i in range(0,10):
        if s[1]['性别'][i]=="男" and s[2]['年龄'][i]>20:
            print(s[0]['姓名'][i], end="   ")
if __name__=="__main__":
    main()
```

程序运行结果如下:

原始数据:

0   {'姓名':('李梅', '张明', '赵刚', '张三丰', '赵敏', '刘老根',…

1   {'性别':('女', '男', '男', '男', '女', '男', '男', '男',…

2   {'年龄':(16, 18, 19, 18, 17, 19, 20, 21, 22, 23)}

dtype:object

——

超过 20 岁男生的姓名:

李峰   张斌   张强

6.2.2 DataFrame

数据帧(DataFrame)是一个具有异构数据的二维数组,它的数据以行和列的表格方式排列,如表 6-4 所示。

表 6-4 高考成绩

姓名	年龄	性别	分数
张飞	19	男	510
李红	20	女	480
刘欢	18	女	490
赵毅	20	男	475

表 6-4 中除第一行外,每行代表一个考生,每列表示一个属性,属性的类型如表 6-5 所示。

表 6-5　属性类型

列	类型
姓名	字符串
年龄	整数
性别	字符串
分数	浮点型

DataFrame 的功能特点：潜在的列是不同的数据类型（即异构数据），大小可以改变，数据也可以改变，有行标签轴和列标签轴，可以对行和列执行算术运算。

pandas 数据帧可以使用以下构造函数创建：

pandas.DataFrame(data,index,columns,dtype,copy)

构造函数的参数功能描述如表 6-6 所示。

表 6-6　DataFrame 构造函数参数功能描述

参数	描述
data	数据，可以是 ndarray、list、constants 等形式
index	行索引标签
columns	列索引标签
dtype	dtype 用于数据类型。如果没有，将推断数据类型
copy	复制数据，默认为 False

构造 DataFrame 的数据可以是 ndarray、list、Series、数据字典等，也可以是 DataFrame 数据，还可以从 Excel 文件、CSV 文件中读出数据生成 DataFrame。

【案例 6-5】　将表 6-4 中的数据构造成一个 DataFrame。

程序代码如下：

```python
import pandas as pd
def main():
    data={'姓名': pd.Series(['张飞','李红', '刘欢', '赵毅']),
        '年龄': pd.Series([19, 20, 18, 20]),
        '性别': pd.Series(['男', '女', '女', '男']),
        '分数': pd.Series([510, 480, 490, 475])}
    df=pd.DataFrame(data)    ♯由字典数据生成数据帧
    print("原始数据:\n", df)
if __name__=="__main__":
    main()
```

程序运行结果如下：

原始数据：

	姓名	年龄	性别	分数
0	张飞	19	男	510
1	李红	20	女	480
2	刘欢	18	女	490
3	赵毅	20	男	475

DataFrame 的常见属性有 shape、dtype、values、columns、index、axes 等，其作用如表6-7所示。

表 6-7　DataFrame 的常见属性

属性	功能描述
shape	获取形状信息，结果为一个元组
dtype	获取各字段的数据类型，结果为 Series
values	获取数据内容，结果通常为二维数组
columns	获取列索引，即字段名称
index	获取行索引，即行的标签
axes	同时获取行和列索引

DataFrame 也有自己的常见方法，如表 6-8 所示。

表 6-8　DataFrame 的常见方法

方法	功能描述
info()	显示基本信息，包括行列索引信息、每列非空元素数量、每列数据的类型、整体所占内存大小等
head(n)	获取前 n 行数据，n 默认为 5，结果为 DataFrame
tail(n)	获取后 n 行数据，n 默认为 5，结果为 DataFrame
describe()	数据的整体描述信息，包括非空值数量、平均值、标准差、最小值、最大值等，结果为 DataFrame
count() sample(n,axis) to_dict() rename()	统计各列中非空值的数量，结果为 Series 随机从数据中按行或列抽取 n 行或 n 列 转化为 dict 类型对象，可指定字典中的类型 重命名，通过 columns 对列索引重命名，index 对行重命名
d1.append(d2)	将 d2 中的行添加到 d1 后面，会自动对齐，没有内容的部分默认为 NaN
nunique()	统计每一列中不重复的元素个数

【案例 6-6】　随机生成 Python、Java、C、OS、J2EE 五门课程的成绩，每门课程的成绩为 0～100 之间的随机整数。

程序代码如下：

```
import pandas as pd
import numpy as np
def main():
```

```
df＝pd. DataFrame() ♯生成空的 DataFrame
♯通过生成 Series 加入 DataFrame 中
for i in range(5)：
    df[i]＝pd. Series([np.random.randint(100) for  i in range(10)])
df.columns＝['Python','Java','C','OS','J2EE'] ♯修改列标签索引值
print(df)
if __name __＝＝"__main __"：
    main()
```

程序运行结果如下：

	Python	Java	C	OS	J2EE
0	87	74	98	47	72
1	16	18	16	17	2
2	28	83	82	60	9
3	37	32	51	7	7
4	13	60	27	78	40
5	19	61	18	48	59
6	3	57	17	11	89
7	22	9	37	3	93
8	48	74	62	98	18
9	82	8	67	85	69

也可通过下面的代码实现上述功能：

```
import pandas as pd
import numpy as np
def main()：
    df＝pd. DataFrame(np.random.randint(0,100,size＝(10,5)))
    df.columns＝['Python','Java','C','OS','J2EE']
    print(df)
if __name __＝＝"__main __"：
    main()
```

【案例 6-7】 读取 Excel 文件 sore.xls 中的 Sheet1 数据（图 6-1），生成一个 DataFrame。
程序代码如下：

```
import pandas as pd
def main()：
    table＝pd. read_excel("score.xls","Sheet1")
    df＝pd. DataFrame(table)
    print(df)
if __name __＝＝"__main __"：
    main()
```

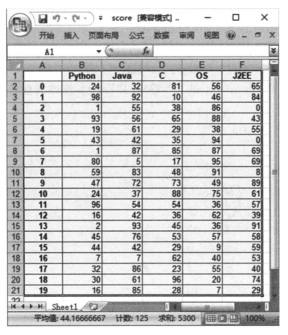

图 6-1 score.xls 文件数据

程序运行结果如下：

	Python	Java	C	OS	J2EE
0	24	32	81	56	65
1	98	92	10	46	84
2	1	55	38	86	0
3	93	56	65	88	43
4	19	61	29	38	55
5	43	42	35	94	0
6	1	87	85	87	69
7	80	5	17	95	69
8	59	83	48	91	8
9	47	72	73	49	89
10	24	37	88	75	61
11	96	54	54	36	57
12	16	42	36	62	39
13	2	93	45	36	91
14	45	76	53	57	58
15	44	42	29	9	59
16	7	7	62	40	53
17	32	86	23	55	40
18	30	61	96	20	74
19	16	85	28	7	29

6.2.3　Panel

面板(Panel)是具有异构数据的三维数据结构,它可以是 DataFrame 的容器。它和 DataFrame 一样,是异构数据,大小可以改变,数据也可以改变。

pandas 面板可以使用以下构造函数创建:

pandas.Panel(data,items,major_axis,minor_axis,dtype,copy)

构造函数的参数功能描述如表 6-9 所示。

表 6-9　Panel 构造函数参数功能描述

参数	描述
data	数据,可以是 ndarray、DataFrame 的字典形式的数据
items	索引或类似数组轴＝0
major_axis	索引或类似数组轴＝1
minor_axis	索引或类似数组轴＝2
dtype	dtype用于数据类型。如果没有,将推断数据类型
copy	复制数据,默认为 False

Panel 是三维的数据,可以理解为由若干个相同结构的 DataFrame 组成,构造 Panel 时需要指定 DataFrame 的索引 items 以及 DataFrame 中 major_axis 和 minor_axis 轴的索引。

【案例 6-8】 以 3D ndarray 数组创建 Panel,输出指定 items、major_axis、minor_axis 和某个元素。

程序代码如下:

```
import numpy as np
import pandas as pd
def main():
    df＝np.random.rand(2,3,4)
    p＝pd.Panel(df,items=["项目 1","项目 2"],
                major_axis=["主轴 1","主轴 2","主轴 3"],
                minor_axis=["次轴 1","次轴 2","次轴 3","次轴 4"])
    print(p)    ♯输出面板
    print("选择项目",p["项目 2"])
    print("选择主轴",p.major_xs("主轴 3"))
    print("选择次轴",p.minor_xs("次轴 1"))
    print("选择某个元素",p["项目 1","主轴 2","次轴 4"])
if __name__＝＝"__main__":
    main()
```

程序运行结果如下:

```
＜class 'pandas.core.panel.Panel'＞
Dimensions：2（items）x 3（major_axis）x 4（minor_axis）
```

Items axis：项目 1 to 项目 2

Major_axis axis：主轴 1 to 主轴 3

Minor_axis axis：次轴 1 to 次轴 4

选择项目	次轴 1	次轴 2	次轴 3	次轴 4
主轴 1	0.125936	0.365938	0.270166	0.283237
主轴 2	0.113652	0.565101	0.593094	0.647845
主轴 3	0.836232	0.339150	0.648691	0.501256

选择主轴	项目 1	项目 2
次轴 1	0.632418	0.836232
次轴 2	0.047629	0.339150
次轴 3	0.733463	0.648691
次轴 4	0.759093	0.501256

选择次轴	项目 1	项目 2
主轴 1	0.381951	0.125936
主轴 2	0.192450	0.113652
主轴 3	0.632418	0.836232

选择某个元素 0.913203766479658

【案例 6-9】 以 DataFrame 数据对象的数据字典创建 Panel，输出某个 item 数据。

程序代码如下：

```
import numpy as np
import pandas as pd
def main():
    data={'表 1':pd. DataFrame(np.random.randint(1,10,size=(4,3))),
          '表 2':pd. DataFrame(np.random.randint(1,10,size=(4,2)))}
    p=pd. Panel(data)
    print(p,p['表 1'])   #输出面板和'表 1'的数据
if __name__=="__main__":
    main()
```

程序运行结果如下：

```
<class 'pandas.core.panel.Panel'>
Dimensions：2 (items) x 4 (major_axis) x 3 (minor_axis)
Items axis：表 1 to 表 2
Major_axis axis：0 to 3
Minor_axis axis：0 to 2
   0  1  2
0  7  5  8
1  4  4  7
2  6  5  4
3  3  1  2
```

6.3 pandas 索引操作

pandas 的索引对象负责管理轴标签和其他元数据，通过索引可以轻松访问指定数据。pandas 中的索引是数组结构，可以像数组一样访问各个元素，与数组不同的是，pandas 索引列表中的元素不允许修改，可以在不同的 Series 和 DataFrame 对象中共享索引，而不用担心索引的改变。Series 和 DataFrame 对象中索引操作方法相同，下面的案例以 DataFrame 对象为例使用索引。

6.3.1 索引和选取

pandas 索引中 Series 索引的工作方式类似于 NumPy 数组的索引，不过 Series 的索引值不只是整数。DataFrame 进行索引是获取一个或者多个列或者行，获取行时，可通过切片或布尔型数组，通过布尔型 DataFrame 进行索引，在行上标签索引，引入索引字段 ix，通过 NumPy 的标记法及轴标签从 DataFrame 中选取行和列的子集。

【案例 6-10】 对 DataFrame 进行索引和数据选择。

程序代码如下：

```
import pandas as pd
def main():
    data={'姓名': pd. Series(['张飞', '李红', '刘欢', '赵毅']),
        '年龄': pd. Series([19, 20, 18, 20]),
        '性别': pd. Series(['男', '女', '女', '男']),
        '分数': pd. Series([510, 480, 490, 475])}
    df=pd. DataFrame(data)              #由字典数据生成数据帧
    print("原始数据:\n", df)
    df.index=['A','B','C','D']           #设置行索引
    df.columns=['name','age','sex','score']  #设置列索引
    print("设置索引后的数据:\n", df)
    print("选取第 0 列和第 2 列的数据:\n", df[['name','sex']])
    print("选取前两行的数据:\n", df[:2])
    print("选取第 B 行到 D 行的数据:\n", df['B':'D'])
    print("选取年龄小于 20 岁的行的数据:\n", df[df['age']<20])
    print("选取为女生的数据:\n",df.loc[df['sex']=='女'])
if __name__=="__main__":
    main()
```

程序运行结果如下：

原始数据：

	姓名	年龄	性别	分数
0	张飞	19	男	510
1	李红	20	女	480

```
2   刘欢   18   女   490
3   赵毅   20   男   475
```
设置索引后的数据：

```
    name   age   sex   score
A   张飞    19    男    510
B   李红    20    女    480
C   刘欢    18    女    490
D   赵毅    20    男    475
```
选取第 0 列和第 2 列的数据：

```
    name   sex
A   张飞    男
B   李红    女
C   刘欢    女
D   赵毅    男
```
选取前两行的数据：

```
    name   age   sex   score
A   张飞    19    男    510
B   李红    20    女    480
```
选取第 B 行到 D 行的数据：

```
    name   age   sex   score
B   李红    20    女    480
C   刘欢    18    女    490
D   赵毅    20    男    475
```
选取年龄小于 20 岁的行的数据：

```
    name   age   sex   score
A   张飞    19    男    510
C   刘欢    18    女    490
```
选取为女生的数据：

```
    name   age   sex   score
B   李红    20    女    480
C   刘欢    18    女    490
```

选取 DataFrame 中的数据可从列、行区域和单元格三方面考虑。选取列的数据可用 DataFrame 名加列索引名的方式进行,如 df['name']。选取行的数据可用 df.loc[]、df.iloc[]、df.ix[]方法(df 为 DataFrame 名),如 df.loc[df['sex']=='女']。选取单元格的数据可用 df.at[]、df.iat[]方法(df 为 DataFrame 名),如 df.at['C','name']。

6.3.2 重新索引和更换索引

在 pandas 中不允许修改索引中的元素,但可以通过重新索引的方式为 Series 或

DataFrame对象指定新的索引。最简单的方法是用 Index 方法将可调用对象索引化，然后赋值给 Series 或 DataFrame 对象的索引。

重新索引会更改 DataFrame 的行标签和列标签，这意味着符合数据以匹配特定轴上的一组给定的标签，可以通过索引实现重新排序现有数据以匹配一组新的标签，在没有标签数据的标签位置插入缺失值（NaN）标记。

pandas 提供了 reindex 方法对 Series 和 DataFrame 对象进行重新索引，即利用新索引将 Series 和 DataFrame 对象的数据进行重排，并创建一个新的对象。重排时不仅会按照新索引对数据进行排序，还将比对新老索引，对数据进行过滤和填充 NaN 操作。

而在 DataFrame 中，reindex 方法不仅可以修改行索引，还可以对列进行修改。行索引的修改与 Series 中的操作相同，可以对顺序进行重排，也可以对数据进行过滤和填充；对列进行修改时，需要向 reindex 方法的参数中通过"columns＝"指定新的列。reindex 方法使用起来简单，但需要注意重新索引用于创建新的对象，并不会对原对象进行修改。

【案例 6-11】　重新索引和更换索引。

程序代码如下：

```python
import numpy as np
import pandas as pd
def main():
    df=pd. DataFrame(np.random.randint(60,100,size=(4,4)),
                    index=['A','B','C','D'],
                    columns=['C','C++','Java','Python'])  #由字典数据生成数据帧
    print("原始数据:\n", df)
    rindex=['C','B','D','A','E']
    ccolumns=['Python','C++','Java','C']                #设置列索引
    df2=df.reindex(index=rindex,columns=ccolumns)  #重新索引行和列,E 行的值为NaN
    print("重新索引后的对象:\n", df2)
    df3=df.reindex(index=rindex,columns=ccolumns,method='ffill')  #向前填充值
    print("向前填充索引后的对象:\n", df3)  #E 行的值由 D 行填充
if __name__=="__main__":
    main()
```

程序运行结果如下：

原始数据：

	C	C++	Java	Python
A	70	90	63	71
B	72	80	74	81
C	80	82	98	88
D	71	77	87	68

重新索引后的对象：

	Python	C++	Java	C
C	88.0	82.0	98.0	80.0
B	81.0	80.0	74.0	72.0
D	68.0	77.0	87.0	71.0
A	71.0	90.0	63.0	70.0
E	NaN	NaN	NaN	NaN

向前填充索引后的对象：

	Python	C++	Java	C
C	88	82	98	80
B	81	80	74	72
D	68	77	87	71
A	71	90	63	70
E	68	77	87	71

6.4　pandas 算术运算与数据对齐

pandas 提供了丰富的数学运算和操作功能，可以进行加、减、乘、除等算术运算，也可在 Series 和 Series 对象之间、DataFrame 和 Series 对象之间、DataFrame 和 DataFrame 对象之间进行运算。pandas 能将两个数据结构的索引对齐，参与运算的两个数据结构，其索引顺序可能不一致，而且有的索引项可能只存在于一个数据结构中。

6.4.1　Series 的算术运算

Series 的算术运算会自动进行数据对齐操作，在不重叠的索引处会使用 NaN 值进行填充。Series 进行算术运算的时候，不需要保证 Series 的大小一致。下面以加法为例说明系列的算术运算。例如：

```
s1=pd. Series([60,70,90],index=['Python','C++','C'])    #生成系列 s1
s2=pd. Series([85, 65, 72], index=['Python', 'C', 'os'])    #生成系列 s2
print(s1+s2) #也可写成 print(s1.add(s2))
```

程序运行的结果为：

```
C          155.0
C++        NaN
os         NaN
Python     145.0
dtype: float64
```

6.4.2　DataFrame 的算术运算

DataFrame 和 DataFrame 对象进行算术运算时，数据对齐操作需要行和列的索引都重

叠,否则会使用 NaN 值进行填充。下面以乘法为例说明 DataFrame 的算术运算。例如:

```
d1=pd. DataFrame(np.arange(1,10).reshape(3,3),index=['a','b','c'],
                columns=['one','two','three'])
d2=pd. DataFrame(np.arange(1, 10).reshape(3, 3), index=['a', 'b', 'd'],
                columns=['one', 'two', 'four'])
print(d1.mul(d2))#等价于 print(d1 * d2)
```

程序运行的结果为:

	four	one	three	two
a	NaN	1.0	NaN	4.0
b	NaN	16.0	NaN	25.0
c	NaN	NaN	NaN	NaN
d	NaN	NaN	NaN	NaN

6.4.3 DataFrame 与 Series 的混合算术运算

DataFrame 与 Series 的混合算术运算首先要对 DataFrame 的行或列进行广播,再与 Series 进行算术运算。例如:

```
s=d1.ix[0] #行广播,取 d1 的第一行为 Series
print(d1-s)
```

上面的代码先对 DataFrame 的行进行广播,取 d1 的第一行构成 Series 对象 s,然后将 d1 的各行与 s 进行减法算术运算。

程序运行的结果为:

	one	two	three
a	0	0	0
b	3	3	3
c	6	6	6

如果先对 DataFrame 的列进行广播,取 d2 的第一列构成 Series 对象 ss,然后将 d2 的各列与 ss 进行除法算术运算,则代码如下:

```
ss=d2['one']
print(d2.div(ss,axis=0))
```

程序运行的结果为:

	one	two	four
a	1.0	2.000000	3.000000
b	1.0	1.250000	1.500000
d	1.0	1.142857	1.285714

6.5 pandas 数据读写

6.5.1 I/O API 函数

pandas 是数据分析的专业库,主要实现数据计算和数据处理,在进行数据处理时往往需要从外部文件读写数据。因此,pandas 提供了多种 I/O API 函数用于读写数据文件,这些函数主要分为读取函数和写入函数两大类,读取函数的作用是从剪贴板、CSV 文件、Excel 文件、JSON 格式文件、文本文件、数据库文件、HTML 文件中读取数据,转换成 DataFrame对象。写入函数正好相反,它将 DataFrame 对象数据写入外部文件中。pandas 常用的读取函数和写入函数如表 6-10 所示。

表 6-10 pandas 的读写函数

读取函数	写入函数
read_clipboard	to_clipboard
read_csv	to_csv
read_excel	to_excel
read_sql	to_sql
read_pickle	to_pickle
read_json	to_json
read_msgpack	to_msgpack
read_stata	to_stata
read_gbq	to_gbq
read_hdf	to_hdf
read_html	to_html
read_parquet	to_parquet
read_feather	to_feather

6.5.2 pandas 读写 CSV 文件中的数据

CSV 即 Comma-Separated Values,逗号分隔值(也称为字符分隔值),其文件以纯文本形式存储表格数据(数字和文本)。纯文本意味着该文件是一个字符序列,不含像二进制数字那样必须被解读的数据。CSV 文件由任意数目的记录组成,记录间以某种换行符分隔;每条记录由字段组成,字段间的分隔符是其他字符或字符串,最常见的是逗号或制表符。通常,所有记录都有完全相同的字段序列,通常都是纯文本文件。pandas 读写 CSV 文件中的数据的函数有 read_csv() 和 to_csv()。

pandas 读取 CSV 文件 read_csv()函数的原型为:

pandas.read_csv(filepath_or_buffer, sep=',', header='infer', names=None,

usecols=None, engine=None, skiprows=None, skipfooter=0,…)

函数参数的作用如下。

(1)filepath_or_buffer：可以是 URL 或本地文件，可用 URL 类型包括 http、ftp、s3 和文件。

(2)sep：指定分隔符。默认为"，"，如果分隔符指定错误，读取数据时，每行数据会连成一片。

(3)header：指定行数用来作为列名。默认为 infer，表示自动识别。

(4)names：用于结果的列名列表，表示列名，默认为 None。

(5)usecols：返回一个数据子集，该列表中的值必须可以对应到文件中的位置(数字可以对应到指定的列)或者字符串为文件中的列名。例如：usecols==[1,2,3]或者 usecols==['one','two','three']。使用这个参数可以加快加载速度并降低内存消耗。

(6)engine：使用的解释器。可以选择 C 或者 Python。C 解释器快，但是 Python 解释器功能更加完备。

(7)skiprows：需要忽略的行数(从文件开始处算起)，或需要跳过的行号列表(从 0 开始)。

(8)skipfooter：文件尾部要忽略的行数(C 解释器不支持)。

DataFrame 数据写入 CSV 文件 to_csv()函数的原型为：

DataFrame.to_csv(path_or_buf=None, sep=',', na_rep='',columns=None,

header=True,index=True,mode='w',encoding=None,…)

函数参数的作用如下。

(1)path_or_buf=None：文件路径或对象，默认为 None。

(2)sep：输出文件的字段分隔符，默认为"，"。

(3)na_rep：替换空值。

(4)columns：可选列写入。

(5)header：写出列名，字符串或布尔列表，默认为 True，如果给定字符串列表，则定为列名的别名。

(6)index：写入行名称(索引)，布尔值，默认为 True。

(7)mode：值为"str"，字符串，Python 写模式，默认为"w"。

(8)encoding：字符串，可选，表示在输出文件中使用的编码的字符串，Python 2.x 上默认为"ASCII"，Python 3.x 上默认为"utf-8"。

【案例 6-12】　将 DataFrame 数据写入当前路径的 ch5_01.csv 文件中，然后读出该文件的数据并输出。

程序代码如下：

```
# encoding:utf-8
import numpy as np
import pandas as pd
import os
def main():
    df=pd. DataFrame(np.random.randint(60,90, size=(10,4)),
                     columns=['Python','Java','C','C++'])
    os.getcwd()
```

#写入 csv 文件,以#为分隔符,只写入 Python、Java、C++三列数据,不保存行索引
df.to_csv('ch5_01.csv',

            sep='#',

            float_format='%.2f',

            columns=['Python','Java','C++'],

            index=0

)

#以#为分隔符读出 csv 文件的数据,第 1 行为列名
data=pd. read_csv('ch5_01.csv',sep='#',header=0)

print(data)

if __name__=="__main__":

    main()

程序运行后输出结果如下:

	Python	Java	C++
0	67	79	87
1	69	67	64
2	62	89	65
3	75	63	75
4	77	85	70
5	75	78	88
6	66	81	60
7	62	67	83
8	66	76	89
9	61	69	60

ch5_01.csv 文件的内容如下:

Python#Java#C++

67#79#87

69#67#64

62#89#65

75#63#75

77#85#70

75#78#88

66#81#60

62#67#83

66#76#89

61#69#60

6.5.3 pandas 读写 Excel 文件中的数据

Excel 文件为电子表格文件,分为 Excel 2003(.xls)和 Excel 2007(.xlsx)两种类型的文

件。pandas 读写 Excel 文件中的数据的函数有 read_excel() 和 to_excel()。

pandas 读取 Excel 文件 read_ excel()函数的原型为：

pandas.read_excel(filepath, sheet_name＝0, header＝0, names＝None,index_col＝None,
usecols＝None,squeeze＝False,dtype＝None, skiprows＝None, skipfooter＝0)

函数参数的作用如下。

（1）filepath：字符串，文件的路径对象。

（2）sheet_name：工作表序号或名称，None、string、int、字符串列表或整数列表，默认为 0。字符串用于工作表名称，整数用于零索引工作表位置，字符串列表或整数列表用于请求多个工作表，为 None 时获取所有工作表。各值对应的操作如表 6-11 所示。

表 6-11　sheet_name 的值对应操作

值	对应操作
sheet_name＝0	第 1 张工作表作为 DataFrame
sheet_name＝1	第 2 张工作表作为 DataFrame
sheet_name＝"Sheet1"	名为 Sheet1 的工作表作为 DataFrame
sheet_name＝[0,1,'Sheet5']	第 1、2 张工作表和名为 Sheet5 的工作表作为 DataFrame 的字典

（3）header：工作表头，指定作为列名的行，默认为 0，即取第一行的值为列名。数据为列名行以下的数据，若数据不含列名，则设定 header＝None。

（4）names：默认为 None，要使用的列名列表，如不包含标题行，则设定 header＝None。

（5）index_col：表示索引列的位置，值为 sequence 表示多重索引，默认为 None。

（6）usecols：int 或 list，默认为 None。如果 usecols 为 None，则为所有列；如果 usecols 为 int，则表示要解析的最后一列；如果 usecols 为 int 列表，则表示要解析的列号列表；如果 usecols 为字符串，则表示以逗号分隔的 Excel 列字母和列范围列表（如"A:E"或"A,C,E:F"）。

（7）squeeze：布尔值，默认为 False，如果解析的数据只包含一列，则返回一个 Series。

（8）dtype：列的类型名称，默认为 None。

（9）skiprows：需要忽略的行数。

（10）skipfooter：文件尾部要忽略的行数。

DataFrame 数据写入 Excel 文件 to_excel()函数的原型为：

DataFrame.to_excel(self, excel_writer, sheet_name＝'Sheet1', columns＝None,
header＝True, index＝True, index_label＝None,startrow＝0,
startcol＝0,merge_cells＝True,…)

函数参数的作用如下。

（1）excel_writer：文件路径。

（2）sheet_name：写入 Excel 文件的工作表名。

（3）columns：选择输出的列。

（4）header：将某行数据作为列名。

（5）index：布尔值，默认为 True，index＝False 不使用索引列。

（6）index_label：字符串或序列，索引列的列标签。如果没有给定，并且 header 和 index

为 True，则使用索引名称。如果数据帧使用多索引，则应给出序列。

(7)startrow：开始行。

(8)startcol：开始列。

(9)merge_cells：合并单元格，布尔值，默认为 True，将多索引和分层行作为合并单元格写入。

【案例 6-13】 有一个名为 python0.xlsx 的 Excel 文件，现需要读取 sheet1 工作表中的数据(忽略前 5 行和后 12 行，只需要第 2、3、5、6 列数据)，然后写入新文件 newExcel.xlsx 的 Sheet1 工作表中，如图 6-2、图 6-3 所示。

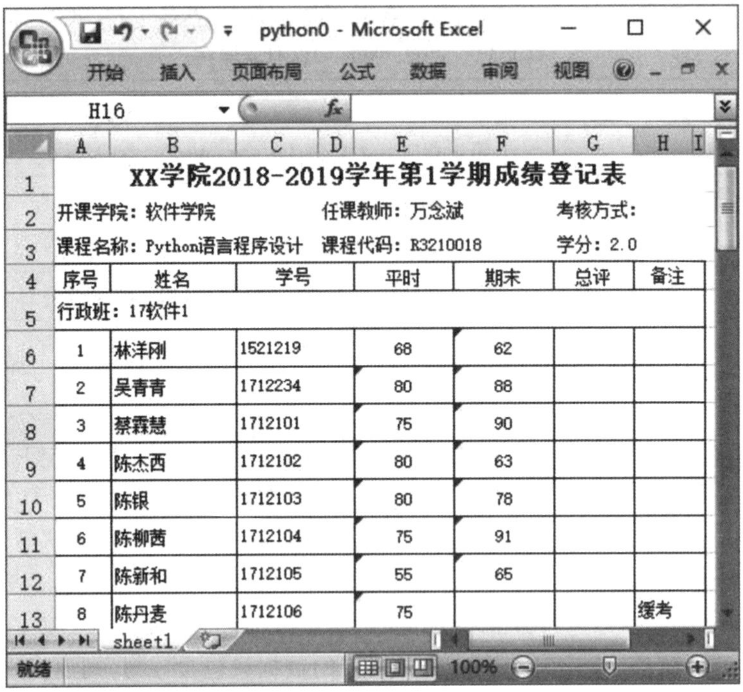

XX学院2018-2019学年第1学期成绩登记表						
开课学院：软件学院		任课教师：万念斌			考核方式：	
课程名称：Python语言程序设计		课程代码：R3210018			学分：2.0	
序号	姓名	学号	平时	期末	总评	备注
行政班：17软件1						
1	林洋刚	1521219	68	62		
2	吴青青	1712234	80	88		
3	蔡霖慧	1712101	75	90		
4	陈杰西	1712102	80	63		
5	陈银	1712103	80	78		
6	陈柳茜	1712104	75	91		
7	陈新和	1712105	55	65		
8	陈丹麦	1712106	75			缓考

图 6-2 python0.xlsx

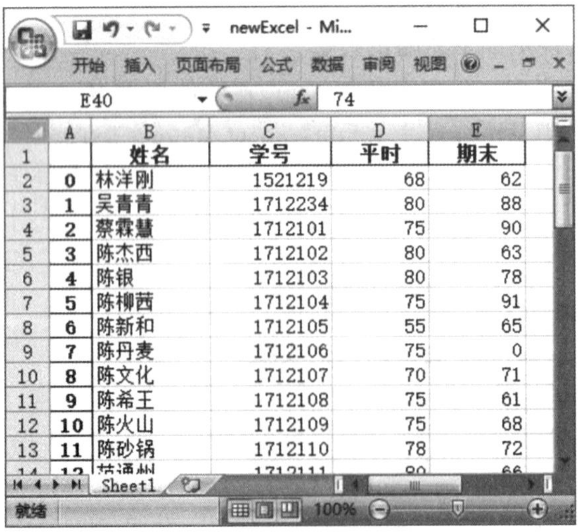

	姓名	学号	平时	期末
0	林洋刚	1521219	68	62
1	吴青青	1712234	80	88
2	蔡霖慧	1712101	75	90
3	陈杰西	1712102	80	63
4	陈银	1712103	80	78
5	陈柳茜	1712104	75	91
6	陈新和	1712105	55	65
7	陈丹麦	1712106	75	0
8	陈文化	1712107	70	71
9	陈希王	1712108	75	61
10	陈火山	1712109	75	68
11	陈砂锅	1712110	78	72

图 6-3 newExcel.xlsx

程序代码如下：

```
#encoding:utf-8
import pandas as pd
import os
def main():
    os.getcwd()
    #读取 python0.xlsx 文件工作表 sheet1 的数据
    table0=pd. read_excel("python0.xlsx",
                          "sheet1",skiprows=4,
                          usecols=(1, 2, 4, 5),
                          skipfooter=12)
    table0.columns=['姓名', '学号', '平时', '期末']
    table=table0.fillna(0)    #缺失值处理,将 NaN 改为 0
    #数据写入 newExcel.xlsx 文件工作表 Sheet1 中
    table.to_excel('newExcel.xlsx','Sheet1')
if __name__=="__main__":
    main()
```

6.5.4　pandas 读写 HTML 文件中的数据

HTML 格式文件为网页文件,pandas 提供 I/O API 函数用于读写 HTML 格式的文件有 read_html()和 to_html()。这两个函数能较简单地将 DataFrame 数据转换为 HTML 表格,不需要编写 HTML 代码,它会将 DataFrame 的内部结构自动转换为嵌入在表格中的 <TH>、<TR>、<TD>标签。下列案例自动将 DataFrame 数据转换为 HTML 表格。

【案例 6-14】　读取案例 6-13 中 python0.xlsx 文件 sheet1 工作表中的数据(忽略前 5 行和后 12 行,只需要第 2、3、5、6 列数据),然后写入网页文件 newHtml.html 中。

程序代码如下：

```
#encoding:utf-8
import pandas as pd
import os
def main():
    os.getcwd()
    table0=pd. read_excel("python0.xlsx",
                          "sheet1",skiprows=4,
                          usecols=(1, 2, 4, 5),
                          skipfooter=32)
    table0.columns=['姓名', '学号', '平时', '期末']
    table=table0.fillna(0)
    able.to_html('newHtml.html')
if __name__=="__main__":
    main()
```

程序运行后,得到 newHtml.html 文件,参考代码为:

```
<table border="1" class="dataframe">
  <thead>
    <tr style="text-align：right;">
      <th></th>
      <th>姓名</th>
      <th>学号</th>
      <th>平时</th>
      <th>期末</th>
    </tr>
  </thead>
  <tbody>
    <tr>
      <th>0</th>
      <td>林洋</td>
      <td>1521192219</td>
      <td>68</td>
      <td>62.0</td>
    </tr>
    ……
    <tr>
      <th>27</th>
      <td>刘杰</td>
      <td>1712123127</td>
      <td>70</td>
      <td>76.0</td>
    </tr>
  </tbody>
</table>
```

如果要使 newHtml.html 文件具有完整的网页文件框架,则程序代码修改为:

```
# encoding：utf-8
import pandas as pd
import os
def main()：
    os.getcwd()
    table0＝pd. read_excel("python0.xlsx",
                          "sheet1",skiprows＝4,
                          usecols＝(1, 2, 4, 5),
                          skipfooter＝32)
```

```
        table0.columns=['姓名','学号','平时','期末']
        table=table0.fillna(0)

        s=['<html>']
        s.append('<head><title>由 DataFrame 数据生成的网页</title></head>')
        s.append('<body>')
        s.append(table.to_html())
        s.append('</body></html>')
        html=''.join(s)
        html_file=open('newHtml.html','w')
        html_file.write(html)
        html_file.close()
if __name__=="__main__":
main()
```

newHtml.html 文件具有完整的框架。例如：

```
<html>
<head>
<title>由 DataFrame 数据生成的网页</title>
</head>
<body>
<table border="1" class="dataframe">
  <thead>
    <tr style="text-align：right;">
      <th></th>
      <th>姓名</th>
      <th>学号</th>
      <th>平时</th>
      <th>期末</th>
    </tr>
  </thead>
  <tbody>
    <tr>
      <th>0</th>
      <td>林洋</td>
      <td>1521192219</td>
      <td>68</td>
      <td>62.0</td>
    </tr>
      ……
```

```
<tr>
  <th>27</th>
  <td>刘杰</td>
  <td>1712123127</td>
  <td>70</td>
  <td>76.0</td>
</tr>
</tbody>
</table>
</body>
</html>
```

pandas 可使用 read_html()方法爬取网页表格数据,read_html()函数的原型为:

pandas.read_html(io, header=None, index_col=None,skiprows=None, attrs=None,

　　　　　　parse_dates=False, encoding=None,…)

常用的参数作用如下。

(1)io:可以是 url、html 文本、本地文件等。

(2)header:标题行。

(3)skiprows:跳过的行。

(4)attrs:属性。例如:attrs={'id': 'table'}。

(5)parse_dates:解析日期。

此函数返回的结果是 DataFrame 组成的 list。

【案例 6-15】　读取网页文件 newHtml2.html 中的数据到 DataFrame 并输出。

参考代码如下:

```
#encoding:utf-8
import pandas as pd
import os
def main():
    os.getcwd()
    #读取 newHtml2.html 文件
    df=pd. read_html('newHtml2.html',encoding='gbk')
    print(df)
if __name__=="__main__":
    main()
```

6.5.5　pandas 读写 JSON 数据

JSON(JavaScript Object Notation) 是一种轻量级的数据交换格式。它易于人阅读和编写,同时也易于机器解析和生成。任何支持的类型都可以通过 JSON 来表示,如字符串、数字、对象、数组等。但是对象和数组是比较特殊且常用的两种类型。对象在 JS 中是使用花括号"{ }"括起来的内容,数据结构为{key1:value1, key2:value2,…}的键值对结构。在面向对象的语言中,key 为对象的属性,value 为对应的值。键名可以使用整数和字符串来表示,值可以是任意类型。数组在 JS 中是使用方括号"[ ]"括起来的内容,数据结构为["java","javascript","vb",…]的索引结构。在 JS 中,数组是一种比较特殊的数据类型,它也可以像对象那样使用键值对,但还是索引使用得多。同样,值可以是任意类型。

pandas 提供 I/O API 函数中的 read_json()和 to_json()函数用于读写 JSON 格式的数据。

pandas 读取 JSON 文件 read_json()函数的原型为:

pandas.read_json(path_or_buf＝None, orient＝None, typ='frame', dtype＝True, convert_axes＝True, convert_dates＝True, encoding＝None,…)

函数参数的作用如下。

(1)path_or_buf:JSON 字符串 URL 或文件,URL 类型包括 http、ftp、s3 和文件。

(2)orient:方向,值可以是如下几种。

split:类似于{index－>[index],columns－>[columns],data－>[values]} 的 dict。

records:类似于[{column－>value},…,{column－>value}]的 list。

index:类似于{index－>{column－>value}}的 dict。

columns:类似于{column－>{index－>value}}的 dict。

values:仅数组值,此值和默认值取决于 typ 参数的值,

当 typ='系列',允许 Orient 的值是{'split','records','index'},默认值为"index"。Orient 的值是"index"时,序列索引必须唯一。

当 typ='frame',允许 Orient 的值{'split','records','index','columns','values'},默认值为"列"。Orient 的值是"index"和"columns"时,数据帧索引必须唯一;Orient 的值是"index"、"columns"和"records"时,数据帧列必须唯一。

(3)typ:类型,要恢复的对象类型(系列或帧),默认为"帧"。

(4)dtype:布尔型或 dict 型,默认为 True。

(5)convert_axes:转换轴,布尔值,默认为 True,将轴转换为正确的数据类型。

(6)convert_dates:转换日期,布尔值,默认为 True。

(7)encoding:编码,默认为"utf-8"。

DataFrame 数据写入 JSON 文件 to_json()函数的原型为:

DataFrame.to_json(self, path_or_buf＝None, orient＝None, date_format＝None, double_precision＝10, force_ascii＝True, date_unit='ms', …)

函数参数的作用如下。

(1)path_or_buf:JSON 字符串 URL 或文件,URL 类型包括 http、ftp、s3 和文件。

(2)orient:方向,值可以是如下几种。

Series:默认值为"index",允许值为{'split','records','index','table'}。

DataFrame:默认值为"columns",允许值为{'split','records','index','columns','values','table'}。

JSON 字符串的格式为:

split:类似于{'index'－>[index],'columns'－>[columns],'data'－>[values]}的 dict。

records:类似于[{column－>value},…,{column－>value}]的 list。

index:类似于{index－>{column－>value}}的 dict。

columns:类似于{column->{index->value}}的 dict。

values:仅数组值。

table:类似于{'schema':{schema},'data':{data}}的 dict。

（3）date_format:日期格式,日期转换的类型为{None,'epoch','iso'}, 'epoch'=epoch 毫秒,'iso'=iso8601。默认值取决于方向,当 orient='table'时,默认值为'iso';当 orient 为其他值时,默认值为 'epoch'。

（4）double_precision:双精度,int,编码浮点值时要使用的小数位数默认为 10。

（5）force_ascii:强制编码字符串为 ASCII,默认为 True。

（6）date_unit:日期单位,默认为 ms(毫秒)。

【案例 6-16】 将 DataFrame 数据存入 newJson.json 文件中,读出该文件数据并显示。

参考代码如下:

```
# encoding:utf-8
import pandas as pd
import os
def main():
    os.getcwd()
    data={'姓名': pd. Series(['张飞', '李红', '刘欢', '赵毅']),
            '年龄': pd. Series([19, 20, 18, 20]),
            '性别': pd. Series(['男', '女', '女', '男']),
            '分数': pd. Series([510, 480, 490, 475])}
    df=pd. DataFrame(data)
    # 数据以 JSON 格式写入 newJson.json 文件中
    df.to_json('newJson.json',orient='records')
    # 读取 newJson.json 文件
    df1=pd. read_json('newJson.json',encoding='gbk')
    print(df1)
if __name__=="__main__":
    main()
```

程序运行结果如下:

```
    分数   姓名   年龄   性别
0   510   张飞    19    男
1   480   李红    20    女
2   490   刘欢    18    女
3   475   赵毅    20    男
```

newJson.json 文件内容为(汉字使用 utf-8 编码):

[{"\u59d3\u540d":"\u5f20\u98de","\u5e74\u9f84":19,"\u6027\u522b":"\u7537","\u5206\u6570":510},{"\u59d3\u540d":"\u674e\u7ea2","\u5e74\u9f84":20,"\u6027\u522b":"\u5973","\u5206\u6570":480},{"\u59d3\u540d":"\u5218\u6b22","\u5e74\u9f84":18,"\u6027\u522b":"\u5973","\u5206\u6570":490},{"\

u59d3\u540d":"\u8d75\u6bc5","\u5e74\u9f84":20,"\u6027\u522b":"\u7537","\u5206\u6570":475}]

6.5.6　pandas 读写数据库文件的数据

在很多应用中,所使用的数据大都保存在数据库文件中,而数据库分关系型数据库和非关系型数据库。关系型数据库使用 SQL 语句存储处理数据,如 PostgreSQL、MySQL、Oracle等。非关系型数据库 NoSQL 不使用 SQL 语句存储处理数据,如 MongoDB、BerkeleyDB等。pandas 提供的 I/O API 函数既可读写 SQL 类关系型数据库数据,又可读写 NoSQL 类非关系型数据库数据。

从 SQL 数据库加载数据,将其转换为 DataFrame 对象,pandas 提供相应函数简化这个过程。pandas.io.sql 模块提供独立于数据库的 sqlalchemy 接口,它简化了连接模式,统一使用 create_engine() 函数连接各种数据库。如连接 MySQL 数据库使用如下代码:

from sqlalchemy import create_engine

engine=create_engine('mysql+pymysql://root:123@localhost:3306/db_database18')

连接 Oracle 数据库使用如下代码:

from sqlalchemy import create_engine

engine=create_engine('oracle://scott:tiger@127.0.0.1:1521/sidname')

下面以 MySQL 关系数据库为例,使用 Python 的 pandas 库实现 MySQL 关系数据库的读写。pandas 中内置了 read_sql() 和 to_sql() 函数,实现从数据库中读取和保存数据。

1.数据准备

先运行 MySQL,在 Navicat Lite 软件中新建数据库,如 db_database18,在该数据库下新建表 tb_users,表结构如图 6-4 所示。

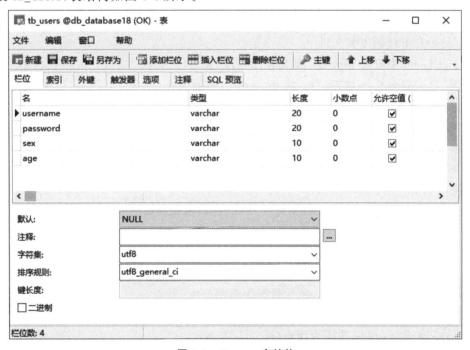

图 6-4　tb_users 表结构

输入一些表的内容,如图 6-5 所示。

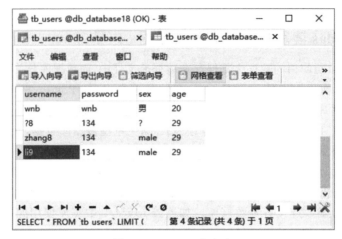

图 6-5　tb_users 表内容

2.安装 MySQL 驱动

要在本地连接 MySQL,需要安装 MySQL 的客户端驱动。下载地址:https://dev.mysql.com/downloads/connector/python/8.0.html。

根据自己的操作系统和位数,选择对应的版本下载即可。

3.安装 MySQL 的 Python 包

如果可以 pip 联网安装,可以直接使用以下语句进行安装:

pip install mysql-connector-python

如果安装失败,则可以从 https://www.lfd.uci.edu/~gohlke/pythonlibs/下载.whl 文件进行安装,安装命令如下所示:

pip install 下载的安装文件

在 PyCharm 中安装 MySQL 驱动程序,方法如下:

打开 PyCharm,新建项目,单击菜单"File/Settings …",选定左侧的"Project Interpreter",单击右侧的"+"按钮,如图 6-6 所示。

在搜索栏输入"pymysql",单击"Install Package"按钮进行安装,如图 6-7 所示。

安装成功右侧会出现描述信息,然后单击关闭按钮。同理,安装 SQLAlchemy,安装成功界面如图 6-8 所示。

4.使用 read_sql()读取数据

read_sql() 函数从 MySQL 数据库中读取数据,函数原型为:

pandas.read_sql(sql, con, index_col=None, coerce_float=True,params=None, …)

常用参数的作用如下。

(1)sql:SQL 语句。

(2)con:数据库连接字符串,包含数据库的用户名、密码等。

(3)index_col:索引列。

(4)coerce_float:强制转换为浮点值。

(5)params:参数列表。

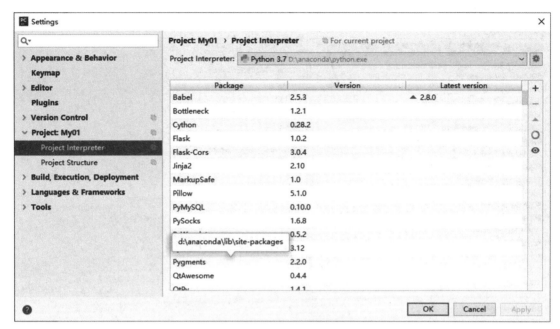

图 6-6　"Settings"窗口

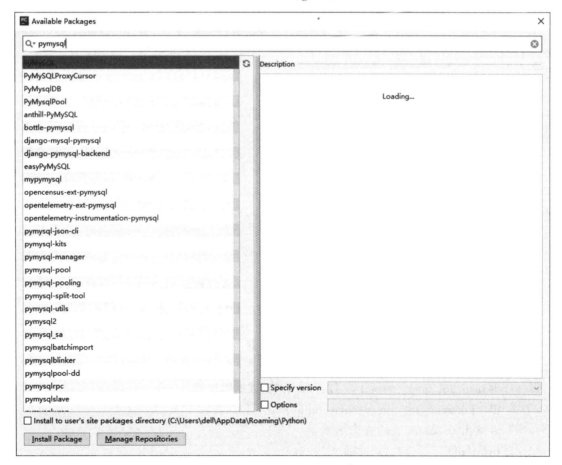

图 6-7　"Available Packages"窗口

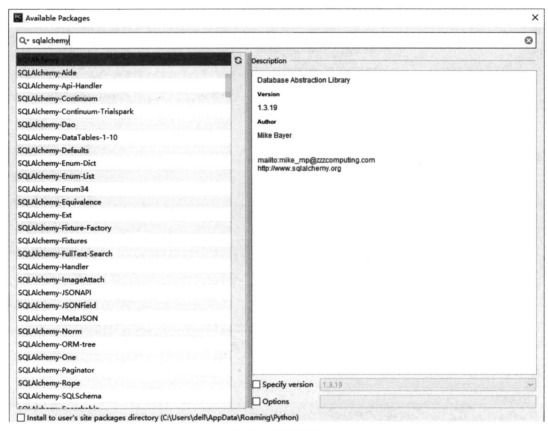

图 6-8　安装成功

【案例 6-17】　从 MySQL 数据库系统的 db_database18 数据库的 tb_users 表中读出数据到 DataFrame 对象。

参考代码如下：

```
#encoding:utf-8
import pandas as pd
from sqlalchemy import create_engine
def main():
    #初始化数据库连接,使用 pymysql 模块
    #MySQL 的用户:root;密码:147369;端口:3306;数据库:test
    engine=create_engine('mysql+pymysql://root:123@
                        localhost:3306/db_database18')
    #查询语句,选出 tb_users 表中的所有数据
    sql=''' select * from tb_users; '''
    #read_sql_query 的两个参数:sql 语句,数据库连接
    df=pd. read_sql_query(sql, engine)
    #输出 tb_users 表的查询结果
    print(df)
```

```
if __name__=="__main__":
    main()
```

程序运行结果如图 6-9 所示。

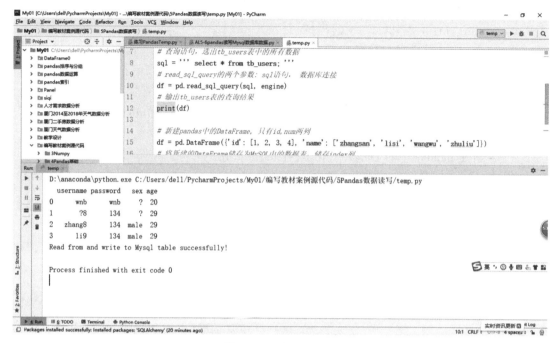

图 6-9　程序运行结果

下面讲解如何把 DataFrame 对象中的数据保存到数据库中。pandas 使用 to_sql( )函数保存数据,pandas 的最新版本只支持保存到 sqlite 数据库。因此,要保存数据到 MySQL,还需要多安装一个 Python 包 SQLAlchemy,可直接使用 pip 命令进行安装:pip install SQLAlchemy,或者到 https://www.lfd.uci.edu/~gohlke/pythonlibs/ # sqlalchemy 下载.whl 文件,使用以下命令进行安装:

pip install 下载的安装文件

在 PyCharm 中安装方法同前面所述。

接下来使用 to_sql( )函数写入数据到数据库中,to_sql( )函数原型为:

DataFrame.to_sql(self, name, con, schema=None, if_exists='fail', index=True,
index_label=None,…)

常用参数的作用如下。

(1)name:要保存的表名。

(2)con:数据库连接字符串,包含数据库的用户名、密码等。

(3)schema:指定方案,字符串,可选。

(4)if_exists:如果表已经存在,如何进行操作,值可为{'fail','replace','append'},默认为'fail'(失败)。如果值为'fail',引发 ValueError;如果值为'replace'(替换),在插入新值之前删除表;如果值为'append'(追加),向现有表插入新值。

(5)index:将数据帧索引写入列,使用索引标签作为表中的列名索引,布尔值,默认为 True。

(6)index_label：索引列的列标签。

【案例 6-18】 将 DataFrame 对象数据写入 MySQL 数据库系统的 db_database18 数据库的 mydf 表中。

程序代码如下：

```
#encoding：utf-8
import pandas as pd
from sqlalchemy import create_engine
def main()：
    engine＝create_engine('mysql＋pymysql：//root：123@localhost：3306/
                          db_database18')
    #新建 pandas 中的 DataFrame，只有 id、num 两列
    df＝pd.DataFrame({'id'：[1，2，3，4]，'name'：['zhangsan', 'lisi', 'wangwu', 'zhuliu']})
    #将新建的 DataFrame 储存为 MySQL 中的数据表，储存 index 列
    df.to_sql('mydf', engine, index＝True)
    print('Read from and write to Mysql table successfully!')
if __name__＝＝"__main__"：
    main()
```

程序运行结果如图 6-10 所示。

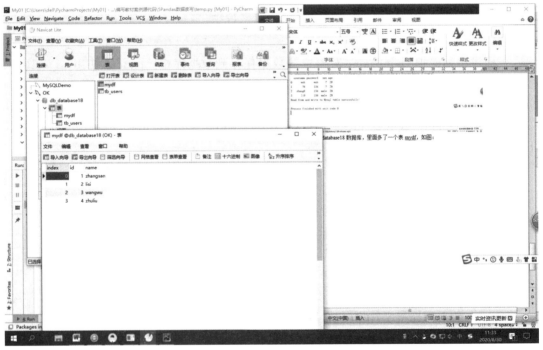

图 6-10　程序运行结果

6.6　pandas 数据分析处理

6.6.1　缺失值处理

数据丢失或缺失在现实生活中是常出现的问题。造成数据缺失的原因很多,有信息暂时无法获取的,有信息被遗漏的,有因数据采集设备故障、存储介质故障、传输媒体故障等因素造成的。在机器学习和数据挖掘等领域,数据缺失导致数据质量差,使得模型预测的准确性面临严重的问题,因此缺失值处理在数据分析中非常重要。

数据缺失机制有完全随机缺失、随机缺失和非随机缺失。

完全随机缺失(missing completely at random,MCAR):指的是数据的缺失是完全随机的,不依赖于任何不完全变量或完全变量,不影响样本的无偏性,如家庭地址缺失。

随机缺失(missing at random,MAR):指的是数据的缺失不是完全随机的,即该类数据的缺失依赖于其他完全变量,如财务数据缺失情况与企业的大小有关。

非随机缺失(missing not at random,MNAR):指的是数据的缺失与不完全变量自身的取值有关,如高收入人群不愿意提供家庭收入等。

缺失值处理的方式有如下 3 种。

(1)判断缺失值:pandas 使用浮点值 NaN(Not a Number)表示浮点数和非浮点数组中的缺失值,Python 内置 None 值也会被当作缺失值。

(2)过滤缺失值:出现缺失值的元素不显示、跳过或删除。

(3)填充缺失值:用一些特殊值来填充缺失值。

1.判断缺失值

pandas 采用 isnull()和 notnull()函数来判断缺失值。isnull()函数的作用是判断值是否为空,若是,结果为 True,否则为 False,生成的是所有数据的 True/False 矩阵。对于庞大的数据 DataFrame,很难一眼看出来哪个数据缺失,一共有多少个缺失数据,缺失数据的位置,因此可使用 DataFrame.isnull().any() 判断哪些列存在缺失值。DataFrame[DataFrame.isnull().values == True]显示存在缺失值的行列,清楚地确定缺失值的位置。notnull()函数的作用与 isnull()相反。

【案例 6-19】 判断缺失值。

参考代码如下:

```
#encoding:utf-8
import pandas as pd
import numpy as np
def main():
    #Series 的缺失值判断
    s=pd. Series(['a','b',np.nan,'c',None])
    print('系列 s'.center(20,'—'),'\n',s)
    print('s 的缺失值判断'.center(20,'—'),'\n',s.isnull())
    print('s 存在缺失值的列'.center(20,'—'),'\n',s[s.isnull()])
```

```
#DataFrame 的缺失值判断
data=pd. DataFrame([[1,np.nan,2],[3,4,None]])
print('数据帧 data'.center(20,'—'),'\n',data)
print('data 的缺失值判断'.center(20,'—'),'\n',data.isnull())
print('data 存在缺失值的列'.center(20,'—'),'\n',data.isnull().any())
print('data 的缺失值和索引'.center(20,'—'),'\n',data[data.isnull()])
print('显示存在缺失值的行列'.center(20,'—'),'\n',data[data.isnull().
        values == True])
print('判断 data 的第 2 列的缺失值'.center(20, '—'), '\n', data[1].isnull())
if __name__ == "__main__":
    main()
```

程序运行结果如下：
————————系列 s————————
```
0        a
1        b
2        NaN
3        c
4        None
dtype：object
```
——————s 的缺失值判断——————
```
0    False
1    False
2    True
3    False
4    True
dtype：bool
```
——————s 存在缺失值的列——————
```
2    NaN
4    None
dtype：object
```
——————数据帧 data——————
```
    0    1    2
0   1  NaN  2.0
1   3  4.0  NaN
```
——————data 的缺失值判断——————
```
      0      1      2
0  False  True   False
1  False  False  True
```
————data 存在缺失值的列————
```
0   False
```

```
1    True
2    True
dtype：bool
————data 的缺失值和索引—————
     0     1     2
0  NaN   NaN   NaN
1  NaN   NaN   NaN
—————显示存在缺失值的行列—————
     0    1     2
0    1   NaN   2.0
1    3   4.0   NaN
———判断 data 的第 2 列的缺失值———
0    True
1    False
Name：1,dtype：bool
```

需要注意的是,在使用 Series 和 DataFrame 的时候,如果其中有值为 None,Series 会输出 None,而 DataFrame 会输出 NaN。DataFrame 使用 isnull 方法在输出空值的时候全为 NaN,因为 DataFrame 对 False 对应的位置输出值会用 NaN 代替,而 Series 对 False 对应的位置是没有输出值的。

2.过滤缺失值

数据处理过程中发现缺失值后,有时觉得缺失值在数据处理中没有作用,就会采取让缺失值的元素不显示、跳过或删除的处理方式。pandas 使用 dropna()函数来过滤缺失值,dropna()函数的作用是删除缺失数据,函数原型为:

DataFrame.dropna(self, axis＝0, how＝'any', thresh＝None, subset＝None, inplace＝False)

常见参数的作用如下。

(1)axis:确定是否删除包含缺失值的行或列。当 axis 的值为 0 或"index"时,表示删除包含缺失值的行;当 axis 的值为 1 或"columns"时,表示删除包含缺失值的列,默认值为 0。

(2)how:确定是否从数据帧中删除行或列的方式,值为'any'或'all',默认为'any'。当 how＝'any'时,表示如果存在任何 NA 值,则删除该行或列;当 how＝'all' 时,表示如果所有值都是 NA,则删除该行或列。

(3)thresh:保留 n 个非 NA 值的行或列,其他行列删除,值为 int,可选。

(4)subset:指定要在哪些列中删除缺失值,类似数组,可选。

(5)inplace:布尔型,默认为 False。如果为真,则在原地执行操作并返回"None"。

【案例 6-20】　过滤缺失值。

参考代码如下:

```
#encoding:utf-8
import pandas as pd
import numpy as np
```

```
def main():
    #Series 的缺失值过滤
    s=pd. Series(['a','b',np.nan,'c',None])
    print('系列 s'.center(20,'—'),'\n',s)
    print('获取 s 的非缺失值数据'.center(20,'—'),'\n',s[s.notnull()])
    print('过滤 s 的缺失数据'.center(20,'—'),'\n',s.dropna())
    #DataFrame 的缺失值过滤
    data=pd. DataFrame([[1,np.nan,2],[9,None,np.nan],[3,4,None],[5,6,7]])
    print('数据帧 data'.center(20,'—'),'\n',data)
    print('删除 data 中含有缺失值的行'.center(20,'—'),'\n',data.dropna())
    print('删除 data 中含有缺失值的列'.center(20,'—'),'\n',data.dropna(axis=1))
if __name__=="__main__":
    main()
```

程序运行结果如下：

```
————————系列 s————————
0      a
1      b
2    NaN
3      c
4    None
dtype：object
—————获取 s 的非缺失值数据—————
0      a
1      b
3      c
dtype：object
——————过滤 s 的缺失数据——————
0      a
1      b
3      c
dtype：object
——————数据帧 data——————
   0    1     2
0  1  NaN   2.0
1  9  NaN   NaN
2  3  4.0   NaN
3  5  6.0   7.0
———删除 data 中含有缺失值的行———
   0    1     2
3  5  6.0   7.0
```

———删除 data 中含有缺失值的列———

```
     0
0    1
1    9
2    3
3    5
```

3.填充缺失值

数据处理过程中发现缺失值后,若缺失值在数据处理中有作用,则不能采用删除缺失值的方法,这时可以用一些特殊值来填充缺失值。pandas 使用 fillna()函数来填充缺失值。fillna()函数的作用是填充缺失数据,函数原型为:

DataFrame.fillna(value＝None, method＝None, axis＝None, inplace＝False,
　　　　　　　　limit＝None,…)

常见参数的作用如下。

(1)value:值可以是 scalar、dict、Series 或 DataFrame,用于填充缺失值的值。

(2)method:值可以是{'backfill', 'bfill', 'pad', 'ffill', None},默认值为 None。

(3)axis:值可以是{0 or 'index', 1 or 'columns'}。当 axis 的值为 0 或"index"时,表示填充包含缺失值的行;当 axis 的值为 1 或"columns"时,表示填充包含缺失值的列,默认值为 0。

(4)inplace:布尔型,默认值为 False,如果为 True,则在原地执行操作。

(5)limit:int,默认值为 None,如果指定了方法,则是连续的 NaN 值前向/后向填充的最大数量,即如果连续 NaN 数量超过指定的数字,将只被部分填充;如果未指定方法,则是沿着整个轴的最大数量,其中 NaN 将被填充。指定的数字必须大于 0。

【案例 6-21】　填充缺失值。

参考代码如下:

```
＃encoding:utf-8
import pandas as pd
def main():
    ＃1.指定特殊值填充缺失值
    df＝pd. DataFrame([[1, 2, 2],[3, None, 6],[3, 7, None],[5, None, 7]])
    print('数据帧 df'.center(30,'—'),'\n',df)
    ＃用 0 填充所有缺失数据
    print('用 0 填充所有缺失数据'.center(20,'—'),'\n',df.fillna(0))
    ＃2.使用不同的值填充不同的列
    print('使用不同的值填充不同的列数据'.center(20,'—'),'\n',
    df.fillna({1：1.99, 2：2.99}))
    ＃3.前向填充和后向填充
    ＃前向填充,使用默认是上一行的值,设置 axis＝1 可以使用列进行填充
    print('前向填充'.center(20,'—'),'\n',df.fillna(method＝"ffill"))
    ＃后向填充,使用默认是上一行的值,设置 axis＝1 可以使用列进行填充
    print('后向填充'.center(20,'—'),'\n',df.fillna(method＝"bfill"))
```

♯4.使用列的平均值填充

　　print('使用列的平均值填充'.center(20,'—'),'\n',df.fillna(df.mean()))

if __name__=="__main__":

　　main()

程序运行结果如下：

——————————数据帧 df——————————

```
     0    1    2
0    1   2.0   2.0
1    3   NaN   6.0
2    3   7.0   NaN
3    5   NaN   7.0
```

————用 0 填充所有缺失数据————

```
     0    1    2
0    1   2.0   2.0
1    3   0.0   6.0
2    3   7.0   0.0
3    5   0.0   7.0
```

————使用不同的值填充不同的列数据———

```
     0    1     2
0    1   2.00   2.00
1    3   1.99   6.00
2    3   7.00   2.99
3    5   1.99   7.00
```

——————前向填充——————

```
     0    1    2
0    1   2.0   2.0
1    3   2.0   6.0
2    3   7.0   6.0
3    5   7.0   7.0
```

——————后向填充——————

```
     0    1    2
0    1   2.0   2.0
1    3   7.0   6.0
2    3   7.0   7.0
3    5   NaN   7.0
```

————使用列的平均值填充————

```
      0    1    2
0     1   2.0  2.0
1     3   4.5  6.0
2     3   7.0  5.0
3     5   4.5  7.0
```

【**案例 6-22**】　有一个名为 python2.xlsx 的文件,内容如图 6-11 所示,现将其中的数据做如下处理:

(1)读取数据,删除空行和空列。

(2)将分数列为 NAN(空值)的值填充为 0 分。

(3)将姓名的缺失值用"张生"进行填充。

(4)将处理好的数据保存在 exepython2.xlsx 中,如图 6-12 所示。

	A	B	C	D	E	F	G	H
103	钱宝强	98	26		85		32	35
104	陈保全	39	78		56		41	85
105	吴美丽	83	81		1	缺考		56
106	陈宝强	31	41		22		5	93
107	陈宝强	45	99		43		82	27
108	吴小花	20	33		93		82	45
109	林小梅	85	缺考		49		19	32
110	林宝强	22	86		49		3	32
111	吴小梅	75	11		15		39	42
112	陈保全	21	82		83		35	77
113	钱小梅	82	39		71		91	缺考
114	张小刚	56	54		94		37	97
115	孙美红	71	87		30		27	20
116	陈美丽	75	21		80		14	92
117	孙小花	4	69		52		24	6
118	吴宝强	43	17		53		2	97
119	张三强	9	40		34		36	48
120	孙小刚	100	55		54		74	56
121	钱小花	97	44		43		56	42
122	吴小梅	98	52		99		1	32
123	林亿丰	86	25		16		86	5
124								
125								
126	吴小梅	89	81		98		57	28
127	陈稍稍	23	12		31		72	48
128	陈保全	16	40		53		20	85
129	吴三强	72	82		13		49	99
130	吴保全	23	38		67		2	71
131	陈稍稍	缺考	45		11		15	89
132	陈三强	31	45		28		78	76
133	林美红	33	83		70		100	54
134	陈美丽	9	20		缺考		1	76
135	张稍稍	56	56		27		89	98
136	林美丽	86	84		64		82	10
137	孙稍稍	34	87		33		58	80
138	陈保全	69	58		92		22	91
139	林帅锋	8	66		29		100	缺考
140	陈宝强	17	12		5		100	35
141	张美红	51	76		41		14	74
142	孙美丽	6	50		82		29	21
143	钱小梅	83	36		11		11	52
144	陈多多	60	77		58		84	76
145	吴美红	10	53		29	缺考		28
146	吴帅锋	22	24		58		27	50

图 6-11　**python2.xlsx 文件内容**

程序代码如下:

```
import pandas as pd
pd. set_option("display.unicode.east_asian_width", True)
pd. set_option("display.max_rows", None)
def main():
    data=pd. read_excel("./python2.xlsx", skiprows=1, usecols=(0,1,2,4,6,7),
                        encoding="utf-8")
    data.columns=['姓名','高等数学','大学英语','操作系统','Python 语言',
                  '计算机组成原理']
```

```
print('初始数据'.center(65,'—'),'\n',data)
data＝data.dropna(axis＝0，how='all'，thresh＝None，subset＝None，inplace＝False)
print('删除空行后的值'.center(65,'—'),'\n',data)
data＝data.fillna({'高等数学':0,'大学英语':0,'操作系统':0,
                'Python 语言':0,'计算机组成原理':0})
print('将分数列为 NAN(空值)的值填充为 0 分'.center(65，'—')，'\n'，data)
data＝data.fillna({'姓名':'张生'})
print('将姓名的缺失值用"张生"进行填充'.center(65，'—')，'\n'，data)
data.replace({'缺考':0},inplace＝True)
data.to_excel("exepython2.xlsx",index＝False)
```

```
if __name__＝＝'__main__':
    main()
```

程序运行结果如图 6-12 所示。

◢	A	B	C	D	E	F	G
103	陈宝强	45	99	43	82	27	
104	吴小花	20	33	93	82	45	
105	林小梅	85	0	49	19	32	
106	林宝强	22	86	49	3	32	
107	吴小梅	75	11	15	39	42	
108	陈保全	21	82	83	35	77	
109	钱小梅	82	39	71	91	0	
110	张小刚	56	54	94	37	97	
111	孙美红	71	87	30	27	20	
112	陈美丽	75	21	80	14	92	
113	孙小花	4	69	52	24	6	
114	吴宝强	43	17	53	2	97	
115	张三强	9	40	34	36	48	
116	孙小刚	100	55	54	74	56	
117	钱小花	97	44	43	56	42	
118	吴小梅	98	52	99	1	32	
119	林亿丰	86	25	16	86	5	
120	吴小梅	89	81	98	57	28	
121	陈稍稍	23	12	31	72	48	
122	陈保全	16	40	53	20	85	
123	吴三强	72	82	13	49	99	
124	吴保全	23	38	67	2	71	
125	陈稍稍	0	45	11	15	89	
126	陈三强	31	45	28	78	76	
127	林美红	33	83	70	100	54	
128	陈美丽	9	20	0	1	76	
129	张稍稍	56	56	27	89	98	
130	林美丽	86	84	64	82	10	
131	孙稍稍	34	87	33	58	80	
132	陈保全	69	58	92	22	91	
133	林帅锋	8	66	29	100	0	
134	陈宝强	17	12	5	100	35	
135	张美红	51	76	41	14	74	
136	孙美丽	6	50	82	29	21	
137	钱小梅	83	36	11	11	52	
138	陈多多	60	77	58	84	76	
139	吴美红	10	53	29	0	28	
140	吴帅锋	22	24	58	27	50	
141	钱小梅	97	88	69	44	68	
142	林帅锋	45	65	65	87	45	
143	林宝强	29	3	62	38	20	
144	钱美红	2	5	57	47	88	
145	张美红	52	42	64	45	10	
146	林美丽	100	83	96	93	39	

图 6-12 运行后的 exepython2.xlsx 文件内容

6.6.2　数据合并和级联

在数据处理过程中,有时需要将多处数据级联成一处,有时需要将不同地方的数据合并在一起,这样做的目的是更方便数据分析。pandas 的基本特性之一就是高性能的内存式数据连接和合并操作,它提供 merge()和 concat()函数来实现数据合并和级联。

1.数据合并

pandas 提供了一个类似于关系数据库的连接操作的方法 merge(),它可以根据一个或多个键将不同 DataFrame 中的行连接起来。merge()函数原型为:

DataFrame.merge(left, right, how='inner', on=None, left_on=None, right_on=None,
　　　　　　　　left_index=False, right_index=False, sort=False, suffixes=('_x', '_y'),
　　　　　　　　copy=True, indicator=False, validate=None)

常见参数的作用如下。

(1)left:需要合并的左侧 DataFrame 对象。

(2)right:需要合并的右侧 DataFrame 对象。

(3)how:合并类型,值为{'left', 'right', 'outer', 'inner'},默认为 'inner'。当 how='left'时,表示仅使用左侧 DataFrame 中的键,类似于 SQL 左外部连接,保留键顺序;当 how='right'时,表示仅使用右侧 DataFrame 中的键,类似于 SQL 右外部连接,保留键顺序;当 how='outer'时,表示使用来自两个 DataFrame 的键的联合,类似于 SQL 完全外部连接,按字典顺序对键排序;当 how='inner'时,表示使用来自两个 DataFrame 的键的交集,类似于 SQL 内部连接,保留左键的顺序。

(4)on:要连接的列或索引级别名称,这些列名必须在左侧和右侧 DataFrame 对象中找到。如果 on 为"None",并且不合并索引,则默认为两个数据帧中列的交叉点。

(5)left_on:左侧 DataFrame 中连接的列或索引级别名称,也可以是左侧 DataFrame 长度的数组或数组列表,这些数组被视为列。

(6)right_on:右侧 DataFrame 中连接的列或索引级别名称,也可以是右侧 DataFrame 长度的数组或数组列表,这些数组被视为列。

(7)left_index:使用左侧 DataFrame 中的索引作为连接键,布尔值,默认为 False。如果为 True,则使用左侧 DataFrame 中的索引(行标签)作为其连接键;如果是多索引,则其他 DataFrame 中的键数(索引或列数)必须与级别数匹配。

(8)right_index:使用右侧 DataFrame 中的索引作为连接键,布尔值,默认为 False。如果为 True,则使用右侧 DataFrame 中的索引(行标签)作为其连接键;如果是多索引,则其他 DataFrame 中的键数(索引或列数)必须与级别数匹配。

(9)sort:在结果 DataFrame 中按字典方式对连接键排序,布尔值,默认为 False。如果 sort='False',则连接键的顺序取决于连接类型(how 关键字)。

(10)suffixes:要分别应用于左侧和右侧重叠的列名的后缀,值为(str,str)的元组,默认值为('_x', '_y')。要在重叠列上引发异常,请使用(False,False)。

(11)copy:复制,布尔值,默认为 True,如果为假,避免复制。

(12)indicator:布尔值或字符串 str,默认为 False。如果 indicator=True,则向输出 DataFrame中添加一个名为"合并"的列,其中包含有关每行源的信息。如果 indicator 是字符串,则每行的源信息列将被添加到输出 DataFrame 中,列将被命名为字符串的值。信息列是分类类型,对于合并键只出现在"left" DataFrame 中的观测值,其值为"left_only";对于合并键只出现在"right" DataFrame 中的观测值,其值为"right_only";如果合并键在两者中都可找到,其值为"both"。

(13) validate:验证值,字符串,可选。如果指定,则检查合并是否为指定类型。"one_to_one"或"1:1"表示检查合并键在左右数据集中是否唯一,"one_to_many"或"1:m"表示检查合并键在左侧数据集中是否唯一,"many_to_one"或"m:1"表示检查合并键在正确的数据集中是否唯一,"many_to_many"或"m:m"表示允许,但不会检查结果。

【案例 6-23】 将左侧的 DataFrame 数据和右侧的 DataFrame 数据合并。

参考代码如下:

```python
import pandas as pd
def main():
    left=pd.DataFrame({'id':[1, 2, 3, 4, 5],
                       'Name':['Wang', 'Zhang', 'Chen', 'Wu', 'Liu'],
                       'subject_id':['stu1', 'stu2', 'stu4', 'stu6', 'stu5']})
    right=pd.DataFrame({'id':[1, 2, 3, 4, 5],
                        'Name':['Zhao', 'Li', 'Huang', 'Fang', 'Zheng'],
                        'subject_id':['stu2', 'stu4', 'stu3', 'stu6', 'stu5']})
    print("左边的数据帧".center(40,'='),"\n")
    print(left)
    print("右边的数据帧".center(40,'='),"\n")
    print(right)
    print("合并的数据帧".center(30, '='), "\n")
    rs=pd.merge(left, right, on='subject_id',how='inner',suffixes=('_left','_right'))
    print(rs)
if __name__=="__main__":
    main()
```

程序运行结果如下:

```
==================左边的数据帧==================

   id   Name   subject_id
0   1   Wang      stu1
1   2   Zhang     stu2
2   3   Chen      stu4
3   4   Wu        stu6
4   5   Liu       stu5

==================右边的数据帧==================

   id   Name   subject_id
0   1   Zhao      stu2
```

1	2	Li	stu4	
2	3	Huang	stu3	
3	4	Fang	stu6	
4	5	Zheng	stu5	

===========合并的数据帧===========

	id_left	Name_left	subject_id	id_right	Name_right
0	2	Zhang	stu2	1	Zhao
1	3	Chen	stu4	2	Li
2	4	Wu	stu6	4	Fang
3	5	Liu	stu5	5	Zheng

2.数据的级联

pandas 提供了 concat()方法,它可以沿着某个轴将多个对象堆叠在一起(即将 pandas 对象沿指定轴连接)。concat()函数原型为:

pandas.concat(objs, axis＝0, join＝'outer', join_axes＝None, ignore_index＝False, keys＝None, levels＝None, names＝None, verify_integrity＝False, sort＝None, copy＝True)

常见参数的作用如下。

(1)objs:需要合并的 Series 和 DataFrame 对象的 list、dict、tuple。

(2)axis:要连接的轴,值为{0,1,…},默认为 0。

(3)join:连接类型,值为{'inner','outer'},默认为'outer'。'inner'表示内连接,'outer'表示外连接。

(4)join_axes:连接轴,值为索引对象列表。

(5)ignore_index:忽略索引,布尔值,默认值为 False。如果为 True,则不使用连接轴上的索引值。生成的轴将被标记为 0,…,n−1。

(6)keys:键,值为系列,默认值为 None。使用传递的键作为最外层构建层次索引,如果设为多索引,应该使用元组。

(7)levels:用于构造多索引的级别,值为序列列表,默认值为 None。

(8)names:层次索引中级别的名称,值为 list,默认值为 None。

(9)verify_integrity:验证完整性,布尔值,默认值为 False,检查新连接的轴是否包含重复项。

(10)sort:是否排序,布尔值,默认值为 None。

(11)copy:是否复制,布尔值,默认值为 True。如果为 False,不复制数据。

【案例 6-24】　将两个 DataFrame 数据堆叠在一起,级联成一个 DataFrame。

参考代码如下:

```
＃coding:utf-8
import pandas as pd
def main():
    left＝pd. DataFrame({'id':[1, 2, 3, 4, 5],
```

```
                          'Name':['Wang', 'Zhang', 'Chen', 'Wu', 'Liu'],
                          'subject_id':['stu1', 'stu2', 'stu4', 'stu6', 'stu5']})
    right=pd.DataFrame({'id':[1, 2, 3, 4, 5],
                        'Name':['Zhao', 'Li', 'Huang', 'Fang', 'Zheng'],
                        'subject_id':['stu2', 'stu4', 'stu3', 'stu6', 'stu5']})
    print("左边的数据帧".center(40,'='),"\n")
    print(left)
    print("右边的数据帧".center(40,'='),"\n")
    print(right)
    print("数据级联".center(20, '='), "\n")
    rjoin=pd.concat([left, right], ignore_index=True)
    print(rjoin)
if __name__=="__main__":
    main()
```

程序运行结果如下：

```
==================左边的数据帧==================
   id   Name   subject_id
0   1   Wang       stu1
1   2   Zhang      stu2
2   3   Chen       stu4
3   4   Wu         stu6
4   5   Liu        stu5
==================右边的数据帧==================
   id   Name   subject_id
0   1   Zhao       stu2
1   2   Li         stu4
2   3   Huang      stu3
3   4   Fang       stu6
4   5   Zheng      stu5
==================数据级联==================
   id    Name    subject_id
0   1    Wang       stu1
1   2    Zhang      stu2
2   3    Chen       stu4
3   4    Wu         stu6
4   5    Liu        stu5
5   1    Zhao       stu2
6   2    Li         stu4
```

7	3	Huang	stu3
8	4	Fang	stu6
9	5	Zheng	stu5

【案例 6-25】　现有某公司 2013 年仓库的出/入库数据文件 company.xls(图 6-13),需要按领用部门分类汇总统计第 4 季度(即 10—12 月)出库总量。

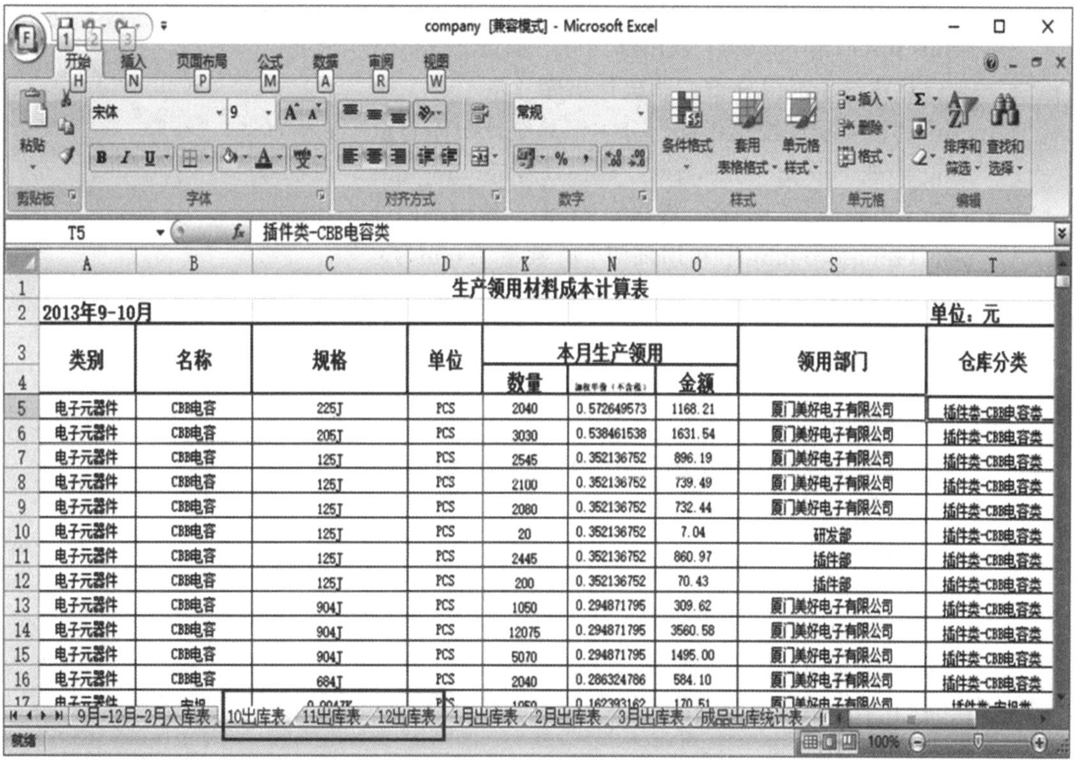

图 6-13　某公司 2013 年仓库的出/入库数据文件

参考代码如下:

```
import pandas as pd
def main():
    one = pd. read_excel("company.xls", "10 出库表",
                    skiprows=3, skipfooter=8, usecols=(1,2,10,18))
    two = pd. read_excel("company.xls", "11 出库表",
                    skiprows=3, skipfooter=13, usecols=(1,2,10,18))
    three = pd. read_excel("company.xls", "12 出库表",
                    skiprows=3, skipfooter=13, usecols=(1,2,6,11))
    print("10 月按领用部门分类汇总统计出库总量".center(30,"="),'\n')
    one.columns = ['名称','规格','数量','领用部门']
    print(one.groupby(['领用部门'])['数量'].sum())
    #10月按领用部门分类汇总统计出库总量
```

```
print("11月按领用部门分类汇总统计出库总量".center(30，"=")，'\n')
two.columns=['名称'，'规格'，'数量'，'领用部门']
print(two.groupby(['领用部门'])['数量'].sum())
♯11月按领用部门分类汇总统计出库总量
print("12 月按领用部门分类汇总统计出库总量".center(30，"=")，'\n')
three.columns=['名称'，'规格'，'数量'，'领用部门']
three1=three.replace(['研发'，'插件']，['研发部'，'插件部'])
print(three1.groupby(['领用部门'])['数量'].sum())
♯12月按领用部门分类汇总统计出库总量
print("第 4 季度按领用部门分类汇总统计出库总量".center(30，"=")，'\n')
zong=pd. concat([one，two，three1]，ignore_index=True)
zong.columns=['名称'，'规格'，'数量'，'领用部门']
print(zong.groupby(['领用部门'])['数量'].sum())
♯第 4 季度按领用部门分类汇总统计出库总量
if __name__=="__main__":
    main()
```

程序运行结果如下：

=====第 4 季度按领用部门分类汇总统计出库总量======
领用部门
不良品退回明益达   －146
包装部   97666
厦门信恒盛工贸有限公司   2
厦门美好电子有限公司   3345563
厦门美好电子有限公司退料   －361
...   ...
研发部   107724
Name：数量，dtype：int64

6.6.3 字符串和文本数据处理

字符串是一个有序的字符集合，文本数据也是字符串。在数据分析中，字符串的处理非常重要，如有时读入外部数据后，需要查找指定字符串，对某列数据进行分割、替换变成预分析的数据都离不开字符串的处理。

pandas 为 Series 提供了 str 属性，通过它可以方便地对每个元素进行操作。str 属性可以将其他对象转化为字符串，忽略不可操作的空值。DataFrame 可以通过访问列变成 Series，从而使用 str 属性的字符串处理方法进行文本数据处理。pandas 提供了一组字符串函数来处理文本数据，常用的字符串函数如表 6-12 所示。

表 6-12　pandas 常用字符串函数功能描述

函数	描述
len()	计算字符串的长度
count()	返回模式中每个元素的出现总数
repeat()	重复每个元素指定的次数
find()	返回模式第一次出现的位置
swapcase()	变换字母大小写
lower()	字符串转换为小写
upper()	字符串转换为大写
split()	指定分隔符对字符串进行分割
cat()	使用给定的分隔符连接字符串
strip()	移除字符串开头或者结尾处的空格字符
contains()	是否存在指定的字符串
replace()	使用新字符串替换字符串中的所有子字符串
isnumeric()	检查字符串中的所有字符是否为数字
islower()/isupper()	检查字符串中的所有字符是否为小写/大写

【案例 6-26】　pandas 字符串函数的使用。

参考代码如下:

```
#encoding:utf-8
import pandas as pd
def main():
    data={'Name': pd. Series(['rose', 'tom', 'janny', 'tony']),
          'Country': pd. Series(['china','japan','american','france']),
          'City': pd. Series(['xiamen', 'beijing', 'xiamen', 'guangzhou']),
          'Age': pd. Series(['18/up', '20/down', '17/down', '19/up']),}
    df=pd. DataFrame(data)
    print("原始数据".center(40, '='), '\n', df)
    #连接字符串、变换大小写
    print("将 Country 列以-串联起来,变成大写".center(40, '='),
          '\n',df['Country'].str.cat(sep='一').swapcase())
    #Name 列中是否存在 rose,存在为 True,不存在为 False
    print("Name 列中是否存在 rose".center(40, '='),
          '\n',df['Name'].str.contains('rose'))
    #求 City 列中各字符串的长度
    print("City 列中各字符串的长度".center(40, '='), '\n',df['City'].str.len())
    #City 列中是否出现 xiamen,出现为 0,未出现为-1
```

```
        print("City 列中是否出现 xiamen,出现为 0,未出现为-1".center(40,'='),
            '\n',df['City'].str.find('xiamen'))
    # Age 列按/分割成两列
        print("Age 列按/分割成两列".center(40,'='),
            '\n',df['Age'].str.split('/',expand=True))
if __name__=="__main__":
    main()
```

程序运行结果如下:

==================原始数据==================

	Name	Country	City	Age
0	rose	china	xiamen	18/up
1	tom	japan	beijing	20/down
2	janny	american	xiamen	17/down
3	tony	france	guangzhou	19/up

=========将 Country 列以-串联起来,变成大写=========

CHINA-JAPAN-AMERICAN-FRANCE

=============Name 列中是否存在 rose=============

```
0    True
1    False
2    False
3    False
Name：Name,dtype：bool
```

=============City 列中各字符串的长度=============

```
0    6
1    7
2    6
3    9
Name：City,dtype：int64
```

=====City 列中是否出现 xiamen,出现为 0,未出现为-1=====

```
0     0
1    -1
2     0
3    -1
Name：City,dtype：int64
```

================Age 列按/分割成两列================

	0	1
0	18	up
1	20	down

```
2     17     down
3     19      up
```

【案例 6-27】 有一个文件 mydata.xls(图 6-14),需要将表格中性别一列的“female”改为“女”,“male”改为“男”,然后输入一个字符,查找姓名中包含此字符的行和此字符出现的次数。

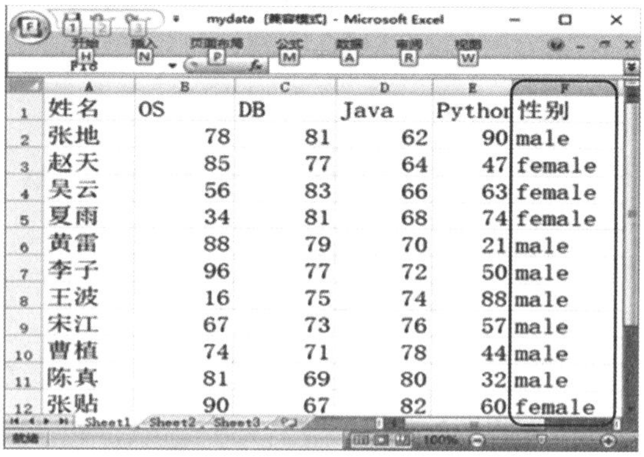

	姓名	OS	DB	Java	Python	性别
2	张地	78	81	62	90	male
3	赵天	85	77	64	47	female
4	吴云	56	83	66	63	female
5	夏雨	34	81	68	74	female
6	黄雷	88	79	70	21	male
7	李子	96	77	72	50	male
8	王波	16	75	74	88	male
9	宋江	67	73	76	57	male
10	曹植	74	71	78	44	male
11	陈真	81	69	80	32	male
12	张贴	90	67	82	60	female

图 6-14　mydata.xls 文件数据

参考代码如下:

```
#encoding:utf-8
import pandas as pd
def main():
    df=pd. read_excel('mydata.xls','Sheet1')
    #方法一:使用 replace 函数
    df.replace({'female':'女','male':'男'},inplace=True)#原地替换
    print(df)
    ''' 方法二:使用 map()方法
    df1=df[:]
    df1['性别']=df1['性别'].map(lambda x:'女' if x =='female' else '男')
    print(df1)'''
    while True:
        get_name=str(input("\n 输入您想查找的字符,输入 break 退出:"))
        if get_name =="break":
            print("已退出")
            break
        print_name=df["姓名"].str.contains(get_name)
        number=print_name[print_name ==1].index
        print(df.loc[number], "\n", "\n", "名字里含有{}的共{}处".format(
              get_name, len(number)))
if __name__=="__main__":
    main()
```

程序运行结果如下：

	姓名	OS	DB	Java	Python	性别
0	张地	78	81	62	90	男
1	赵天	85	77	64	47	女
2	吴云	56	83	66	63	女
3	夏雨	34	81	68	74	女
4	黄雷	88	79	70	21	男
5	李子	96	77	72	50	男
6	王波	16	75	74	88	男
7	宋江	67	73	76	57	男
8	曹植	74	71	78	44	男
9	陈真	81	69	80	32	男
10	张贴	90	67	82	60	女

输入您想查找的字符，输入 break 退出:张

	姓名	OS	DB	Java	Python	性别
0	张地	78	81	62	90	男
10	张贴	90	67	82	60	女

名字里含有张的共 2 处

输入您想查找的字符，输入 break 退出:

【案例 6-28】 有一乱序的文本文件 text.txt（图 6-15），任意输入一个关键字，找出该关键字出现的位置，用红色字体标出，并统计出现的次数。

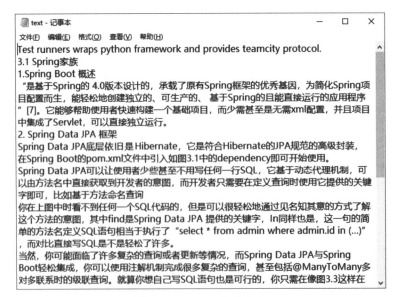

图 6-15　text.txt 文件数据

参考代码如下：

```
# encoding：utf-8
def get_data(str)：      # 读取文件
    with open('text.txt', 'r+') as f：
        data＝f.readlines()
        find_key(str,data)      # 在 data 数据中查找关键字 str
def find_key(str,data)：          # 在 data 数据中查找关键字 str
    str_ls＝[]                    # 存放关键字在每行的位置/下标
    count＝0                      # 存放关键字出现的次数
    for i in range(len(data))：   # 行数
        if str in data[i]：
            site＝find_location(str_ls,str,data[i],i)
            # 查找第 i 行出现关键字的所有位置,存入 str_ls
            data[i]＝data[i].replace(str,'\033[31m%s\033[0m'%str)
            # 修改颜色,标红
            count ＋＝1
            print(data[i])
    prt_location(site)      # 输出关键字位置信息
    print("文中共出现%s 次这个关键字" % count)
def find_location(str_ls,str, line,i)：   # 定位坐标,找出关键字在该行的所有下标
    site＝[index for index, x in enumerate(line) if x.find(str)!＝－1]
    # 找出关键字在该行的所有下标
    str_ls.append((i+1, site))    # 将查找到的位置/下标加到对应行列表中
    return str_ls
def prt_location(ls)：              # 输出坐标
    site_ls＝[]
    for i in range(len(ls)－1)：
        site＝'第%s 行第%s 个'%(ls[i][0],ls[i][1])
        site_ls.append(site)
    print("您要找的关键字在文中%s"%site_ls)
def main()：
    while True：
        str＝input('请输入查询的关键字：')
        get_data(str)
        str＝input('查询完毕,是否继续查询？（Y/N）：')
        if str ＝＝'N'：
            break；
    print('退出查询')
```

```
if __name__=='__main__':
    main()
```

程序运行结果如图 6-16 所示。

请输入查询的关键字：图
Test runners wraps python framework and provides teamcity protocol.

3.1 Spring家族

1.Spring Boot 概述

"是基于Spring的 4.0版本设计的，承载了原有Spring框架的优秀基因，为简化Spring项目配置而生，能轻松地创建独立

2. Spring Data JPA 框架

Spring Data JPA 底层依旧是 Hibernate，它是符合Hibernate的JPA规范的高级封装，在Spring Boot的pom.xml文件中引

Spring Data JPA可以让使用者少些甚至不用写任何一行SQL，它基于动态代理机制，可以由方法名中直接获取到开发者的

你在上图中时看不到任何一个SQL代码的，但是可以很轻松地通过见名知其意的方式了解这个方法的意图，其中find是Spr

当然，你可能面临了许多复杂的查询或者更新等情况，而Spring Data JPA与Spring Boot轻松集成，你可以使用注解机制

图 6-16 程序运行结果界面

【**案例 6-29**】 有一个数据文件 Xiamen_2018.csv，数据如图 6-17 所示，现将数据处理成如图 6-18 所示格式。

```
日期, 天气状况, 气温, 风力风向, PM2.5, 质量等级
2018年1月1日, 晴/晴, 19℃/11℃, 东北风3～4级/无持续风向<3级, 48, 良
2018年1月1日, 晴/晴, 19℃/11℃, 东北风3～4级/无持续风向<3级, 32, 良
2018年1月2日, 多云/晴, 22℃/14℃, 东北风3～4级/无持续风向<3级, 23, 良
2018年1月3日, 多云/多云, 24℃/16℃, 东北风3～4级/无持续风向<3级, 25, 优
2018年1月4日, 阴/阴, 20℃/15℃, 无持续风向<3级/无持续风向<3级, 41, 良
2018年1月5日, 小雨/小雨, 18℃/12℃, 东北风3～4级/东北风3～4级, 10, 优
2018年1月6日, 小雨/中雨, 14℃/12℃, 东北风3～4级/无持续风向<3级, 11, 优
2018年1月7日, 中雨/中雨, 17℃/13℃, 无持续风向<3级/无持续风向<3级, 16, 优
2018年1月8日, 大雨/中雨, 18℃/9℃, 无持续风向<3级/无持续风向<3级, 18, 优
2018年1月9日, 小雨/小雨, 12℃/9℃, 东北风3～4级/东北风3～4级, 21, 优
2018年1月10日, 晴/晴, 15℃/7℃, 无持续风向<3级/无持续风向<3级, 20, 优
```

图 6-17 Xiamen_2018.csv 文件数据格式

	日期	PM2.5	质量等级	当日最高温度	当日最低温度	日间天气	夜间天气	风向风速
0	2018年1月1日	48.0	良	19	11	晴	晴	东北风3~4级
1	2018年1月1日	32.0	良	19	11	晴	晴	东北风3~4级
2	2018年1月2日	23.0	良	22	14	多云	晴	东北风3~4级
3	2018年1月3日	25.0	优	24	16	多云	多云	东北风3~4级
4	2018年1月4日	41.0	良	20	15	阴	阴	无持续风向<3级
5	2018年1月5日	10.0	优	18	12	小雨	小雨	东北风3~4级
6	2018年1月6日	11.0	优	14	12	小雨	中雨	东北风3~4级
7	2018年1月7日	16.0	优	17	13	中雨	中雨	无持续风向<3级
8	2018年1月8日	18.0	优	18	9	大雨	中雨	无持续风向<3级
9	2018年1月9日	21.0	优	12	9	小雨	小雨	东北风3~4级
10	2018年1月10日	20.0	优	15	7	晴	晴	无持续风向<3级
11	2018年1月11日	24.0	优	14	7	晴	晴	东北风3~4级
12	2018年1月12日	21.0	优	13	5	晴	晴	东北风4~5级
13	2018年1月13日	19.0	优	14	6	晴	多云	东北风4~5级
14	2018年1月14日	33.0	良	17	10	晴	多云	无持续风向<3级

图 6-18　数据处理后的格式

参考代码如下：

```
＃encoding：utf-8
import pandas as pd
pd.set_option("display.unicode.ambiguous_as_wide",True)
pd.set_option("display.unicode.east_asian_width",True)
pd.set_option("display.width",None)
def Data_split(df,columns,H_name,L_name)：
    temp=df[columns].str.split("/",expand=True)      ＃按字符/分割列
    df[H_name]=temp[0]
    df[L_name]=temp[1]
    df.drop(columns,axis=1,inplace=True)             ＃删除原列数据
    return df
def Data_cleaning(filer)：                            ＃数据清洗
    df=pd.read_csv(filer)                             ＃读取 csv 文件
    df.fillna(method="pad",inplace=True)             ＃按前一项填充 NaN
    ＃分割气温列为当日最高温度列和当日最低温度列
    df=Data_split(df,"气温","当日最高温度","当日最低温度")
    df=Data_split(df,"天气状况","日间天气","夜间天气")
    ＃分割天气状况列为日间天气列和夜间天气列
    df=Data_split(df,"风力风向","风向风速","风向")
    ＃分割风力风向列为风向风速列和风向列
    df.drop("风向",axis=1,inplace=True)              ＃删除风向列
    ＃转换数据类型,温度数据必须是整型,即删掉℃
    def sub(number)：
        count=""
        for i in number：
```

```
            if i=="℃":
                break
            count+=i
        return int(count)
    df["当日最高温度"]=df["当日最高温度"].map(sub)
    df["当日最低温度"]=df["当日最低温度"].map(sub)
    return df
def main():
    df=Data_cleaning("Xiamen_2018.csv")    #清理数据
    print(df)
if __name__=="__main__":
    main()
```

程序运行结果如下：

	日期	PM2.5	质量等级	当日最高温度	当日最低温度	日间天气	夜间天气	风向风速
0	2018 年 1 月 1 日	48.0	良	19	11	晴	晴	东北风 3~4 级
1	2018 年 1 月 1 日	32.0	良	19	11	晴	晴	东北风 3~4 级
2	2018 年 1 月 2 日	23.0	良	22	14	多云	晴	东北风 3~4 级
3	2018 年 1 月 3 日	25.0	优	24	16	多云	多云	东北风 3~4 级
4	2018 年 1 月 4 日	41.0	良	20	15	阴	阴	无持续风向<3 级
5	2018 年 1 月 5 日	10.0	优	18	12	小雨	小雨	东北风 3~4 级
...	...	...	...	...	...	...	...	...
364	2018 年 12 月 30 日	8.0	优	15	10	多云	小雨	东北风 5~6 级
365	2018 年 12 月 31 日	8.0	优	16	12	阴	阴	东北风 4~5 级

[366 rows x 8 columns]

6.6.4 数据排序与分组

数据排序与分组是数据分析中的重要功能,在数据分析过程中很多数据往往需要排序与分组,然后通过相关计算得到想要的结果。

1.pandas 数据排序和排名

pandas 可对数据进行排序,也可进行排名,排序使用 sort_index 方法和 sort_values 方法,排名使用 rank 方法。

(1)排序。

Series 和 DataFrame 都有两种排序方法:按索引进行排序 sort_index() 和按值进行排序 sort_values(),在这两种排序方法中都可通过参数 ascending 设定是升序还是降序,ascending=True 时为升序,ascending=False 时为降序。Series 对值进行排序的时候,无论是升序还是降序,缺失值(NaN)都会排在最后面。而 DataFrame 对值进行排序的时候,必须使用参数 by 指定某一行(列)或者某几行(列),如果不使用 by 参数进行指定,系统会提示 TypeError：sort_values() missing 1 required positional argument：'by'错误。使用 by 参数进行某几行(列)排序时,以列表中的第一个为准。在指定行值进行排序的时候,必须设置 axis=1,不然系统会报错,因为系统默认指定的是列索引,找不到这个索引所以报错。axis=1 的意思是指定行索引。

【案例 6-30】　有一个数据文件 python0.xlsx(图 6-19)，根据平时成绩的 40％＋期末成绩的 60％算出总评成绩，再对总评成绩按降序排序，总评成绩相同时按期末成绩的升序排序。

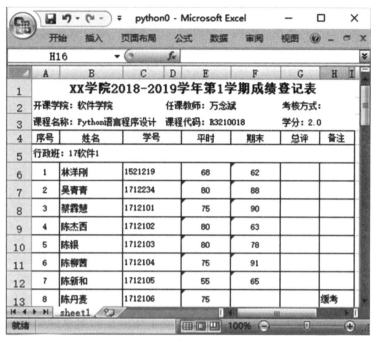

图 6-19　python0.xlsx 文件数据

参考代码如下：

```
#encoding:utf-8
import pandas as pd
def main():
    pd. set_option("display.unicode.ambiguous_as_wide", True)
    pd. set_option("display.unicode.east_asian_width", True)
    pd. set_option("display.width", None)
    table0=pd. read_excel("python0.xlsx",
                         "sheet1",skiprows=5,
                         usecols=(1,2,4,5),
                         skipfooter=12)
    table=table0.fillna(0)
    table.columns=['姓名','学号','平时','期末']
    #将一个自定义函数应用于 Series 结构中的每个元素
    table['总评']=table['平时'].map(lambda x:x*0.4)+table['期末'].map(lambda x:x*0.6)
    #先按总评排降序,后按期末排升序,原地替换
    table.sort_values(by=['总评','期末'],axis=0,ascending=[False,True],inplace=True)
    print(table)
```

```
if __name__=="__main__":
    main()
```

程序运行结果为：

	姓名	学号	平时	期末	总评
12	冯毅	1712112	80	95.0	89.0
29	欧杨峰	1712129	80	92.0	87.2
25	林涛生	1712125	80	91.0	86.6
0	吴青青	1712234	80	88.0	84.8
31	王志玫	1712131	80	88.0	84.8
······					
27	刘仕图	1712127	65	56.0	59.6
6	陈丹麦	1712106	75	0.0	30.0

(2)排名。

排名和排序有点类似，排名会有一个排名值(从 1 开始，一直到数组中有效数据的数量)。排名值与 numpy.argsort 的间接排序索引差不多，只不过它可以根据某种规则破坏平级关系。Series 和 DataFrame 的排名使用 rank()函数，该函数中的 method 参数可设为 {'first','min','max','average'}值，method='first'表示按值在原始数据中的出现顺序分配排名，method='min'表示使用整个分组的最小排名，method='max'表示使用整个分组的最大排名，method='average'表示使用平均排名，也是默认的排名方式。ascending 参数设置是降序还是升序排序。

【案例 6-31】 使用数据文件 python0.xlsx 的数据，按总评成绩进行排名并输出。

参考代码如下：

```
#encoding:utf-8
import pandas as pd
def main():
    pd.set_option("display.unicode.ambiguous_as_wide", True)
    pd.set_option("display.unicode.east_asian_width", True)
    pd.set_option("display.width", None)
    table0=pd.read_excel("python0.xlsx",
                    "sheet1",skiprows=5,
                    usecols=(1,2,4,5),
                    skipfooter=12)
    table=table0.fillna(0)
    table.columns=['姓名','学号','平时','期末']
    table['总评']=table['平时'].map(lambda x:x*0.4)+
                table['期末'].map(lambda x:x*0.6)
    #按总评成绩求出排名列
    table['排名']=table['总评'].rank(ascending=False,method='first')
```

```
        print(table)
if __name__=="__main__":
    main()
```

程序运行结果为:

	姓名	学号	平时	期末	总评	排名
0	吴婧	1712120234	80	88.0	84.8	4.0
1	蔡霖霖	1712123101	75	90.0	84.0	7.0
2	陈杰东	1712123102	80	63.0	69.8	37.0
3	陈金明	1712123103	80	78.0	78.8	19.0
4	陈柳	1712123104	75	91.0	84.6	6.0
5	陈鑫	1712123105	55	65.0	61.0	44.0
6	陈丹	1712123106	75	0.0	30.0	47.0
7	陈文	1712123107	70	71.0	70.6	36.0
8	陈希	1712123108	75	61.0	66.6	40.0
9	陈金	1712123109	75	68.0	70.8	34.0
10	陈阳阳	1712123110	78	72.0	74.4	27.0
11	范志源	1712123111	80	66.0	71.6	31.0
12	冯淏	1712123112	80	95.0	89.0	1.0

......

2.分组

对数据进行分组并对每个分组进行运算是数据分析中很重要的内容。pandas 能利用 groupby()函数进行更加复杂的分组运算。分组运算的过程分三阶段:拆分、应用、合并。拆分是将数据集分成多个组,应用是使用函数处理每个组,合并是把每个组计算得到的结果合并,如图 6-20 所示。

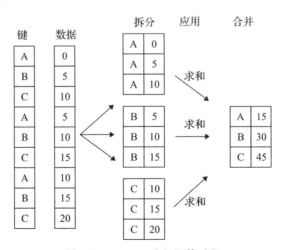

图 6-20　pandas 分组运算过程

groupby()函数原型为:

$$DataFrame.groupby(by=None, axis=0, level=None, as\_index=True,$$
$$sort=True, group\_keys=True, \cdots)$$

常见参数的作用如下。

(1)by:用于确定 GroupBy 的组,值可以是映射、函数、标签或标签列表,如果 by 是一个函数,则对对象索引的每个值调用它;如果函数的参数是 dict 或 Series,则将使用 Series 或 dict 值来确定组;如果函数的参数是 ndarray,则按原值来确定组。

(2)axis:分组要拆分的轴,值为{0,1},默认值为 0。如果为 0,则按行拆分;如果为 1,则按列拆分。

(3)level:级别名称或序列,值为 int,默认值为 None。如果轴是多层索引,则按特定级别分组。

(4)as_index:作为索引的对象,布尔值,默认值为 True。如果 as_index 值为 False,则不以组标签作为索引。

(5)sort:对组键排序,布尔值,默认值为 True。

(6)group_keys:组键,布尔值,默认值为 True。在分组应用时,将组键添加到索引中以标识片段。

【案例 6-32】 有一组数据,需要按产地进行分组,然后计算各产地的单价平均值。

参考代码如下:

```
# encoding:utf-8
import pandas as pd
def main():
    data={'类别':['文具', '文具', '文具', '服装', '服装', '鞋袜', '鞋袜'],
          '产地':['晋江', '厦门', '厦门', '厦门', '晋江', '晋江', '晋江'],
          '名称':['文具盒', '钢笔', '订书机', '上衣', '裤子', '棉袜', '丝袜'],
          '单价':[15,23, 18, 50, 35, 46, 12]}
    df=pd.DataFrame(data)
    df1=df.groupby(['产地']).mean()
    print("原数据".center(30, "="), '\n',df)
    print("按产地分组统计单价的平均值".center(30, "="), '\n', df1)
if __name__=="__main__":
    main()
```

程序运行结果为:

```
===============原数据===============

   类别   产地    名称   单价
0  文具   晋江   文具盒    15
1  文具   厦门    钢笔    23
2  文具   厦门   订书机    18
3  服装   厦门    上衣    50
4  服装   晋江    裤子    35
```

| 5 | 鞋袜 | 晋江 | 棉袜 | 46 |
| 6 | 鞋袜 | 晋江 | 丝袜 | 12 |

========按产地分组统计单价的平均值=========

产地	单价
厦门	30.333333
晋江	27.000000

6.6.5　pandas 函数应用

要将自定义函数或其他库函数应用于 pandas 对象,重要的方法有 pipe()、apply()和 applymap()。pipe()方法是表格函数应用,apply()方法是行或列函数应用,applymap()方法是元素函数应用。

1.表格函数应用

表格函数应用是通过将函数和适当数量的参数作为管道参数来执行自定义操作,是对整个 DataFrame 执行函数的操作。pipe()函数原型为:

DataFrame.pipe(func,*args,**kwargs)

常见参数的作用如下。

(1)func:函数名,此函数会应用于整个 DataFrame。

(2)args:参数,位置参数传入函数,可选。

(3)kwargs:映射,可选,传递到函数的关键字参数字典。

【案例 6-33】　随机生成 4 行 3 列 1~10 之间的整数的 DataFrame,采用 pipe()函数使 DataFrame 整个表格加 100。

参考代码如下:

```
import pandas as pd
import numpy as np
#自定义函数 adder
def adder(element1,element2):
    return element1+element2
def main():
    df=pd. DataFrame(np.random.randint(1,10,size=(4,3)),columns=['A','B','C'])
    print("原始数据".center(40,'='),'\n',df)
    print("所有元素+100".center(40,'='),'\n',df.pipe(adder,100))
if __name__=="__main__":
    main()
```

程序运行结果为:

================原始数据================

	A	B	C
0	8	4	9
1	5	4	4
2	9	6	2
3	7	9	1

===============所有元素＋100===============

	A	B	C
0	108	104	109
1	105	104	104
2	109	106	102
3	107	109	101

2.行或列函数应用

行或列函数应用是通过将函数和适当数量的参数作为管道参数来执行自定义操作,是沿 DataFrame 的轴(行或列)应用函数的操作。apply()函数原型为:

DataFrame.apply(func, axis＝0, broadcast＝None, raw＝False,
　　　　　　reduce＝None, result_type＝None, args＝(), ＊＊kwds)

常见参数的作用如下。

(1)func:函数名,此函数会应用于 DataFrame 的每一行/列。

(2)axis:轴,值为 0 或 1,默认值为 0。axis＝0 表示应用于列,axis＝1 表示应用于行。

(3)broadcast:广播,布尔值,可选项,只与聚合函数相关。如果 broadcast＝None 或 False,则返回长度为索引长度或列数的 Series;如果 broadcast＝True,则结果将广播到帧的原始形状,原始索引和列保留。

(4)raw:布尔值,默认值为 False。如果 raw＝False,则将每一行或每一列作为 Series 传递给函数;如果 raw＝True,则传递的函数将改为接收 ndarray 对象。

(5)reduce:布尔值或 None,默认值为 None。如果 DataFrame 为空,则 apply 将使用 reduce 来确定结果应该是 Series 还是 DataFrame。如果 reduce＝None,则通过在空 Series 上调用 func 来猜测 apply 的返回值(注意:在猜测时,func 引发的异常将被忽略)。如果 reduce＝True,则始终返回一个 Series;如果 reduce＝False,则始终返回一个 DataFrame。

(6)result_type:结果类型,值为｛'expand', 'reduce', 'broadcast', None｝,这些值仅当 axis＝1(即列)时起作用,默认值为 None。如果 result_type＝'expand',类似列表的结果将转换为列;如果 result_type＝'reduce',返回一个 Series,而不是展开类似列表的结果;如果 result_type＝'broadcast',结果将广播到 DataFrame 的原始形状,保留原始索引和列;如果 result_type＝None,取决于应用函数的返回值,类似列表的结果将作为一 Series 结果返回。但是,如果 apply 函数返回一个 Series,则 Series 将展开为列。

(7)args:位置参数。

(8)kwds:要作为关键字参数传递给 func 的其他关键字参数。

【案例 6-34】 调用 NumPy 通用函数应用于 DataFrame 的行或列。

参考代码如下:

```
import pandas as pd
import numpy as np
def main():
    #调用 NumPy 通用函数(如 sum、mean、sqrt)
    df＝pd.DataFrame(np.random.randint(1,10,size＝(4,3)),columns＝['A','B','C'])
```

```
    print("原始数据".center(40,'='),'\n',df)    #"".ljust(20,'=')
    print("所有元素求平方值".center(40,'='),'\n',df.pipe(np.square))
    print("对各列求和".center(40, '='), '\n', df.apply(np.sum,axis=0))
    print("对各行求平均值".center(40, '='), '\n', df.apply(np.mean, axis=1))
if __name__=="__main__":
    main()
```

程序运行结果为：

```
====================原始数据====================
   A  B  C
0  3  9  6
1  4  8  8
2  2  2  7
3  3  6  4

================所有元素求平方值================
   A   B   C
0  9  81  36
1  16  64  64
2  4   4  49
3  9  36  16
====================对各列求和====================
A  12
B  25
C  25
dtype：int64
==================对各行求平均值==================
0    6.000000
1    6.666667
2    3.666667
3    4.333333
dtype：float64
```

【案例 6-35】　有一个 date.xlsx 的 Excel 文件(图 6-21)，内有出发日期和到达日期两列数据，求出每行的间隔天数。

参考代码如下：

```
import datetime
import pandas as pd
#日期差函数
def dateInterval(date1,date2):
    d1=datetime.datetime.strptime(date1,'%Y-%m-%d')
```

图 6-21　date.xlsx 文件数据

```
    d2＝datetime.datetime.strptime(date2,'%Y-%m-%d')
    delta＝d1－d2
    return delta.days    ♯返回天数
♯获取日期间隔的天数
def getInterval(arrLike):
    SendTime＝arrLike['出发日期']
    ReceiveTime＝arrLike['到达日期']
    days＝dateInterval(SendTime,ReceiveTime)
    return days
def getInterval_new(arrLike,before,after):
    before＝arrLike[before]
    after＝arrLike[after]
    days＝dateInterval(after,before)
    return days
def main():
    fileName＝"date.xlsx"
    df＝pd. read_excel(fileName)
    df['间隔天数']＝df.apply(getInterval_new,axis＝1,args＝('出发日期','到达日期'))
    print(df)
if __name__＝＝"__main__":
    main()
```

程序运行结果为：

	出发日期	到达日期	间隔天数
0	2019-3-26	2019-3-29	3
1	2019-3-27	2019-4-1	5
2	2018-12-7	2019-2-5	60
3	2018-2-6	2019-2-6	365

程序中 df['间隔天数']＝df.apply(getInterval_new,axis＝1,args＝('出发日期','到达日期'))这行代码还可以用以下方式调用：

(1)df['间隔天数']＝df.apply(getInterval,axis＝1)。

(2)df['间隔天数']＝df.apply(getInterval_new,axis＝1,**{'before':'出发日期','after':'到达日期'})。

(3)df['间隔天数']＝df.apply(getInterval_new,axis＝1,before＝'出发日期',after＝'到达日期')。

3.元素函数应用

元素函数应用是通过将函数和适当数量的参数作为管道参数来执行自定义操作,是对DataFrame 中的元素执行函数的操作。applymap()函数原型为：

DataFrame.applymap(func)

【**案例 6-36**】 用 applymap()函数实现案例 6-33 相同功能。

参考代码如下：

```
import pandas as pd
import numpy as np
def main():
    df=pd. DataFrame(np.random.randint(1,10,size=(4,3)),columns=['A','B','C'])
    print("原始数据".center(40,'='),'\n',df)
    ffc=lambda x:x+100
    print("所有元素+100".center(40,'='),'\n',df.applymap(ffc))
if __name__=="__main__":
    main()
```

程序运行结果类似案例 6-33。

6.6.6 数据统计与汇总

数据有计数型数据和计量型数据,像不合格产品数、废品数等属于计数型数据,通过统计与汇总得出合格率、样品方差、标准差,分析产品正态分布数据等;像长度、温度、重量、时间、化学成分等属于计量型数据,可以通过计算得出最大值、最小值、平均值、中位数等。pandas 提供一些常用的数据统计汇总方法,如表 6-13 所示。

表 6-13 pandas 常用数据统计与汇总函数功能描述

函数	描述
sum()	求和
mean()	求平均值
cumsum()	样本值的累积和
idxmax()/idxmin()	获取最大值/最小值对应的索引
unique()	返回数据里的唯一值
value_counts()	统计各值出现的频率

续表

函数	描述
isin()	判断成员资格(是否在里面)
max()/min()	求最大值/最小值
argmax()/argmin()	最大值/最小值的索引位置
var()	样本值的方差
std()	样本值的标准差
diff()	计算一阶差分
pct_change()	计算百分数变化
cummax()/cummin()	样本值的最大值/最小值

【案例 6-37】 参照案例 6-30 的数据,求班级最高分、最低分、平均分并统计 0～59 分人数、60～69 分人数、70～79 分人数、80～89 分人数、90～99 分人数。

参考代码如下:

```
import pandas as pd
import numpy as np
def main():
    table0=pd. read_excel("python0.xlsx","sheet1",skiprows=5,
                    usecols=(1,2,4,5),skipfooter=12)
    table=table0.fillna(0)
    table.columns=['姓名','学号','平时','期末']
    table['总评']=table['平时'].map(lambda x:x*0.4)+table['期末']
                    .map(lambda x:x*0.6)
    zp_max=table.apply(np.max,axis=0)[4]
    zp_min=table.apply(np.min,axis=0)[4]
    aver=table['总评'].mean(0)
    c59=len(table[table['总评']<60])
    c60=len(table[(table['总评']>=60)&(table['总评']<70)])
    c70=len(table[(table['总评'] >= 70)&(table['总评'] < 80)])
    c80=len(table[(table['总评'] >= 80)&(table['总评'] < 90)])
    c90=len(table[(table['总评'] >= 90)&(table['总评'] <=100)])
    table['排名']=(table['总评'].rank(ascending=False,method='first'))
    print(table)
    print('统计结果如下'.center(40,'—'),'\n')
    print("最高分:%.2f"%zp_max," 最低分:%.2f"%zp_min," 平均分:%.2f"%aver)
    print("0～59 分人数:{}人\n60～69 分人数:{}人\n70～79 分人数:{}人
        \n80～89 分人数:{}人\n90～100 分人数:{}人".format(c59,c60,c70,c80,c90))
if __name__=="__main__":
```

```
main()
```

程序运行结果如下：

	姓名	学号	平时	期末	总评	排名
0	吴婧	1712120234	80	88.0	84.8	4.0
…	…	…	…	…	…	…
46	庄天铮	1712123150	70	91.0	82.6	11.0

——————————————统计结果如下——————————————

最高分:89.00　　最低分:30.00　平均分:74.84

0~59 分人数:2 人

60~69 分人数:9 人

70~79 分人数:19 人

80~89 分人数:17 人

90~100 分人数:0 人

6.7　pandas 数据分析案例

在第 5 章中,我们用 NumPy 对股票数据进行数据分析,现在,我们使用 pandas 对股票数据进行分析。我们先将从互联网上爬取的 2014—2018 年的股票数据存入"股票数据分析.csv"文件中(图 5-2);然后经过数据清洗和数据转换得到我们想要的数据,使用 pandas 的若干数据分析函数来编程实现,得到数据分析结果。

程序代码如下:

```
#encoding:utf-8
import pandas as pd
import numpy as np
def main():
    def insect():    #爬虫函数
        for j in range(2014, 2019):    #近 5 年的数据
            for i in range(1, 5):        #按照季度
                data=pd. read_html(
                                'http://quotes.money.163.com/trade/'
                                'lsjysj_zhishu_000001.html?year='
                                +str(j)+'&season='+str(i)) #j 是年份,i 是季度
                data1=pd. DataFrame(data[3])
                data1.to_csv('股票数据分析.csv', mode='a',
                        encoding='utf-8', header=0)

    st_data=pd. read_csv('股票数据分析.csv', engine='python',
                        encoding='utf-8', header=0, skipfooter=1240)
```

```python
def test_float(number):    #转换函数
    try:
        return float(number)
    except:
        return None
def accumulatey(x):
    return x.sum()
def xmax(x):
    date=[]
    various=[]
    mamx=x.apply(np.max)
    for i in range(1, len(mamx)):
        inde=mamx[i]
        #idxmax 是计算出的该列最大值的索引
        day=x['日期'][x[x.columns[i]].idxmax()]
        various.append(inde)
        date.append(day)
    return various, date
def xmin(x):
    minx=x.apply(np.min)
    date=[]
    various=[]
    for i in range(1, len(minx)):
        inde=minx[i]
        day=x['日期'][x[x.columns[i]].idxmin()]
        date.append(day)
        various.append(inde)
    return date, various
def mean(x):
    return print('近 5 年来各项平均指标\n', x.mean(), '\n' + '__' * 30)
def date(years, data):
    try:
        return data.loc[list(data['日期']).index(years)], 1
    except:
        return print('输入错误,请重新输入!')
def year(start, final, data):
    try:
        #计算出年份包含在日期序列中的索引
        days=data['日期'][data['日期'].str.contains(start)]
```

```
            dayf＝data['日期'][data['日期'].str.contains(final)]
            for i in (days)：
                print(data.loc[list(data['日期']).index(i)])
            for i in (dayf)：
                print(data.loc[list(data['日期']).index(i)])
    except：
        print('输入错误,请重新输入')
def everyear(st_data，year)：
    dlist＝[]
    for i in (st_data['日期'][st_data['日期'].str.contains(year)])：
        inde＝(list(st_data['日期']).index(i))
        dlist.append(inde)
    year2018＝(st_data[dlist[0]:dlist[-1] + 1])
    years2018＝[dlist[0]，dlist[-1] + 1]
    return year2018.mean()，year2018.max()，year2018.min()，years2018
def pricekp(data，attr)：
    count2000＝len(data[(data[attr] > 2000)&(data[attr] <= 3000)])
    count3000＝len(data[(data[attr] > 3000)&(data[attr] <= 4000)])
    count4000＝len(data[(data[attr] > 4000)&(data[attr] <= 5000)])
    count5000＝len(data[data[attr] > 5000])
    print(attr + '大于 2000 但是小于 3000 的有{}天,'
                '大于 3000 但是小于 4000 的有{}天,'
                '大于 4000 但是小于 5000 的有{}天,'
                '大于5000 的有{}天'.format(count2000,count3000，count4000，count5000))
def zde(data)：
    print('涨跌额大于平均值 0.31 的有'
                + str(len(data[data['涨跌额'] > 0.31]))
                + '天' + '小于平均值的有'
                + str(len(data[data['涨跌额'] <= 0.31])) + '天')
    print('涨跌幅大于平均值 0.02％的有'
                + str(len(data[data['涨跌幅(％)'] > 0.02]))
                + '天' + '小于平均值的有'
                + str(len(data[data['涨跌幅(％)'] <= 0.02])) + '天')
    print('成交量大于平均值 152593758.63 的有'
                + str(len(data[data['成交量(股)'] > 152593758.63]))
                + '天' + '小于平均值的有'
                + str(len(data[data['成交量(股)'] <= 152593758.63])) + '天')
    print('成交金额大于平均值 164761753693.57 的有'
                + str(len(data[data['成交金额(元)'] > 164761753693.57]))
```

```python
                      + '天' + '小于平均值的有'
                      + str(len(data[data['成交金额(元)'] <= 164761753693.57]))) + '天')
def Main():  # 主函数
    del st_data['0']
    st_data.index = np.arange(0, len(st_data))
    pd.set_option('display.float_format', lambda x: '%.2f' % x)
    for i in range(1, len(st_data.columns)):
        st_data[st_data.columns[i]] = st_data[st_data.columns[i]].apply(test_float)
    for i in range(0, len(xmax(st_data)[0])):
        print(xmax(st_data)[1][i] + '是从 2014—2018 年来最大的'
              + st_data.columns[i + 1] + ':' + str(xmax(st_data)[0][i]))
    print("——" * 30)
    for i in range(0, len(xmin(st_data)[0])):
        print(xmin(st_data)[0][i] + '是从 2014—2018 年来最小的'
              + st_data.columns[i + 1] + ':' + str(xmin(st_data)[1][i]))
    print("——" * 30)
    for i in range(1, 5):
        pricekp(st_data, st_data.columns[i])
    zde(st_data)
    print("——" * 30)
    print('近 5 年来各项指标的总和\n', accumulatey(st_data)[1:], '\n', '__' * 30)
    xmax(st_data)
    mean(st_data)
    print('2018 各项指标的平均值\n', everyear(st_data, '2018')[0],
          '\n', '__' * 30, '\n2018 各项指标的最大值\n',
          everyear(st_data, '2018')[1], '\n', '__' * 30,
          '\n2018 各项指标的最小值\n',
          everyear(st_data, '2018')[2], '\n', '__' * 30, '\n')
    avar = st_data['收盘价'][everyear(st_data, '2018')[3][0]:
                        everyear(st_data, '2018')[3][1]].pct_change().mean()
    everyd = st_data['收盘价'][everyear(st_data, '2018')[3][0]:
                        everyear(st_data, '2018')[3][1]].pct_change()
    change = 2942 * (1 - avar)
    print('预测 2019 年的股票会在' + str(change) + '上下浮动')
    df = st_data.fillna(0)
    print(st_data['收盘价'][everyear(st_data, '2018')[3][0]:
                        everyear(st_data, '2018')[3][1]].max())
    while True:
        content = input('请输入您要查询的年月日')
```

```
        print(date(content，st_data))
        if content in list(st_data['日期'])：
            break
        print(list(st_data['日期'])＝＝'20140212')
    years＝['2014'，'2015'，'2016'，'2017'，'2018']
    while True：
        start，over＝input('请输入您要查询的起始年份')，
                    input('请输入您要查询的终止年份')
        year(start，over，st_data)
        if start in years and over in years：
            break
    Main()
if __name__＝＝'__main__'：
    main()
```

6.8　课后习题

一、单选题

1.pandas 的数据结构不包括(　　　)。

A. Series　　　　　　B. ndarray　　　　　　C. Panel　　　　　　D. DataFrame

2.下列关于 pandas 的叙述,正确的是(　　　)。

A. pandas 是 Python 的一个数据可视化包

B. pandas 具有运算速度快、消耗资源多、可以进行各种数据运算和转换的特点

C. pandas 是基于 NumPy 的一种工具,该工具是为了解决数据分析任务而创建的

D. Series 是 DataFrame 的容器

3.已知：

import pandas as pd

s＝pd. Series([1,0,3,0,5,6])

请问 s.size 的值为(　　　)。

A. 4　　　　　　　　B. 6　　　　　　　　C. 24　　　　　　　　D.不确定

4.下列属于 Series 的属性的是(　　　)。

A. Mul　　　　　　B. mod　　　　　　C. truediv　　　　　　D. ndim

5.下列关于 DataFrame 的叙述,错误的是(　　　)。

A. DataFrame 是一个具有同构数据的二维数组

B. DataFrame 可以对行和列执行算术运算

C. DataFrame 有行标签轴和列标签轴

D. DataFrame 大小可以改变,数据也可以改变

6.已知：

import numpy as np

import pandas as pd

现要随机生成 0～100 之间的随机整数构成 10 行 5 列的 DataFrame 对象 df,下列代码中正确的是（　　）。

　　A. df＝pd. DataFrame(np.random.randint(0,100,size＝(10,5)))

　　B. df＝pd. Series([np.random.randint(0,100,size＝(10,5))])

　　C. df＝pd. DataFrame(np.random.randint(0,100,size＝100))

　　D. df＝np.random.randint(0,100,size＝(10,5))

7.下列关于 pandas 索引操作的叙述,正确的是（　　）。

　　A. Series 和 DataFrame 对象中索引操作方法完全不同

　　B. pandas 中的索引是数组结构,可以像数组一样访问各个元素

　　C.在 pandas 中允许修改索引中的元素

　　D. DataFrame 中,reindex 方法不能修改行索引和列索引

8.有下列代码：

import pandas as pd

s1＝pd. Series([10,20,30],index＝['one','two','three'])

s2＝pd. Series([1,2,3],index＝['one','three','four'])

print(s1.add(s2))

程序运行后,索引'two'对应的值为（　　）。

　　A. NaN　　　　　　　　B. 22　　　　　　　　C. 11　　　　　　　　D.程序错误

二、编写程序题

1.现有一个系列数据['谢萍','任真','吴如意','真知己','陈素真','欧阳真大','张真幸福','刘生','李美丽','赵先'],编程实现统计系列数据中出现"真"的个数并输出含"真"的数据。

2.用 pandas 编程生成如图 6-22 所示格式的数据,要求：

(1)生产日期在 2019 年 1 月 1 日—2019 年 12 月 31 日之间,每隔一周随机产生。

(2)商品名称在"N95 口罩,84 消毒液,防护服,护目镜,呼吸机"这些名称中随机生成。

(3)销售数量在 1000～5000 之间随机生成。

(4)产地在"深圳,广州,厦门,郑州,成都,上海,天津,东莞"这些地方中随机生成。

(5)指定对应商品的价格：

N95 口罩:12 元

84 消毒液:13 元

防护服:456 元

护目镜:26 元

呼吸机:4980 元

(6)生成至少 1000 条的数据记录。

(7)数据输出居右对齐。

生产日期	商品名称	数量	价格	产地	金额
2019-01-14	84消毒液	3191	13	东莞	41483
2019-01-21	护目镜	1083	26	厦门	28158
2019-01-14	护目镜	4612	26	郑州	119912
2019-09-23	护目镜	1968	26	天津	51168
2019-12-30	护目镜	3533	26	东莞	91858
2019-04-22	防护服	1621	456	郑州	739176
2019-05-13	N95口罩	2401	12	天津	28812
2019-02-04	84消毒液	2920	13	深圳	37960
2019-06-24	防护服	3635	456	天津	1657560
2019-08-05	防护服	3569	456	天津	1627464
2019-11-11	防护服	1499	456	东莞	683544
2019-09-02	防护服	4037	456	郑州	1840872
2019-05-06	N95口罩	2487	12	东莞	29844
2019-08-26	呼吸机	2395	4980	厦门	11927100
2019-07-15	N95口罩	4785	12	东莞	57420
2019-08-19	防护服	4889	456	郑州	2229384
2019-05-13	防护服	1361	456	厦门	620616
2019-09-09	84消毒液	3189	13	天津	41457
2019-09-16	防护服	2950	456	东莞	1345200
2019-06-10	护目镜	978	26	天津	25428
2019-04-29	N95口罩	804	12	深圳	9648

图 6-22　数据格式

6.9　实验

实验学时：6 学时。

实验类型：验证、设计。

实验要求：必修。

一、实验目的

1.掌握 pandas 系列、数据帧和面板的使用。

2.掌握 pandas 基本功能和操作。

3.掌握判断缺失值、过滤缺失值、填充缺失值等缺失值处理，解决实际数据中的缺失值问题。

4.掌握 pandas 合并、拼接、级联。

5.学会正确使用常见的字符串函数（如 len（）、find（）、strip（）、replace（）、contains（）函数），解决实际数据中的字符串和文本处理问题。

6.掌握 pandas 函数应用的方法（如 pipe（）、apply（）和 applymap（）），能使用 pandas 函数应用调用自定义函数解决数据分析实际问题。

7.掌握 pandas 的字符串函数，统计汇总函数，排序、分组、合并与级联函数，能利用上述函数进行综合数据分析。

二、实验要求

1.掌握 pandas 程序的运行步骤，理解 pandas 的数据结构。

2.掌握 pandas 系列、数据帧和面板，掌握 pandas 基本功能和操作。

3.使用常见的缺失值处理函数(如 isnull()、notnull()、fillna()、dropna()函数)等知识在 PyCharm 中编写程序,解决实际数据中的缺失值处理问题。

4.利用 pandas 合并、拼接和级联等知识在 PyCharm 中编写程序,实现 Python 数据处理的相关操作。

5.使用常见的字符串函数(如 len()、find()、strip()、replace()、contains()函数)等知识在 PyCharm 中编写程序,解决实际数据中的字符串和文本处理问题。

6.利用 pandas 函数应用的方法解决数据分析实际问题。

7.能实现使用 pandas 字符串函数进行文本处理,使用统计、汇总、排序、分组函数进行综合数据分析。

三、实验内容

任务 1.pandas 基础操作,按下列步骤操作(可以在 PyCharm 和 Jupyter Notebook 中运行)。

第 1 步,导入实验所需的包。

import numpy as np

import pandas as pd

第 2 步,创建一个 pandas 的 Series 对象。

s＝pd. Series([1,2,3,4,5,6,7,8,9])

print(s)

第 3 步,创建一个 pandas 的 DataFrame 对象。

df＝pd. DataFrame(np.random.randn(1, 20,size＝(10,4)))

print(df)

第 4 步,使用行索引访问一行数据。

temp1＝df.iloc[0]

print(temp1)

第 5 步,访问列。

print(df[0])

第 6 步,访问前 3 行数据。

print(df.head(3))

第 7 步,访问后 3 行数据。

print(df.tail(3))

第 8 步,访问几行数据。

print(df[1:3])

第 9 步,访问某个元素。

print(df.loc[1,1])

第 10 步,通过布尔值选择值。

print(df[df[1] ＞ 0])

第 11 步,添加列。

df['add']＝[0,1,2,3,4,5,6,7,8,9]

print(df)

任务2.使用 pandas 创建 100 个随机整数 Series,使用系列函数输出该系列、系列的索引值,判断系列是否为空,输出系列的维度值、大小和值,输出系列的前 10 个和后 6 个元素。用 Python 和第三方库 NumPy、pandas 编程实现。

参考代码如下:

```python
import pandas as pd
import numpy as np
pd. set_option("display.max_rows", None)    #全部显示行
def main():
    #生成系列
    s=pd. Series(np.random.randint(30,101,size=100))
    #输出该系列
    print(s)
    print("———" * 30)
    print("系列的值:",s.values,"\n 系列的索引:",s.index)#输出系列的值、索引
    print("———" * 30)
    print("系列的大小、维度,判断是否为空:",s.size,s.ndim,s.empty)
    #输出系列的大小、维度,判断是否为空
    print("———" * 30)
    print("系列的前 10 个元素:\n",s.head(10))
    print("系列的后 6 个元素:\n",s.tail(6))
if __name__=="__main__":
    main()
```

任务3.使用 pandas 创建 50 个人的随机名字,名字要符合中国习惯(即"姓+名字"),统计这些名字中含"刚"字的个数。用 Python 和第三方库 NumPy、pandas 编程实现。

参考代码如下:

```python
import pandas as pd
from numpy.random import choice
def main():
    sex=['男','女']
    exp=['孙','吴','张','钱','林','陈']
    name1=['保全','宝强','亿丰','多多','小刚','三强','帅锋']
    name2=['小梅', '美红', '美丽', '稍稍', '小花']
    mynames=[]
    for x in range(50):
        mysex=choice(sex)
        if mysex =='男':
            myname=choice(exp)+choice(name1)
        else:
            myname=choice(exp) + choice(name2)
```

```
        mynames.append(myname)
    #生成名字系列
    s=pd. Series(mynames)
    print(s)
    count=len(s[s.str.contains('刚')])
    print('名字中含有"刚"字的个数:%d'%count)
if __name__=="__main__":
    main()
```

任务4.产生某校5000个同学5门课程成绩的数据,要求有"姓名、高等数学、大学英语、操作系统、Python语言、计算机组成原理"这些字段,将生成的数据存入 myedu.xlsx 文件中,sheet 名称为"厦门未来学院"。用 Python 和第三方库 NumPy、pandas 编程实现。

参考代码如下:

```
import pandas as pd
import numpy as np
from numpy.random import choice
def create_name(n):
    sex=['男', '女']
    exp=['孙', '吴', '张', '钱', '林', '陈']
    name1=['保全', '宝强', '亿丰', '多多', '小刚', '三强', '帅锋']
    name2=['小梅', '美红', '美丽', '稍稍', '小花']
    mynames=[]
    for x in range(n):
        mysex=choice(sex)
        if mysex =='男':
            myname=choice(exp) + choice(name1)
        else:
            myname=choice(exp) + choice(name2)
        mynames.append(myname)
        return mynames
def main():
    pd. set_option("display.unicode.east_asian_width", True)  #设置对齐
    pd. set_option("display.max_rows",None)  #全部显示行
    df=pd. DataFrame(np.random.randint(1,101,size=(5000,5)))
    df.columns=['高等数学','大学英语','操作系统','Python 语言','计算机组成原理']
    df['姓名']=pd. Series(create_name(5000))
    col=['姓名','高等数学','大学英语','操作系统','Python 语言','计算机组成原理']
    df2=df.reindex(columns=col)
    df2.to_excel("myedu2.xlsx",sheet_name='厦门未来学院',index=False)
if __name__=="__main__":
```

main()

任务5.如图 6-23 所示,用分组的均值来填充缺失值,用 Python 和第三方库 NumPy、pandas 编程实现。

	类别	产地	名称	单价
0	文具	晋江	文具盒	15.0
1	文具	厦门	钢笔	NaN
2	文具	厦门	订书机	18.0
3	服装	厦门	上衣	50.0
4	服装	晋江	裤子	35.0
5	鞋袜	晋江	棉袜	NaN
6	鞋袜	晋江	丝袜	12.0

产地		类别	产地	名称	单价
厦门	1	文具	厦门	钢笔	34.000000
	2	文具	厦门	订书机	18.000000
	3	服装	厦门	上衣	50.000000
晋江	0	文具	晋江	文具盒	15.000000
	4	服装	晋江	裤子	35.000000
	5	鞋袜	晋江	棉袜	20.666667
	6	鞋袜	晋江	丝袜	12.000000

图 6-23　分组数据

参考代码如下:

```python
import numpy as np
import pandas as pd
def main():
    data={
            '类别':['文具','文具','文具','服装','服装','鞋袜','鞋袜'],
            '产地':['晋江','厦门','厦门','厦门','晋江','晋江','晋江'],
            '名称':['文具盒','钢笔','订书机','上衣','裤子','棉袜','丝袜'],
            '单价':[15.0,None,18.0,50.0,35,None,12.0],}
    df=pd.DataFrame(data)
    print("原数据\n",df)
    df1=df.groupby(['产地']).mean()
    print(df1)
    df2=pd.DataFrame(df.values.T)
    df2=df2.fillna({1:df1['单价'][0],5:df1['单价'][1]})
    df=pd.DataFrame(df2.values.T)
    print("填充后\n",df)
if __name__=="__main__":
    main()
```

任务6.有一个名为 python1.xls 的文件,内容如图 6-24 所示,现将表中的缓考、缺考的期末值用同姓所有同学的平均分填充。用 Python 和第三方库 NumPy、pandas 编程实现。

参考代码如下:

```python
import pandas as pd
import openpyxl as opx
from openpyxl.styles import Font,Alignment,Color,Border,Side
```

XX学院2023-2024学年第1学期成绩登记表

开课学院：软件学院　　　　　　任课教师：万念斌　　　　　　考核方式：

课程名称：Python语言程序设计　　　课程代码：R3210018　　　　学分：2.0

序号	姓名	学号	平时	期末	总评	备注
行政班：17软件1						
1	林洋刚	1521219	68	62		
2	吴青青	1712234	80	88		
3	蔡霖慧	1712101	75	90		
4	陈杰西	1712102	80	63		
5	陈银	1712103	80	78		
6	陈柳茜	1712104	75	91		
7	陈新和	1712105	55	65		
8	陈丹霞	1712106	75			缓考
9	陈文化	1712107	70	71		
10	陈希王	1712108	75	61		
11	陈火山	1712109	75	68		
12	陈砂锅	1712110	78	72		
13	范通州	1712111	80	66		

图 6-24　python1.xls 文件内容

```
pd.set_option("display.unicode.east_asian_width", True)
pd.set_option("display.max_rows",None)
def main():
    data=pd.read_excel("./python1.xlsx",skiprows=4,
                    usecols=(1,5),skipfooter=12,encoding="utf-8")
    data.columns=['姓名','期末']
    print('初始数据'.center(65,'一'),'\n',data)
    d=data.groupby(data['姓名'].str[0]).mean()
    print('分组后数据'.center(65,'一'),'\n',d)
    print('获取陈姓同学的期末成绩平均值'.center(65,'一'),'\n',d['期末'].get('陈'))
    workbook=opx.load_workbook("./python1.xlsx")
    worksheet=workbook["sheet1"]
    worksheet['F13']=d['期末'].get('陈')
    # style='dashDot','dashDotDot','dashed','mediumDashDot'
    l_side=Side(style='dashDot', color=Color(indexed=10))
    r_side=Side(style='thin', color=Color(indexed=59))
    t_side=Side(style='thin', color=Color(indexed=59))
    b_side=Side(style='thin', color=Color(indexed=59))
    for i in range(4，63):
        worksheet['D' + str(i)].border=Border(top=t_side, bottom=b_side)
        worksheet['I' + str(i)].border=Border(top=t_side, bottom=b_side,
                                    right=r_side)
```

```
    for i in range(55，63)：
        worksheet['B' + str(i)].border＝Border(top＝t_side，bottom＝b_side)
        worksheet['E' + str(i)].border＝Border(top＝t_side，bottom＝b_side)
        worksheet['F' + str(i)].border＝Border(top＝t_side，bottom＝b_side)
        worksheet['H' + str(i)].border＝Border(top＝t_side，bottom＝b_side)
    workbook.save('python1.xlsx')
if __name__＝＝'__main__'：
    main()
```

任务7.有一个名为 python2.xlsx 的文件，内容如图 6-11 所示，现将其中的数据做如下处理：

(1)读取数据，删除空行和空列。

(2)将分数列为 NAN(空值)的值填充为 0 分。

(3)将姓名的缺失值用"张生"进行填充。

(4)将处理好的数据保存在 exepython2.xlsx 中。

用 Python 和第三方库 NumPy、pandas 编程实现。

参考代码如下：

```
import pandas as pd
import openpyxl as opx
from openpyxl.styles import Font，Alignment，Color，Border，Side
pd. set_option("display.unicode.east_asian_width"，True)
pd. set_option("display.max_rows"，None)
def main()：
    data＝pd. read_excel("./python2.xlsx"，skiprows＝1，usecols＝(0,1,2,4,6,7)，
                        encoding＝"utf-8")
    data.columns＝['姓名','高等数学','大学英语','操作系统','Python 语言',
                  '计算机组成原理']
    print('初始数据'.center(65,'—')，'\n'，data)
    data＝data.dropna(axis＝0，how='all'，thresh＝None，subset＝None，inplace＝False)
    print('删除空行后的值'.center(65,'—')，'\n'，data)
    data＝data.fillna({'高等数学':0,'大学英语':0,'操作系统':0,
                      'Python 语言':0,'计算机组成原理':0})
    print('将分数列为 NAN(空值)的值填充为 0 分'.center(65，'—')，'\n'，data)
    data＝data.fillna({'姓名':'张生'})
    print('将姓名的缺失值用"张生"进行填充'.center(65，'—')，'\n'，data)
    data.replace({'缺考':0}，inplace＝True)
    data.to_excel("exepython2.xlsx"，index＝False)
if __name__＝＝'__main__'：
    main()
```

任务8.现有如下两个 DataFrame 数据,采用 pandas 中的 merge()函数,将两组数据合并成第三组数据,再级联成第四组数据,用 Python 和第三方库 NumPy、pandas 编程实现。

========左边的数据帧========

	id	Name	subject_id
0	1	Alex	sub1
1	2	Amy	sub2
2	3	Allen	sub4
3	4	Alice	sub6
4	5	Ayoung	sub5

========右边的数据帧========

	id	Name	subject_id
0	1	Billy	sub2
1	2	Brian	sub4
2	3	Bran	sub3
3	4	Bryce	sub6
4	5	Betty	sub5

========合并的数据帧========

	id_x	Name_x	subject_id	id_y	Name_y
0	2	Amy	sub2	1	Billy
1	3	Allen	sub4	2	Brian
2	4	Alice	sub6	4	Bryce
3	5	Ayoung	sub5	5	Betty

========级联的数据帧========

	id	Name	subject_id
0	1	Alex	sub1
1	2	Amy	sub2
2	3	Allen	sub4
3	4	Alice	sub6
4	5	Ayoung	sub5
5	1	Billy	sub2
6	2	Brian	sub4
7	3	Bran	sub3
8	4	Bryce	sub6
9	5	Betty	sub5

代码可参考案例 6-23 和案例 6-24。

任务9.将数据文件 xmut0.xlsx 中所有工作表“1 班期末成绩表～6 班期末成绩表”合并成一个 DataFrame,并写入 xmut1.xlsx 文件中(图 6-25)。用 Python 和第三方库 NumPy、pandas 编程产生如下数据(即数据的合并)。

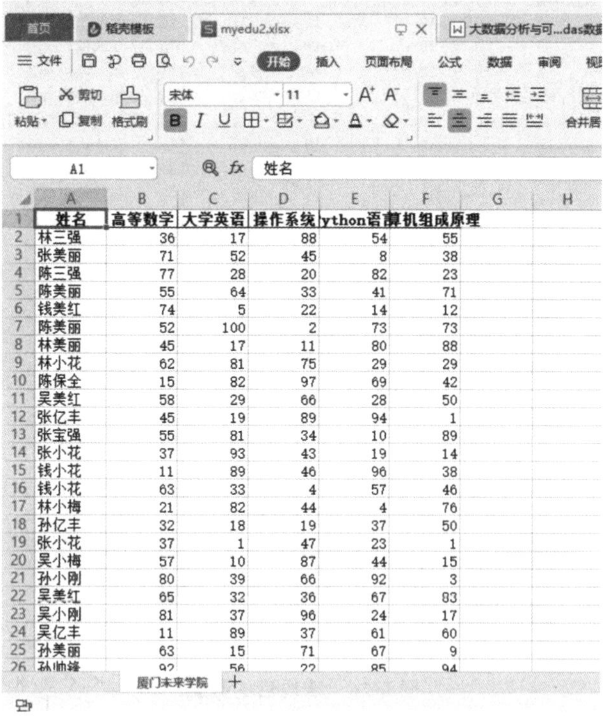

	姓名	高等数学	大学英语	操作系统	ython语	算机组成原理
2	林三强	36	17	88	54	55
3	张美丽	71	52	45	8	38
4	陈三强	77	28	20	82	23
5	陈美丽	55	64	33	41	71
6	钱美红	74	5	22	14	12
7	陈美丽	52	100	2	73	73
8	林美丽	45	17	11	80	88
9	林小花	62	81	75	29	29
10	陈保全	15	82	97	69	42
11	吴美红	58	29	66	28	50
12	张亿丰	45	19	89	94	1
13	张宝强	55	81	34	10	89
14	张小花	37	93	43	19	14
15	钱小花	11	89	46	96	38
16	钱小花	63	33	4	57	46
17	林小梅	21	82	44	4	76
18	孙亿丰	32	18	19	37	50
19	张小花	37	1	47	23	1
20	吴小梅	57	10	87	44	15
21	孙小刚	80	39	66	92	3
22	吴美红	65	32	36	67	83
23	吴小刚	81	37	96	24	17
24	吴亿丰	11	89	37	61	60
25	孙美丽	63	15	71	67	9
26	孙帅锋	92	56	22	85	94

图 6-25　xmut1.xlsx 文件内容

参考代码如下:

```
#coding:utf-8
import pandas as pd
def main():
    df=pd. read_excel("xmut0.xlsx",sheet_name=None)
    print(type(df))
    print(df.values())
    sheet_names=list(df.keys())
    df_concat=pd. DataFrame()
    for sheet_name in sheet_names:
        df_sheet=df[sheet_name]
        df_concat=pd. concat([df_concat, df_sheet])
    print(df_concat)
    df_concat.to_excel("xmut1.xlsx",index=False,sheet_name="厦门未来学院")
if __name __=="__main __":
    main()
```

任务10.将数据文件 Xiamen_2018.csv 中数据清洗成如图 6-26 所示。用 Python 和第三方库 NumPy、pandas 编程实现。

	日期	PM2.5	质量等级	当日最高温度	当日最低温度	日间天气	夜间天气	风向风速
			C:\MyPython\Anaconda\python.exe "C:/Users/Administrator/PycharmProjects/pythondata/第六章 Pandas数据处理/AL6-10case2-XiaMen.py"					
0	2018年1月1日	48.0	良	19	11	晴	晴	东北风3~4级
1	2018年1月1日	32.0	良	19	11	晴	晴	东北风3~4级
2	2018年1月2日	23.0	良	22	14	多云	晴	东北风3~4级
3	2018年1月3日	25.0	优	24	16	多云	多云	东北风3~4级
4	2018年1月4日	41.0	良	20	15	阴	阴	无持续风向<3级
5	2018年1月5日	10.0	优	18	12	小雨	小雨	东北风3~4级
6	2018年1月6日	11.0	优	14	12	小雨	中雨	东北风3~4级
7	2018年1月7日	16.0	优	17	13	中雨	中雨	无持续风向<3级
8	2018年1月8日	18.0	优	18	9	大雨	中雨	无持续风向<3级
9	2018年1月9日	21.0	优	12	9	小雨	小雨	东北风3~4级
10	2018年1月10日	20.0	优	15	7	晴	晴	无持续风向<3级
11	2018年1月11日	24.0	优	14	7	晴	晴	东北风3~4级
12	2018年1月12日	21.0	优	13	5	晴	晴	东北风4~5级
13	2018年1月13日	19.0	优	14	6	晴	多云	东北风4~5级
14	2018年1月14日	33.0	良	17	10	晴	多云	无持续风向<3级
15	2018年1月15日	31.0	良	15	12	多云	多云	东北风3~4级
16	2018年1月16日	52.0	良	20	12	多云	多云	西南风<3级
17	2018年1月17日	45.0	良	22	13	晴	多云	东北风3~4级
18	2018年1月18日	45.0	良	21	16	阴	小雨	东北风3~4级
19	2018年1月19日	43.0	良	18	14	小雨	多云	无持续风向<3级
20	2018年1月20日	48.0	良	20	14	多云	多云	无持续风向<3级
21	2018年1月21日	51.0	良	21	14	多云	多云	微风<3级
22	2018年1月22日	21.0	优	21	13	多云	多云	微风<3级
23	2018年1月23日	26.0	优	20	13	多云	多云	东北风4~5级
24	2018年1月24日	13.0	优	19	11	多云	多云	东北风4~5级
25	2018年1月25日	14.0	优	19	12	晴	晴	东北风3~4级

图 6-26　清洗后的数据

代码可参考案例 6-29。

任务11.现有一个未经清洗的数据文件 lagou.csv，需要做如下数据清洗：

(1)删除多余的数据列，如公司名称、招聘职位、详细地址、职位诱惑、公司领域、公司规模。

(2)将薪资 xk-xxk 替换成中间值(如 2K～4K 替换成 3K)。

(3)对"职位描述"进行清洗。

(4)"经验要求"进行清洗(图 6-27)。

(5)保存在 lagou_clean.csv 文件中。

用 Python 和第三方库 NumPy、pandas 编程实现。

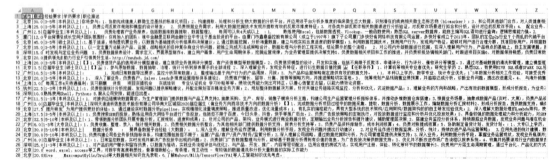

图 6-27　清洗后的数据

参考代码如下：

```
import pandas as pd
import re
data＝pd. read_csv('lagou.csv',delimiter='|')
＃删除无用字段
del data["公司名称"],data["招聘职位"],data["详细地址"],data["职位诱惑"],
    data["公司领域"],data["公司规模"]
＃将 xk-xxk 清洗成中间值
def 薪资清洗(data)：
    _re＝re.search("(\d＋)[kK]-(\d＋)[kK]",data)
    return (int(_re.group(1))＋int(_re.group(2)))/2
data["薪资"]＝data["薪资"].apply(薪资清洗)
＃对"职位描述"进行清洗
data["职位描述"].astype(str)
data["职位描述"]＝data["职位描述"].str.replace("任职要求|岗位职责|岗位要求|
                    任职资格|职位描述|工作职责|职位要求|工作内容|职责描述","")
＃对"经验要求"进行清洗
data＝data[data["经验要求"]!＝"不限"]
data.to_csv("lagou_clean.csv",index＝False,sep='|')
```

任务12.有一乱序的文本文件(文本文件自行定义)，任意输入一个关键字，找出该关键字出现的位置，用红色字体标出，并统计出现的次数。用 Python 和第三方库 NumPy、pandas 编程实现。

代码可参考案例 6-28。

任务13.使用 pandas 创建 5 行 3 列的 1～10 之间的随机数数据帧，自定义以下函数，调用这些函数：

(1)所有值加 2。

(2)求各行、各列的平均值。

(3)将第 2 列的所有值乘以 3。

(4)求各列最大值与最小值的差。

用 Python 和第三方库 NumPy、pandas 编程实现。

```
def cheng(cX)：
    return cX＊3
def sub(tempX)：
    return tempX.max()－tempX.min()
def addr(elm1,elm2)：
    return elm1＋elm2
```

参考代码如下：

```
import pandas as pd
import numpy as np
```

```
def add(ele1,ele2):
    return ele1+ele2
def mul(num):
    return num * 2
def sub(tempX):
    return tempX.max()-tempX.min()
def main():
    df1=pd.DataFrame(np.random.randint(1, 15, size=(15, 3)))
    print("初始数据".center(40,'='),'\n',df1)
    print("加 2".center(40,'='),'\n',df1.pipe(add,2))
    print("行平均值".center(40, '='), '\n', df1.apply(np.mean,axis=1))
    print("列平均值".center(40, '='), '\n', df1.apply(np.mean,axis=0))
    print("第二列乘 2".center(40, '='), '\n', df1[1].pipe(mul))
    print("极差".center(40, '='), '\n', df1.pipe(sub))
if __name__=='__main__':
    main()
```

任务14.给定数据文件 mydata.xls,使用 pandas 函数:

(1)求出每门课程的总分、平均分、最高分、最低分、及格人数、不及格人数。

(2)求出每位学生的总分。

(3)按总分排出名次。

(4)求出每门课程的及格率、不及格率及优秀率(90 或 90 分以上)、标准差。

(5)按性别分组,求出平均值。

用 Python 和第三方库 NumPy、pandas 编程实现。

参考代码如下:

```
import pandas as pd
df=pd.read_excel('mydata.xlsx',header=None,skiprows=3,skipfooter=2)
print("(1) 每门课程的统计信息:")
selected_columns=df.iloc[:, 2:7]
selected_columns=selected_columns.apply(pd.to_numeric, errors='coerce')
column_sums=selected_columns.sum()
course_stats=pd.DataFrame({
    '课程':['高等数学', '大学英语', '操作系统', 'Python 语言', '计算机组成原理'],
    '总和': column_sums.sum(),
    '平均': column_sums.mean(),
    '最高分': column_sums.max(),
    '最低分': column_sums.min(),
    '及格人数': (selected_columns >= 60).sum().sum(),
    '不及格人数': (selected_columns < 60).sum().sum()
})
```

```
print(course_stats)
print("(2) 每位学生的总分:")
df=pd. read_excel('mydata.xlsx', header=None, skiprows=4, skipfooter=2)
df['总分']=df.iloc[:, 2:7].sum(axis=1)
#打印结果
print(pd. concat([df[0].rename('姓名'), df['总分']], axis=1))
print("(3) 学生总分排名:")
df['总分']=pd. to_numeric(df['总分'], errors='coerce')
df['名次']=df['总分'].rank(ascending=False, method='min',na_option='bottom')
df['名次']=df['名次'].astype(int)
result_df=pd. concat([df[0].rename('姓名'), df['名次']], axis=1)
result_df_sorted=result_df.sort_values(by='名次')
print(result_df_sorted)
print("(4) 每门课程的统计信息:")
course_stats=selected_columns.apply(pd. to_numeric, errors='coerce')
pass_count=(course_stats >= 60).sum()
fail_count=(course_stats < 60).sum()
excellent_count=(course_stats >= 90).sum()
total_students=len(df)
pass_rate=pass_count/total_students
fail_rate=fail_count/total_students
excellent_rate=excellent_count/total_students
std_deviation=course_stats.std()
result_df=pd. DataFrame({
    '课程':['高等数学', '大学英语', '操作系统', 'Python 语言', '计算机组成原理'],
    '及格率': pass_rate,
    '不及格率': fail_rate,
    '优秀率': excellent_rate,
    '标准差': std_deviation
})
print(result_df)
print("(5) 按性别分组,求平均值:")
gender_mean=df.groupby(df.get(1)).mean(numeric_only=True)
print(gender_mean)
```

任务15.给定数据文件 sporter.xlsx,使用 pandas 函数将篮球运动员基本信息进行归类,筛选出所有篮球运动员的基本信息,以统计篮球运动员的如下几个测试指标:

(1)篮球运动员的平均年龄、身高、体重。

(2)男篮球运动员的年龄、身高、体重的极差值。

(3)篮球运动员的体质指数(BMI 值)。体质指数(BMI)=体重(kg)÷ 身高^2。

用 Python 和第三方库 NumPy、pandas 编程实现。

参考代码如下：

```python
#encoding:utf-8
import pandas as pd
pd.set_option("display.unicode.east_asian_width", True)
pd.set_option("display.max_rows",None)
pd.set_option("display.width",None)
def main():
    df=pd. read_excel('sporter.xlsx',sheet_name='Sheet1')
    print(df)
    #按项目进行分组
    df_group=df.groupby('项目')
    #找出所有为篮球的项目
    df_basketball=dict([x for x in df_group])['篮球']
    print(df_basketball)
    #按性别进行分组,求出男、女平均值
    basketball_sex_mean=df_basketball.groupby('性别').mean()
    print(basketball_sex_mean)
    #求数据的极差函数
    def range_data(data):
        return data.max()-data.min()
    #求男篮球运动员的极差值
    basketball_male=dict([x for x in df_basketball.groupby('性别')])['男']
    result=basketball_male.agg({'年龄(岁)':range_data,'身高(cm)':range_data,
                                '体重(kg)':range_data})
    print(result)
    df_basketball['体质指数']=0
    #定义计算 BMI 值的函数
    def myBMI(num):
        def bmi(sum_bmi):
            weight=df_basketball['体重(kg)']
            height=df_basketball['身高(cm)']
            sum_bmi=weight/(height/100) ** 2
            return num+sum_bmi
        return bmi
    all_bmi=df_basketball['体质指数']
    df_basketball['体质指数']=df_basketball[['体质指数']].apply(myBMI(all_bmi))
    print(df_basketball)
```

```
if __name__=="__main__":
    main()
```

任务16.根据任务 10 中对 2018 年厦门天气数据文件 Xiamen_2018.csv 进行数据清洗后得到的数据,做如下数据分析:

(1)分析 2018 年厦门市白天和晚上都是晴天的天数、白天和晚上都是雨天的天数。

(2)分析 2018 年厦门市全年最高温和最低温均不超过 10 的天数。

(3)分析 2018 年厦门市全年最高温超过 30 的天数。

(4)分析 2018 年厦门市全年空气质量为优的天数。

用 Python 和第三方库 NumPy、pandas 编程实现。

参考代码如下:

```
import pandas as pd
pd.set_option("display.unicode.ambiguous_as_wide",True)
pd.set_option("display.unicode.east_asian_width",True)
pd.set_option("display.width",None)
def Data_split(df,columns,H_name,L_name):
    temp=df[columns].str.split("/",expand=True)
    df[H_name]=temp[0]
    df[L_name]=temp[1]
    df.drop(columns,axis=1,inplace=True)
    return df
def Data_cleaning(filer):
    df=pd.read_csv(filer)
    df.fillna(method="pad",inplace=True)
    df=Data_split(df,"气温",'当日最高温度','当日最低温度')
    #分割气温列为当日最高温度列和当日最低温度列
    df=Data_split(df,"天气状况",'日间天气','夜间天气')
    #分割天气状况列为日间天气列和夜间天气列
    df=Data_split(df,"风力风向",'风向风速','风向')
    #分割风力风向列为风向风速列和风向列
    df.drop("风向",axis=1,inplace=True)  #删除风向列
    def sub(number):      #转换数据类型,温度数据必须为整型,即删掉℃
        count=''
        for i in number:
            if i=="℃":
                break
            count+=i
        return int(count)
    df["当日最高温度"]=df["当日最高温度"].map(sub)
    df["当日最低温度"]=df["当日最低温度"].map(sub)
```

```
        return df
def main():
    df＝Data_cleaning("Xiamen_2018.csv")
    ＃print(df)
    ＃fine_day1＝df[(df['日间天气']＝＝'晴')&(df['夜间天气']＝＝'晴')].count()
    fine_day＝len(df[(df['日间天气']＝＝'晴')&(df['夜间天气']＝＝'晴')])
    rain_day＝len(df[(df['日间天气'].str.contains("雨")＝＝True)&(df['夜间天气'].
            str.contains("雨")＝＝True)])
    tem_day_10＝len(df[(df['当日最高温度']＜＝10)&(df['当日最低温度']＜＝10)])
    tem_day_30＝len(df[df['当日最高温度']＞30])
    air_quality＝len(df[df['质量等级']＝＝'优'])
    print("白天和晚上都是晴天的天数：",fine_day)
    print("白天和晚上都是雨天的天数：",rain_day)
    print("最高温和最低温均不超过10的天数：",tem_day_10)
    print("最高温超过30的天数：",tem_day_30)
    print("全年空气质量为优的天数：",air_quality)
if __name__＝＝"__main__":
    main()
```

第7章 数据建模与数据挖掘

7.1 数据建模

数据建模是一种用于定义和分析数据的要求及其需要的相应支持的信息系统的过程。因此,数据建模的过程涉及专业数据建模工作,与企业的利益和用户的信息系统密切相关。数据模型强调从业务、数据存取和使用角度合理存储数据。良好的数据模型可以改善用户使用数据的体验,提高使用数据的效率。

常见的数据分析模型有 SWOT 分析模型、PEST 分析模型、五力分析模型、RFM 模型、漏斗模型、回归分析模型、聚类分析模型、决策树模型、帕累托分析模型等。

SWOT 分析模型主要分析优势(strengths)、劣势(weaknesses)、机会(opportunities)、威胁(threats)四个方面,帮助企业或组织更好地分析自身的优势和劣势,确定未来的发展方向和策略。

PEST 分析模型是用于评估宏观环境的数据分析模型,主要分析政治因素(political)、经济因素(economic)、社会因素(social)、技术因素(technological)四个方面,帮助企业或组织更好地了解宏观环境的变化和趋势,以及未来可能面临的机会和挑战。

五力分析模型是一种用于评估竞争环境的数据分析模型,主要分析供应商的议价能力、买家的议价能力、新进入者的威胁、替代品的威胁和竞争对手的威胁五个方面,帮助企业或组织更好地了解市场竞争环境,以及自身的优势和劣势。

RFM 模型主要分析最近一次的消费时间(R)、最近一段时间内的消费频次(F)、最近一段时间内的消费金额(M)三个方面,用于对用户进行分类,判断每类细分用户的价值,帮助企业或组织针对不同特征的客户进行精准营销。

漏斗模型是一种经典的销售和市场数据分析模型,主要用于分析从潜在客户到实际购买客户之间的转化过程,它包含四个阶段:认知、兴趣、欲望、行动。

回归分析模型是一种用于分析变量之间关系的数据分析模型,主要分析自变量和因变量之间的关系来预测因变量的值,适合于预测和趋势分析场景。

聚类分析模型是一种用于分类和分组的数据分析模型,主要通过分析样本之间的相似性和差异性,将样本分成多个类别,适合市场细分、用户分类、产品定位等场景。

决策树模型是一种用于决策分析的数据分析模型,主要通过分析决策变量和影响变量之间的关系来制定决策规则和策略,适用于复杂的决策场景和问题。

帕累托分析模型也称为"80 对 20"规则,核心思想是少数项目贡献了大部分的价值。

下面以 RFM 分析模型为例,讲解大数据分析建模的过程。RFM 分析模型用来对用户分类,并判断每类细分用户的价值。通过 R、F、M 这 3 个关键指标判断客户价值并对客户进行观察和分类(即用户画像),针对不同特征的客户制定相应的营销策略。如表 7-1 所示。

表 7-1 RFM 分析模型

划分客户类型	R(最近一次的消费时间)	F(消费频率)	M(消费总额)	成交客户等级
重要价值客户	高	高	高	A 级
重要发展客户	高	低	高	A 级
重要保持客户	低	高	高	B 级
重要挽留客户	低	低	高	B 级
一般价值客户	高	高	低	B 级
一般发展客户	高	低	低	B 级
一般保持客户	低	高	低	C 级
一般挽留客户	低	低	低	C 级

【案例 7-1】 电信用户数据画像——使用电信电话数据集、短信数据集、上网流量数据集建立 RFM 模型,为电信用户贴上标签。

1.需求描述

以客户为中心的目标是了解不同客户群体的需求,并向他们提供满足其个性化需求的服务——提供更多附加值,与此同时也获得高于平均的客户价值。随着电信业产品同质化的趋势越来越明显,企业不能再单纯依靠创新产品和产品价格取胜。倾听客户呼声和需求、对不断变化的客户期望迅速做出反应的以客户为中心运营能力已经成为当今企业成功的关键。

市场环境、运营重心和管控模式的转变,要求客户运营更具灵敏性、高效性,以客户洞察为核心的客户经营中心系统实现了"客户-产品"的双向自动匹配,精准营销策略和客户需求信息实时推送,培养了业务人员的客户洞察能力。

基于客户洞察的分析:

(1)历史趋势分析,分析对应客户数的历史变化情况。

(2)构成分析,按照品牌、地市、VIP 等级等维度,分析对应客户数的构成情况。

(3)关联分析,分析主体与不同标签之间的关联程度。

(4)对比分析,分析主体与不同标签之间的对比情况。

根据用户的通话记录、短信记录、手机上网记录进行用户画像,建立画像标签跟通话、短信、手机上网的对应关系,结合 RFM 模型,输出用户画像标签。通过该实验了解数据梳理工作、模型设计工作、数据开发工作的相关内容。基于电信运营商的数据,给每一个客户打标签,标签的范围涉及衣食住行等。

电信运营商有 3 个典型数据集:①通话数据;②短信数据;③手机上网数据。

基于这 3 个数据集,结合 RFM 模型,构建用户标签体系,给每个用户打上标签,对用户进行画像,画像后的数据可以用于推荐、精准营销、客群分析等。

2.建模过程

基于通话数据生成 RFM 模型数据,输出每个客户在每个标签上的 RFM 标签值,这是一个中间结果集,用于计算最终的标签。

R:最近一次通话时间与统计月末的距离天数;

F:通话次数;

M:通话时长。

最终数据结果示例如下:

手机号码	标签	R 值	F 值	M 值
138 *	旅游	1	0	0
138 *	美食	0	1	1
138 *	健身	1	1	0
131 *	旅游	1	0	1
131 *	美食	0	1	0

(1)导入相关的库,加载数据集。

```
import pandas as pd
import numpy as np
```

电信用户数据分为 3 种类别,分别是电话数据、短信数据以及 APP 使用数据,目前导入电话数据,包含电话明细表以及电话标签表。

```
path1="dim_call_flag.tsv"
path2="ods_user_call_detail_dt_201612.tsv"
data_tele_tag=pd.read_csv(path1,sep='\t',names=["desc_num",'institution','tag'])
data_tele_detail=pd.read_csv(path2,sep='\t',names=["last_date","tele_num",
                                                   "desc_num",'count','duration'])
```

(2)数据合并处理。

需要将两种数据进行合并,合并成一个数据表后才能继续操作。代码如下:

```
data_tele=data_tele_tag.merge(data_tele_detail,
                              left_on="desc_num",right_on='desc_num')
```

需要计算离月底最近的一次通话,所以需要进行日期的计算。代码如下:

```
data_tele["last_date"]=pd.to_datetime(data_tele.last_date,format='%Y-%m-%d')
data_tele["last_date_day"]=data_tele.last_date.dt.day
data_tele["diff_date"]=(31-data_tele["last_date_day"]).astype('int')
```

(3)电话数据 RFM 数据制作。

分别计算不同电话、不同标签的最近一次通话、通话总次数以及通话总时长。代码如下:

```
def make_rfm(x):
    def get_format_rfm(xx):
        temp_date=xx.nsmallest(1,'diff_date')['diff_date'].iloc[0]
        temp_count=xx['count'].sum()
        temp_duration=xx["duration"].sum()
```

```
        tem_series＝pd.Series([temp_date,temp_count,temp_duration],
                            index＝['last_date','count','duration'])
        return tem_series
    return x.groupby('tag').apply(get_format_rfm)
data_tele_rfm＝data_tele.groupby("tele_num").apply(make_rfm)
data_tele_rfm＝data_tele_rfm.reset_index()
```

（4）电话数据 RFM 数据归一。

电话数据 RFM 数据归一化,简化模型,直接和各组的各个标签的平均值进行比较。代码如下：

```
avg_flag_days＝data_tele_rfm.groupby("tag")['last_date'].mean()
avg_flag_counts＝data_tele_rfm.groupby("tag")['count'].mean()
avg_flag_duration＝data_tele_rfm.groupby("tag")['duration'].mean()
＃通话日期归一
def rfm_format_days(x)：
    key＝x['tag']
    avg_value＝avg_flag_days[key]
    if x['last_date'] ＞avg_value：
        flag_days＝0
    else：
        flag_days＝1
    x['flag_days']＝flag_days
    return x
data_tele_rfm＝data_tele_rfm.apply(rfm_format_days,axis＝1)
＃通话次数归一
def rfm_format_counts(x)：
    key＝x['tag']
    avg_value＝avg_flag_counts[key]
    if x ['count'] ＞avg_value：
        flag_count＝1
    else：
        flag_count＝0
    x['flag_count']＝flag_count
    return x
data_tele_rfm＝data_tele_rfm.apply(rfm_format_counts,axis＝1)
＃通话时长归一
def rfm_format_duration(x)：
    key＝x['tag']
    avg_value＝avg_flag_duration[key]
    if x['duration'] ＞avg_value：
```

```
            flag_duration＝1
        else：
            flag_duration＝0
        x['flag_duration']＝flag_duration
    return x
data_tele_rfm＝data_tele_rfm.apply(rfm_format_duration,axis＝1)
```

短信和 APP 数据 RFM 数据制作过程和电话数据 RFM 类似,只是加载不同的数据集,可以仿照编写代码,这里不再赘述。

(5)3 种数据集的归一表合并。

3 种数据集的归一表,需要将 3 个归一表进行合并。代码如下：

```
data_tele_sub＝data_tele_rfm[['tele_num','tag',
                            'flag_days','flag_count','flag_duration']]
data_sms_sub＝data_sms_rfm[['tele_num','tag',
                            'flag_days','flag_count','flag_duration']]
data_app_sub＝data_app_rfm[['tele_num','tag',
                            'flag_days','flag_count','flag_duration']]
data_total＝pd. concat([data_tele_sub,data_sms_sub,data_app_sub])
```

(6)处理合并归一表,生成标签。

最终要生成 one-hot 矩阵,进行标签确认的前提就是 RFM 值中超过两个存在,或者 flag_duration 这个值是 1 就贴上标签。代码如下：

```
data_numbers＝data_total.groupby(["tele_num","tag"]).sum().reset_index()
columns_names＝['flag_days','flag_count','flag_duration']
for name in columns_names：
    data_numbers[name]＝data_numbers[name].apply(lambda x：1 if x＞0 else 0)
data_numbers['condition1']＝data_numbers['flag_days']＋data_numbers['flag_count']＋
                            data_numbers['flag_duration']
data_numbers['condition2']＝data_numbers['flag_duration'].apply(
                        lambda x：1 if x＝＝0 else 0)
data_result_pre＝data_numbers[(data_numbers['condition1']＞1)|
                            (data_numbers['condition2']＝＝1)]
tags＝data_result_pre.tag.value_counts().index
for tag_ in tags：
    data_result_pre[tag_]＝data_result_pre['tag'].apply(lambda x：1 if x＝＝tag_else 0)
```

7.2　相关性与关联规则

商品销售从线下搬到线上后,很多之前靠人工完成的工作只有实现自动化,才有望将生意做大。以向上销售为例,向上销售出自英文 up-selling,指的是向已经购买商品的顾客推销另一种商品。原来线下由人工来完成的商品推荐工作,现在依靠数据挖掘技术就能完成,而且每年能为商家多进账几亿美元,强力助推电子商务的发展。在向购买过商品的顾客推荐商品前,先查询一下历史交易数据,找到以往他们购买同样商品的交易数据,看看同时购买了什么,再把它们推荐给顾客即可。

如果一个人买了商品 X,那么他很有可能购买商品 Y。这就是相关性与关联规则分析。

相关性与关联规则分析适用于购物篮问题,通过频繁项集挖掘可以发现大型事务或关系数据集中事物与事物之间的关联,从而帮助商家进行决策,设计和分析顾客购买习惯。

相关性与关联规则挖掘一般可以分为两个子问题。

(1)发现频繁项目集,实现简单的排序规则。"如果顾客购买了商品 X,那么他们可能愿意购买商品 Y",即找出数据集中所有同时购买的两件商品。规则的优劣有多种衡量方法,常用的是支持度(support)和可信度(confidence)。

支持度指数据集中规则应验的次数,统计起来很简单。有时候还需要对支持度进行规范化,即再除以规则有效前提下的总数量。

支持度衡量的是给定规则应验的比例,可信度衡量的则是规则准确率如何,即符合给定条件(即规则的"如果"语句所表示的前提条件)的所有规则里,跟当前规则结论一致的比例有多大。计算方法为先统计当前规则的出现次数,再用它来除以条件("如果"语句)相同的规则数量。

(2)由频繁项集产生关联规则,排序找出最佳规则。得到所有规则的支持度和可信度后,为了找出最佳规则,还需要根据支持度和可信度对规则进行排序。要找出支持度最高的规则,首先对支持度字典进行排序。同理,要找出可信度最高的规则,首先根据可信度进行排序。

频繁项集挖掘算法最常用的是 Apriori 算法。它是一种发现频繁项集的基本算法,先通过扫描数据库积累每个项的计数,并收集满足最小支持度的项,找出频繁 1 项集的集合;然后逐层迭代,由频繁 1 项集的集合找到频繁 2 项集的集合,由频繁 2 项集的集合找到频繁 3 项集的集合,如此下去,直到不能找到频繁 k 项集为止。

【案例 7-2】 相关性与关联规则分析。现有一个购物篮数据文件,每个购物篮中包含 5 种商品:尿布、牛奶、啤酒、苹果、香蕉,现分析这 5 种商品之间的关联性。

代码如下:

```
＃如果顾客购买了商品 X,那么他们有可能愿意购买商品 Y
＃encoding:utf-8
import numpy as np
from collections import defaultdict
from pprint import pprint
from operator import itemgetter
def main():
    ＃每一行数据为购买的 5 种商品:尿布、牛奶、啤酒、苹果和香蕉
    ＃1 表示买了这种商品,0 表示没买
    dataset_filename="affinity_dataset.txt"
    X=np.loadtxt(dataset_filename)
```

```
        n_samples，n_features＝X.shape        #样品数,特征值
        print(X)            #如果要打印前 5 行数据,则 print(X[:5])或 print(X.head(5))
        print("数据中有{0}个样品数和{1}个特征值(商品)".format(n_samples，n_features))
        features＝['尿布'，'牛奶'，'啤酒'，'苹果'，'香蕉']
        num_apple_purchases＝0            #买苹果的数量为 0
        for sample in X：
            if sample[3]＝＝1：            #如果买了苹果
                num_apple_purchases ＋＝1
        print("{0}个人购买了苹果".format(num_apple_purchases))
        rule_valid＝0                #有效性规则值初始值为 0
        rule_invalid＝0              #无效性规则值初始值为 0
        for sample in X：
            if sample[3]＝＝1：            #如果买了苹果
                if sample[4]＝＝1：        #也买了香蕉
                    rule_valid ＋＝1
                else：
                    rule_invalid ＋＝1
        print("{0}个人同时买了苹果和香蕉(有效性规则值)".format(rule_valid))
        print("{0}个人买了苹果,但没买香蕉(无效性规则值)".format(rule_invalid))
        support＝rule_valid                #支持度
        confidence＝rule_valid/num_apple_purchases    #可信度
        print("支持度是{0},可信度是{1:.3f},百分比是{2:.1f}".format(support，
            confidence，100 * confidence))
        #计算所有可能的支持度和可信度
        valid_rules＝defaultdict(int)        #有效性规则,defaultdict 为字典类的子类
        invalid_rules＝defaultdict(int)        #无效规则
        num_occurances＝defaultdict(int)        #条件相同的规则数量
        for sample in X：
            for premise in range(n_features)：#遍历每种特征值 n_features＝5
                if sample[premise]＝＝0：continue
                num_occurances[premise]＋＝1    #记录该商品在另一处交易中购买
                for conclusion in range(n_features)：
                    if premise ＝＝conclusion：continue
                    if sample[conclusion]＝＝1：
                        valid_rules[(premise，conclusion)]＋＝1
                    else：
                        invalid_rules[(premise，conclusion)]＋＝1
support＝valid_rules                #支持度
confidence＝defaultdict(float)        #可信度
```

```
for premise，conclusion in valid_rules.keys()：
    rule＝(premise，conclusion)
    confidence[rule]＝valid_rules[rule]/num_occurances[premise]
for premise，conclusion in confidence：
    premise_name＝features[premise]
    conclusion_name＝features[conclusion]
    print("规则:如果一个人买了{0},他也有可能买{1}".format(
            premise_name，conclusion_name))
    print("可信度:{0:.3f}".format(confidence[(premise，conclusion)]))
    print("支持度:{0}".format(support[(premise，conclusion)]))
    print("－－－－－－－－－－－－－－－－－－－－－－－")
premise＝1
conclusion＝3
print_rule(premise，conclusion，support，confidence，features)
pprint(list(support.items()))
sorted_support＝sorted(support.items()，key＝itemgetter(1)，reverse＝True)
＃使用 itemgetter()函数,按第 1 列排序,reverse＝True 表示降序
for index in range(5)：
    print("按支持度排序规则＃{0}".format(index＋1))
    (premise，conclusion)＝sorted_support[index][0]        ＃按支持度排序
    print_rule(premise，conclusion，support，confidence，features)
sorted_confidence＝sorted(confidence.items()，key＝itemgetter(1)，reverse＝True)
＃使用 itemgetter()函数,按第 1 列排序,reverse＝True 表示降序
for index in range(5)：
    print("按可信度排序规则＃＃{0}".format(index ＋ 1))
    (premise，conclusion)＝sorted_confidence[index][0] ＃按可信度排序
    print_rule(premise，conclusion，support，confidence，features)
＃格式化输出函数
def print_rule(premise，conclusion，support，confidence，features)：
    premise_name＝features[premise]
    conclusion_name＝features[conclusion]
    print("规则:如果一个人买了{0},他也会买{1}".format(premise_name，conclusion_name))
    print("可信度:{0:.3f}".format(confidence[(premise，conclusion)]))
    print("支持度:{0}".format(support[(premise，conclusion)]))
    print("＝＝＝＝＝＝＝＝＝＝＝＝＝＝＝＝＝＝＝＝＝＝＝＝")
if __name__＝＝"__main__"：
    main()
```

7.3　回归分析

回归分析(regression analysis)指的是确定两种或两种以上变量间相互依赖的定量关系的一种统计分析方法。按照涉及的变量的多少,回归分析分为一元回归分析和多元回归分析;按照因变量的多少,可分为简单回归分析和多重回归分析;按照自变量和因变量之间的关系类型,可分为线性回归分析和非线性回归分析。在大数据分析中,回归分析是一种预测性的建模技术,它研究的是因变量(目标)和自变量(预测器)之间的关系。这种技术通常用于预测分析、时间序列模型以及发现变量之间的因果关系。

7.3.1　线性回归

线性回归(linear regression)是指在统计学中用来描述一个或者多个自变量和一个因变量之间线性关系的回归模型。其公式为:

$$y = X\beta + \varepsilon$$

其中,

$$y = \begin{pmatrix} y_1 \\ y_2 \\ \vdots \\ y_n \end{pmatrix}, X = \begin{pmatrix} 1 & x_{11} & x_{12} & \cdots & x_{1m} \\ 1 & x_{21} & x_{22} & \cdots & x_{2m} \\ \vdots & \vdots & \vdots & & \vdots \\ 1 & x_{n1} & x_{n2} & \cdots & x_{nm} \end{pmatrix}, \beta = \begin{pmatrix} \beta_1 \\ \beta_2 \\ \vdots \\ \beta_n \end{pmatrix}, \varepsilon = \begin{pmatrix} \varepsilon_1 \\ \varepsilon_2 \\ \vdots \\ \varepsilon_n \end{pmatrix}$$

n 表示样本数,m 表示自变量的特征数,y 表示因变量,X 表示常数项的自变量,β 表示回归系数,ε 表示误差项。

线性回归可适用于市场营销、医学研究、教育评估、人力资源管理等方面。如应用线性回归模型,市场营销人员可以了解不同因素对销售的影响程度,制定更有效的市场策略。医学研究人员可以评估不同变量对健康结果的影响,为医疗决策和治疗方案提供依据。教育工作者可以了解不同因素对学生学习成效的影响,制定更科学有效的教育政策和教学方法。人力资源管理者可以了解不同因素对员工绩效和满意度的影响,优化人力资源管理策略。

【案例 7-3】　使用线性回归算法分析预测鸢尾花的花萼长度和宽度情况。

参考代码如下:

```
import pandas as pd
import matplotlib as mpl
import matplotlib.pyplot as plt
from sklearn.datasets import load_iris
from sklearn.linear_model import LinearRegression
mpl.rcParams['font.sans-serif'] = ['SimHei']
mpl.rcParams['axes.unicode_minus'] = False
def main():
    #提取鸢尾花数据集
    iris = load_iris()
```

```
data=pd. DataFrame(iris.data)
print(data)
data.columns=['萼片-length','萼片-width','花瓣-length','花瓣-width']
x=data['萼片-length'].values
y=data['萼片-width'].values
x=x.reshape(len(x),1)
y=y.reshape(len(y),1)
#线性回归模型
clf=LinearRegression()
clf.fit(x,y)
#predict()返回对测试集的预测标签
pre=clf.predict(x)
print(pre)
#绘制散点图
plt.scatter(x,y,s=50)
plt.plot(x,pre,'r-',linewidth=2)
plt.xlabel('萼片-length')
plt.ylabel('萼片-width')
for k,t in enumerate(x):
    plt.plot([t,t],[y[k],pre[k]],'g-')
plt.show()
if __name__=="__main__":
    main()
```

程序运行结果如图 7-1 所示。

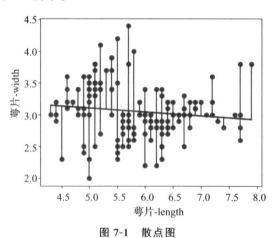

图 7-1　散点图

7.3.2　逻辑回归

逻辑回归(logistic regression)属于概率型非线性回归,分为二分类和多分类回归模型。

对于二分类的逻辑回归,因变量 y 只有"是"和"否"两个取值,记为 1 和 0。

逻辑回归模型的训练过程为:

(1)数据预处理。首先要对数据进行预处理,如数据清洗、数据规约、特征选择等,确保数据质量和可用性。

(2)模型初始化。根据数据集的特征数量初始化模型参数,即权重和偏置。

(3)前向传播。将训练数据集中每个样本的特征向量乘以模型的权重,再加上偏置,得到线性组合。将线性组合输入 sigmoid 函数,得到该样本属于正例的概率。

(4)计算损失函数。使用对数损失函数来衡量模型的性能,需要对所有训练样本的损失函数进行求和,并除以样本数量,得到平均损失函数。

(5)反向传播。使用梯度下降算法来最小化损失函数。先要计算损失函数对模型参数的偏导数(即梯度),之后使用梯度下降算法更新模型的权重和偏置。

(6)重复步骤(3)~(5),直到达到预定的迭代次数或损失函数达到某个阈值。

(7)模型评估。使用测试数据集来评估训练得到的模型的性能。可用多个指标来评估模型的性能,如准确率、精确率、召回率等。

(8)模型调优。根据评估结果来调整模型的参数,如学习率、迭代次数等,以提高模型性能。

线性回归可适用于金融领域、市场营销、医学研究、社交媒体和互联网广告等方面。如银行和金融机构使用逻辑回归模型来评估客户的信用风险,市场营销员使用逻辑回归模型来预测客户的购买习惯,制定促销策略。

【案例 7-4】　使用逻辑回归算法分析预测鸢尾花数据集。

参考代码如下:

```
from sklearn.datasets import load_iris
from sklearn.model_selection import train_test_split
from sklearn.preprocessing import StandardScaler
from sklearn.linear_model import LogisticRegression
def main():
    #提取鸢尾花数据集
    x=load_iris().data
    y=load_iris().target
    train_x,test_x,train_y,test_y=train_test_split(x,y,test_size=0.25,
                                    random_state=0)
    #StandardScaler()函数的作用是对数据集做标准化(归一化)处理
    #新生成的每列(每个特征)数据的均值为 0,标准方差为 1
    sc=StandardScaler()
    train_x=sc.fit_transform(train_x)
    test_x=sc.transform(test_x)
    #逻辑回归模型
    clf=LogisticRegression(random_state=0)
    #fit(train_x,train_y)是对矩阵 train_x,train_y 实现逻辑回归
```

```
        clf.fit(train_x,train_y)
        ♯predict()返回对测试集预测的标签
        pre=clf.predict(test_x)
        print(pre)
if __name__=="__main__":
        main()
```

程序运行结果为：

[2 1 0 2 0 2 0 1 1 1 2 1 1 1 1 0 1 1 0 0 2 1 0 0 2 0 0 1 1 0 2 1 0 2 2 1 0 2]

7.4　聚类

将物理或抽象对象的集合分成由类似的对象组成的多个类的过程被称为聚类（clustering）。由聚类所生成的簇是一组数据对象的集合，这些对象与同一个簇中的对象彼此相似，与其他簇中的对象相异。"物以类聚，人以群分"，在自然科学和社会科学中，存在着大量的分类问题。聚类分析又称群分析，它是研究（样品或指标）分类问题的一种统计分析方法。聚类分析起源于分类学，但是聚类不等于分类。聚类与分类的不同之处在于，聚类所要求划分的类是未知的。聚类分析内容非常丰富，有系统聚类法、有序样品聚类法、动态聚类法、模糊聚类法、图论聚类法、聚类预报法等。

在商务上，聚类能帮助市场分析人员从客户基本库中发现不同的客户群，并且用购买模式来刻画不同的客户群的特征。在生物学上，聚类能用于推导植物和动物的分类，对基因进行分类，获得对种群中固有结构的认识。聚类在地球观测数据库中相似地区的确定，汽车保险单持有者的分组，以及根据房屋的类型、价值和地理位置对一个城市中房屋的分组上可以发挥作用。聚类也能用于对 Web 上的文档进行分类，以发现信息。

传统的聚类分析计算方法主要有如下几种。

（1）划分方法（partitioning methods）。给定一个有 N 个元组或者记录的数据集，使用分裂法构造 K 个分组，每一个分组就代表一个聚类，K＜N。而且这 K 个分组满足下列条件：①每一个分组至少包含一个数据记录。②每一个数据记录属于且仅属于一个分组（注意：这个要求在某些模糊聚类算法中可以放宽）；对于给定的 K，算法首先给出一个初始的分组方法，以后通过反复迭代改变分组，使得每一次改进之后的分组方案都较前一次好，而所谓好的标准就是同一分组中的记录越近越好，而不同分组中的记录越远越好。使用这个基本思想的算法有 K-Means 算法、K-Medoids 算法、Clarans 算法。

大部分划分方法是基于距离的。给定要构建的分区数 K，划分方法是先创建一个初始化划分。然后，采用一种迭代的重定位技术，通过把对象从一个组移动到另一个组来进行划分。一个好的划分是同一个簇中的对象尽可能相互接近或相关，而不同的簇中的对象尽可能远离或不同。还有许多评判划分质量的其他准则。传统的划分方法可以扩展到子空间聚类，而不是搜索整个数据空间。当存在很多属性并且数据稀疏时，这是有用的。为了达到全局最优，基于划分的聚类可能需要穷举所有可能的划分，计算量极大。实际上，大多数应用都采用了流行的启发式方法，如 k-均值和 k-中心算法，渐近地提高聚类质量，逼近局部最优解。

(2)层次方法(hierarchical methods)。这种方法对给定的数据集进行层次似的分解,直到某种条件满足为止。具体又可分为"自底向上"和"自顶向下"两种方案。例如,在"自底向上"方案中,初始时每一个数据记录都组成一个单独的组,在接下来的迭代中,把那些相互邻近的组合并成一个组,直到所有的记录组成一个分组或者某个条件满足为止。代表算法有BIRCH 算法、CURE 算法、CHAMELEON 算法等。

层次聚类方法可以是基于距离的计算方法,如最短距离法、最长距离法、中间距离法等。层次聚类方法的一些扩展也考虑了子空间聚类。层次方法的缺陷在于,一旦一个步骤(合并或分裂)完成,它就不能被撤销。这个严格规定是有用的,因为不用担心不同选择的组合数目,它将产生较小的计算开销。然而这种技术不能更正错误的决定。

(3)基于密度的方法(density-based methods)。基于密度的方法与其他方法的一个根本区别是:它不是基于各种各样的距离的,而是基于密度的。这样就能克服基于距离的算法只能发现"类圆形"的聚类的缺点。这个方法的指导思想就是,只要一个区域中的点的密度大过某个阈值,就把它加到与之相近的聚类中去。代表算法有 DBSCAN 算法、OPTICS 算法、DENCLUE 算法等。

(4)基于网格的方法(grid-based methods)。这种方法首先将数据空间划分成具有有限个单元(cell)的网格结构,所有的处理都是以单个的单元为对象的。这么处理的一个突出的优点就是处理速度很快。通常它与目标数据库中记录的个数无关,只与把数据空间分为多少个单元有关。代表算法有 STING 算法、CLIQUE 算法、WAVE-CLUSTER 算法。

(5)基于模型的方法(model-based methods)。基于模型的方法给每一个聚类假定一个模型,然后去寻找能够很好地满足这个模型的数据集。这样一个模型可能是数据点在空间中的密度分布函数或者其他。它的一个潜在的假定就是,目标数据集是由一系列的概率分布所决定的。通常有两种尝试方向:统计的方案和神经网络的方案。

7.4.1　K-Means 聚类算法

K-Means 算法是一种基于样本间相似性度量的间接聚类方法,属于无监督学习方法。此算法以 K 为参数,把 n 个对象分为 K 个簇,以使簇内具有较高的相似度,而且簇间的相似度较低。相似度的计算根据一个簇中对象的平均值(被看作簇的重心)来进行。

K-Means 算法首先随机选择 K 个对象,每个对象代表一个聚类的质心。对其余的每一个对象,根据该对象与各聚类质心之间的距离,把它分配到与之最相似的聚类中。然后,计算每个聚类的新质心。重复上述过程,直到准则函数收敛。

K-Means 算法是一种较典型的逐点修改迭代的动态聚类算法,其要点是以误差平方和为准则函数。逐点修改类中心:一个象元样本按某一原则,归属于某一组类后,就要重新计算这个组类的均值,并且以新的均值作为凝聚中心点进行下一次象元素聚类。逐批修改类中心:在全部象元样本按某一组的类中心分类之后,再计算修改各类的均值,作为下一次分类的凝聚中心点。

【**案例 7-5**】　使用 Sklearn 实现样本数据集的 K-Means 聚类。

参考代码如下:

```
import matplotlib as mpl
from sklearn.datasets import make_blobs
```

```python
from sklearn.cluster import KMeans
import matplotlib.pyplot as plt
mpl.rcParams['font.sans-serif']=['SimHei']
mpl.rcParams['axes.unicode_minus']=False
def main():
    #生成样本和中心的数据集,n_samples=1000表示总样本为1000
    #n_features=2表示样本点的维度为2
    #centers=4表示样本的中心数为4,cluster_std表示样本中每个簇的标准差
    #center_box表示每个簇的上下限,random_state表示随机生成器的种子
    X,Y=make_blobs(n_samples=1000,n_features=2,centers=4,
                    cluster_std=[1.0,3.0,2.0,2.0],random_state=1111)
    plt.scatter(X[:,0],X[:,1])
    plt.show()
    #可视化寻找准确的k值
    dis=[]
    for i in range(1,10):
        km=KMeans(n_clusters=i) #参数n_clusters告诉模型要分几类,默认为8类
        km.fit(X,Y)
        dis.append(km.inertia_)
    plt.plot(range(1,10),dis,marker='o')
    plt.show()
    km=KMeans(n_clusters=4)
    km.fit(X)
    label_pred=km.labels_      #获得聚类器标签
    #绘制K-Means结果
    plt.scatter(X[label_pred==0,0],X[label_pred==0,1],s=20,c='green',
                label='聚类_1')
    plt.scatter(X[label_pred==1,0],X[label_pred==1,1],s=20,c='orange',
                label='聚类_2')
    plt.scatter(X[label_pred==2,0],X[label_pred==2,1],s=20,c='blue',
                label='聚类_3')
    plt.scatter(X[label_pred==3,0],X[label_pred==3,1],s=20,c='yellow',
                label='聚类_4')
    plt.scatter(km.cluster_centers_[:,0],km.cluster_centers_[:,1],s=100,
                marker='*',c='red',label='centroids')   #用星号标注聚类中心
    plt.legend(loc=2)
    plt.show()
if __name__=="__main__":
    main()
```

程序运行结果如图 7-2 所示。

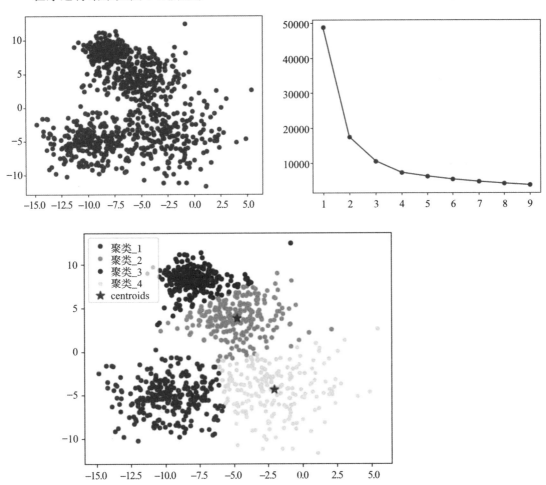

图 7-2　*K*-Means 聚类

7.4.2　层次聚类算法

层次聚类算法属于无监督学习方法,它通过计算不同类别数据点之间的相似度来创建一个有层次的嵌套聚类树。它可以分为凝聚层次聚类和分裂层次聚类两种类型。凝聚层次聚类方法的起始点是假设每个数据点都是一个独立的簇,然后通过计算所有簇之间的距离或相似度,将最相似的两个簇合并成一个新的簇,这个过程不断重复,直到所有的数据点都合并到一个簇中或者达到预设的聚类数量。分裂层次聚类方法与凝聚层次聚类方法相反,分裂层次聚类方法的起始点是假设所有数据点都在一个簇中,然后通过不断将这个簇分裂成更小的簇,直到每个数据点都成为一个单独的簇或者达到预设的聚类数量。

层次聚类算法的优点是不需要预先指定聚类的数量,可以发现数据的层次关系,可以通过树状图直观地展示聚类结果,便于理解和解释。它可以通过在树状图上选择合适的切割点来选择簇的数量,这为用户提供了一个直观的方式来选择最佳的聚类数量。但是它的缺点是计算复杂度较高,尤其是当数据集较大时可能会受到奇异值的影响,算法可能聚类成链状结构,导致结果不够紧凑。

【案例 7-6】 使用 skipy 实现凝聚层次聚类。

参考代码如下：

```python
import numpy as np
from scipy.cluster.hierarchy import dendrogram,linkage,cut_tree
import matplotlib as mpl
import matplotlib.pyplot as plt
mpl.rcParams['font.sans-serif']=['SimHei']
mpl.rcParams['axes.unicode_minus']=False
def main():
    #定义数据,每行数据表示一种物种的基因数据
    data=np.array([[1,2,3,4,5,6,7,8],[11,13,4,15,6,7,8,5],
                   [5,3,7,6,9,10,5,4],[8,9,10,12,13,14,7,6]])
    #使用 ward()方法进行凝聚层次聚类
    lk=linkage(data,'ward')
    #绘制树状图
    plt.figure(figsize=(6,5))
    dendrogram(lk,labels=['物 A','物 B','物 C','物 D'])
    plt.title('凝聚层次聚类')
    plt.xlabel('物种')
    plt.ylabel('欧几里得距离')
    plt.show()
if __name__=="__main__":
    main()
```

程序运行结果如图 7-3 所示。

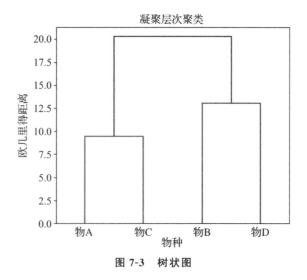

图 7-3 树状图

7.4.3　基于密度的聚类算法

基于密度的聚类算法通过识别数据空间中密度较高的区域来划分簇,并且能够在具有噪声的空间数据库中发现任意形状的聚类。DBSCAN(density-based spatial clustering of applications with noise)是一种代表性的基于密度的聚类算法,它将数据点分为核心点、边界点和噪声点。核心点是在一定半径内点数至少为最小聚集数(MinPts)的点;边界点是在半径内点数少于最小聚集数,但是位于核心点的邻域内的点;噪声点是不属于任何核心点的点。算法如下:

(1)随机选取一个没有加入簇标签的点 p。

(2)得到所有从 p 关于邻域最大半径 Eps 和最小聚集数 MinPts 密度可达的点。

(3)如果 p 是一个核心点,则形成一个新簇,给簇内所有对象点加上簇标签。

(4)如果 p 是一个边界点,且没有从 p 密度可达的点,DBSCAN 将访问数据集中的下一个点。

(5)重复以上步骤,直到数据集中的所有点都被处理。

【案例 7-7】　使用 Sklearn 实现 DBSCAN 聚类算法。

参考代码如下:

```python
# encoding:utf-8
import numpy as np
from sklearn.cluster import DBSCAN
import matplotlib as mpl
import matplotlib.pyplot as plt
mpl.rcParams['font.sans-serif'] = ['SimHei']
mpl.rcParams['axes.unicode_minus'] = False
def main():
    # 定义数据
    data = np.array([(1, 2),(1,3),(3,1),(2,2),(9,8),(8, 9),(18, 18),(1,1),
                (2,2),(3,2),(2,3),(7,8),(7,9),(7,10),(9,7),(9,9),(8,8),
                (7,7),(10,10),(17,17),(17,18),(17,19)])
    # 定义 DBSCAN 模型,eps 表示定义邻域半径,min_samples 表示定义核心对象
    # 所需最小样本数
    dbs = DBSCAN(eps=2, min_samples=3)
    # fit_predict()方法的作用是拟合模型并进行预测
    lbs = dbs.fit_predict(data)
    # 输出聚类
    cls = ['g','r','b']
    t = [cls[i] for i in lbs]
    print('\n 聚类结果:\n')
    u = np.unique(lbs)
    for i in range(u.size):
        res = []
```

```
            for k in range(lbs.size):
                if lbs[k]==u[i]:
                    res.append(tuple(data[k]))
                print('聚类{}:'.format(u[i]),res)
    ♯绘制图形
    plt.figure(figsize=(6,5))
    plt.scatter(data[:,0],data[:,1],c=t,alpha=0.5)
    plt.show()
if __name__=="__main__":
    main()
```

程序运行结果如图 7-4 所示。

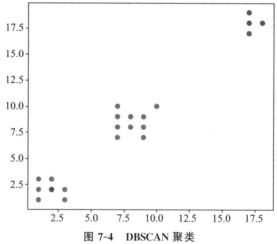

图 7-4　DBSCAN 聚类

7.5　分类

分类(classification)用于将数据集分成不同的类别或组,属于监督学习方法。它包括构建分类模型(学习阶段)和使用模型预测,常用于图像识别、垃圾邮件检测。常用的分类算法包括决策树分类算法、朴素贝叶斯分类算法(native Bayesian classifier)、基于支持向量机(SVM)的分类算法、神经网络算法、K-最近邻算法(K-nearest neighbor,KNN)、模糊分类法等。

7.5.1　决策树分类算法

决策树是一种用于对实例进行分类的树形结构,它通过构建一棵树模型来对数据进行分类,其中树的每个内部节点表示一个特征属性,每个分支代表该特征的一个可能取值,而每个叶节点则表示一个类别。决策树由节点(node)和有向边(directed edge)组成。节点有两种类型:内部节点和叶子节点。其中,内部节点表示一个特征或属性的测试条件(用于分开具有不同特性的记录),叶子节点表示一个分类。决策树算法的核心思想是从训练数据中学习分类规则,并利用这些规则对新的数据进行分类。它的优点包括高分类精度、生成的模式简单,以及对噪声数据有较好的健壮性。它通过自顶向下的递归方式构建,从根节点开始,根据属性值将数据集分为子集,直到所有子集都被正确地分类或没有更多属性可用。它的缺点是其属于贪心算法,只能找到局部最优解,且对于何时停止“剪枝”需要有较好的把握。此外,决策树对连续型数据的处理能力较弱,且当数据集较大时,可能会因为过度拟合而导致泛化能力减弱。决策树算法的实现方法有多种,如 ID3、C4.5、C5.0 和 CART 等,这些算法在构建决策树时采用不同的标准来选择最佳分割属性,如信息增益、基尼系数等。C4.5 算法基于信息熵来选择每个节点的划分属性,以最大限度减少不确定性。

【案例 7-8】　按照如表 7-2 所示的海洋生物数据,采用决策树分类算法实现对海洋生物的分类。

表 7-2　海洋生物数据

序号	不浮出水面是否可以生存	是否有脚蹼	是否属于鱼类
1	1	1	yes
2	1	1	yes
3	1	0	no
4	0	1	no
5	0	1	no
6	1	0	no
7	1	1	yes
8	0	1	no
9	1	1	yes
10	1	0	no

参考代码如下:

```
# encoding:utf-8
import pandas as pd
import numpy as np
"""
function:计算香农熵、信息熵
params:dataSet 为原始数据集,返回 ent 为信息熵的值
"""
def calEnt(dataSet):
    n=dataSet.shape[0]                          # 数据集总行数
    iset=dataSet.iloc[:,-1].value_counts()      # 标签的所有类别
    p=iset/n                                    # 每一类标签的占比
    ent=(-p * np.log2(p)).sum()                 # 计算信息熵
```

```
        return ent
#创建海洋生物数据集
def createDataSet():
    data={'不浮出水面是否可以生存':[1,1,1,0,0,1,1,0,1,1],
          '是否有脚蹼':              [1,1,0,1,1,0,1,1,1,0],
          '是否属于鱼类':['yes','yes','no','no','no','no','yes','no','yes','no']}
    dataSet=pd.DataFrame(data)
    return dataSet
"""
```

function:根据信息增益选择出最佳数据集切分的列

params:dataSet 为原始数据集,返回 axis 为数据集最佳切分列的索引

```
"""
def bestSplit(dataSet):
    baseEnt=calEnt(dataSet)                              #计算原始熵
    baseGain=0                                           #初始化信息增益
    axis=-1                                              #初始化最佳切分列,标签列
    for i in range(dataSet.shape[1]-1):                  #遍历特征的每一列
        levels=dataSet.iloc[:,i].value_counts().index    #提取当前列的所有取值
        ents=0                                           #初始化子节点的信息熵
        for j in levels:                                 #遍历当前列的每一个取值
            childSet=dataSet[dataSet.iloc[:,i]==j]        #某一个子节点的数据帧
            ent=calEnt(childSet)                          #计算某一个子节点的信息熵
            ents+=(childSet.shape[0]/dataSet.shape[0]) * ent     #计算当前列的信息熵
        print(f'第{i}列的信息熵为{ents}')
        infoGain=baseEnt-ents                            #计算当前列的信息增益
        print(f'第{i}列的信息增益为{infoGain}')
        if infoGain>baseGain:
            bestGain=infoGain                            #选择最大的信息增益
            axis=i                                       #最大信息增益所在列的索引
    return axis
"""
```

function:按照给定列划分数据集

params:dataSet 为原始数据集,axis 为指定列的索引,value 为指定的属性值,返回 redataSet 为按照指定列索引和属性值切分后的数据集

```
"""
def mySplit(dataSet,axis,value):
    col=dataSet.columns[axis]
    redataSet=dataSet.loc[dataSet[col]==value,:].drop(col,axis=1)
    return redataSet
```

```
"""
function：基于最大信息增益切分数据集，递归构建决策树
params：dataSet 为原始数据集，最后一列是标签，返回 myTree 为字典形式的树
"""
def createTree(dataSet)：
    featlist＝list(dataSet.columns)              #提取数据集所有列
    classlist＝dataSet.iloc[：，－1].value_counts()   #获取最后一列类标签
    #判断最多标签数目是否等于数据集行数，或者数据集是否只有一列
    if classlist[0]＝＝dataSet.shape[0] or dataSet.shape[1]＝＝1：
        return classlist.index[0]                #返回类标签
    axis＝bestSplit(dataSet)                       #确定出当前最佳切分列
    bestfeat＝featlist[axis]                       #获取该索引对应的特征
    myTree＝{bestfeat：{}}                          #采用字典形式存储
    del featlist[axis]                           #删除当前特征
    valuelist＝set(dataSet.iloc[：，axis])           #提取最佳切分列所有属性
    for value in valuelist：                       #对每一个属性递归建树
        myTree[bestfeat][value]＝createTree(mySplit(dataSet,axis,value))
    return myTree
def main()：
    dataSet＝createDataSet()                       #创建原始数据集
    #print(calEnt(dataSet))
    myTree＝createTree(dataSet)                     #构建决策树
    print(myTree)
if __name__＝＝"__main__"：
    main()
```

程序运行结果如下：(决策树用字典形式表示)
第 0 列的信息熵为 0.6896596952239761
第 0 列的信息增益为 0.2812908992306925
第 1 列的信息熵为 0.6896596952239761
第 1 列的信息增益为 0.2812908992306925
第 0 列的信息熵为 0.0
第 0 列的信息增益为 0.9852281360342515
{'是否有脚蹼'：{0：'no'，1：{'不浮出水面是否可以生存'：{0：'no'，1：'yes'}}}}

7.5.2　朴素贝叶斯分类算法

朴素贝叶斯分类算法基于概率论的原理，其思想是：对于给出的未知物体想要进行分类，就要求解在这个未知物体出现的条件下各个类别出现的概率，哪个最大就认为这个未知物体属于哪个分类。

朴素贝叶斯分类常用于文本分类，对英文等语言来说分类效果较好，适合垃圾文本过

滤、情感预测、推荐系统等场景。

【案例 7-9】 使用 Sklearn 实现鸢尾花数据集的朴素贝叶斯分类。

参考代码如下：

```
from sklearn.datasets import load_iris
from sklearn.model_selection import train_test_split
from sklearn.naive_bayes import MultinomialNB,GaussianNB
def main():
    #加载 iris 数据集,return_X_y=True 则返回的数据为（data，target)的元组
    X,y=load_iris(return_X_y=True)
    train_X,test_X,train_y,test_y=train_test_split(X,y,test_size=0.33,random_state=0)
    clf=MultinomialNB(alpha=0.001)  #多项式贝叶斯,clf=GaussianNB()为高斯贝叶斯
    #fit(train_X,train_y)是对矩阵 train_X、rain_y 实现多项式贝叶斯模型
    clf=clf.fit(train_X,train_y)
    #clf.score()返回模型预测的准确率
    print(clf.score(test_X,test_y))
    #输出结果,准确率为70%,如果是高斯贝叶斯,准确率为96%
if __name__=="__main__":
    main()
```

7.5.3 支持向量机(SVM)的分类算法

支持向量机(SVM)是在训练中建立一个超平面的分类模型。SVM 的主要目标是找到最佳超平面,以便在不同类的数据点之间进行正确的分类。超平面的维度等于输入特征的数量减去 1。SVM 可分为线性可分的线性 SVM、线性不可分的线性 SVM、非线性 SVM。

【案例 7-10】 使用 Sklearn 实现鸢尾花数据集的 SVM 分类。

参考代码如下：

```
from sklearn.datasets import load_iris
from sklearn.model_selection import train_test_split
from sklearn.preprocessing import StandardScaler
from sklearn import svm
def main():
    X,y=load_iris(return_X_y=True)
    train_X,test_X,train_y,test_y=train_test_split(X,y,test_size=0.33,
                                                    random_state=0)
    #StandardScaler()函数的作用是对数据集做标准化(归一化)处理,新生成的每列
    #(每个特征)数据的均值为 0,标准方差为 1
    ss=StandardScaler()
    #fit_transform(train_X)的作用是找出 train_X 的均值和标准差,并应用在 train_X 上
    train_X=ss.fit_transform(train_X)
    test_X=ss.transform(test_X)
```

```
clf＝svm.SVC(kernel＝'rbf')        ♯kernel＝'rbf'为高斯核函数
clf＝clf.fit(train_X,train_y)
♯score()返回模型预测的准确率
print(clf.score(test_X,test_y))    ♯输出结果:0.96
if __name__＝＝"__main__":
main()
```

7.5.4 K-最近邻算法

K-最近邻算法(K-nearest neighbor,KNN)是一种简单且常用的数据挖掘分类算法。其核心思想是:如果一个样本在特征空间中的 K 个最相邻的样本中的大多数属于某一个类别,则该样本也属于这个类别。

所谓 K-最近邻,就是每个样本都可以用它最接近的 K 个邻居来代表。如果一个样本,它的 K 个最接近的邻居都属于分类 A,那么这个样本也属于分类 A。

KNN 的整个计算过程分为三步:

(1)计算待分类物体与其他物体之间的距离。

(2)统计距离最近的 K 个邻居。

(3)对于 K 个最接近的邻居,它们属于哪个分类最多,待分类物体就属于哪一类。

交叉验证的思路就是把样本集中的大部分样本作为训练集,剩余的小部分样本用于预测,来验证分类模型的准确性。所以在 KNN 算法中,一般会把 K 值选取在较小的范围内,同时将在验证集上准确率最高的那一个最终确定为 K 值。

KNN 算法是机器学习中最简单的算法之一,但是在工程实现上,如果训练样本过大,则传统的遍历全样本寻找 K 近邻的方式将导致性能急剧下降。因此,为了优化效率,不同的训练数据存储结构被纳入实现方式之中。

【案例 7-11】 使用 Sklearn 实现鸢尾花数据集的 KNN 分类。

参考代码如下:

```
from sklearn.datasets import load_iris
from sklearn.model_selection import train_test_split
from sklearn.preprocessing import StandardScaler
from sklearn.neighbors import KNeighborsClassifier
def main():
    X,y＝load_iris(return_X_y＝True)
    train_X,test_X,train_y,test_y＝train_test_split(X,y,test_size＝0.33,
                                                    random_state＝0)
    ss＝StandardScaler()
    train_X＝ss.fit_transform(train_X)
    test_X＝ss.transform(test_X)
    clf＝KNeighborsClassifier(n_neighbors＝5,algorithm＝'kd_tree',
                              weights＝'uniform')
    clf＝clf.fit(train_X,train_y)
```

```
        print(clf.score(test_X,test_y))      #输出结果:0.96
if __name__=="__main__":
    main()
```

7.6 课后习题

一、单选题

1.下列( )不是数据挖掘的主要功能。

A.预测趋势和行为　　　　　　　　　　B.将数据结果以图形化形式输出

C.关联分析　　　　　　　　　　　　　D.聚类和分类

2.数据挖掘的流程中,不包含( )。

A.数据可视化　　　　　　　　　　　　B.数据收集

C.数据整理与挖掘　　　　　　　　　　D.数据挖掘结果评估与分析决策

3.下列关于数据挖掘与传统分析方法的区别的描述,错误的是( )。

A.数据挖掘的方法有统计方法、机器学习、神经网络方法等

B.传统分析方法是在没有明确假设的前提下去挖掘信息、发现知识

C.数据挖掘所得到的信息应具有先前未知、有效和可实用三个特征

D.数据挖掘是要发现那些不能靠直觉发现的信息或知识,挖掘出的信息越是出乎意料
就可能越有价值

4.下列关于数据挖掘功能中的关联分析,正确的是( )。

A.关联分析就是一个购物篮分析,不能用于其他方面

B.关联分析不能帮助超市制定合适的营销策略

C.K-Means是常用的关联分析算法

D.所谓关联分析,就是通过统计和分析数据集中各个数据项或属性出现的频率,发现数
据项或属性之间的关联,最终导出相应的关联规则

5.下列关于贝叶斯分类的描述,错误的是( )。

A.贝叶斯分类的实际应用存在局限性,如果特征数量较大或者每个特征能取大量值
时,基于概率模型列出概率表变得不现实

B.贝叶斯决策就是在不完全情报下,对部分未知的状态用主观概率估计,然后用贝叶斯
公式对发生概率进行修正,最后利用期望值和修正概率做出最优决策,是统计决策
模型的一种

C.贝叶斯分类的实际应用不存在局限性

D.朴素贝叶斯分类应用于自然语言处理、语音识别、图像识别和垃圾邮件分类

6.下列关于K-Means算法的描述,错误的是( )。

A.K-Means算法的分配依据是对象到簇的代表点聚类,代表点即簇中对象的均值

B.K-Means算法对簇数目即K值敏感,且用户必须先给出K值

C.K-Means算法对噪声和离群点数据敏感

D.K-Means算法适合发现非凸形状的簇,或者大小差别很大的簇,不会导致难以收敛

7.(　　)不是估计聚类趋势。

A.评估数据集是否存在非随机结构 　　B.判断数据集是否可以聚类

C.按照某种标准给对象贴标签 　　D.基于抽样统计

8.下列不是聚类评估典型任务的是(　　)。

A.估计聚类趋势 　　B.预估数据集中的簇数

C.解析对象属性的特征 　　D.测定聚类结果质量

二、填空题

1.文本挖掘也称为文字勘探、文本数据挖掘,大致相当于文字分析,它通常涉及输入文本的处理过程,产生_____数据,并最终评价和解释输出。

2._____是将数据分组成多个类,在同一个类内对象之间具有较高的相似度,不同类之间的对象差别较大。

3.在数据挖掘中,分类和预测准备阶段可能涉及_____、相关性分析和数据变换等操作。

4.聚类评估即进行聚类的可行性和_____的度量。

5._____是按照某种标准给对象贴标签,再根据标签来区分归类,属于有监督学习范畴。

6._____是指事先没有"标签"而通过分析找出事物之间存在相似性的过程,不需要预先知道类别的详细信息,一般是属于无监督的方法。

7.7　实验

实验学时:2 学时。

实验类型:验证。

实验要求:必修。

一、实验目的

1.掌握数据模型的建立方法。

2.掌握相关性与关联规则的使用。

3.掌握回归分析、聚类和分类算法及其应用。

二、实验要求

1.能建立 RFM 模型。

2.能在购物网站中应用相关性和关联规则进行分析。

3.能使用线性回归、逻辑回归进行预测分析。

4.掌握聚类算法和分类算法的适用场景及应用。

三、实验内容

任务1.对一幅打开的彩色图像,使用 K-Means 算法对像素进行聚类分析,实现图像分割。用 Python 和第三方库 NumPy、pandas、Sklearn 编程实现。

参考代码如下:

```
from sklearn.cluster import KMeans
import matplotlib.pyplot as plt
import numpy as np
from PIL import Image
def main():
    ima=Image.open('my_image.tif')
    ima=np.array(ima)
    [h,w,k]=ima.shape
    print(h,w,k)
    ima=ima.reshape(-1, 3)
    estimator=KMeans(n_clusters=2)
    estimator.fit(ima)
    res=estimator.predict(ima)
    print(res)
    cen=estimator.cluster_centers_
    cen=np.uint8(cen)
    print(cen)
    result=cen[res]
    print(result)
    result.shape
    result=result.reshape([h,w,3])
    plt.imshow(result[:,:,1],cmap='Greys_r')
if __name__=="__main__":
    main()
```

任务2.数据分析建模——电商平台用户评价的情绪分类。按下列流程为用户评价的情绪分类建立模型。

(1)制定目标。制定目标的前提是理解业务,明确要解决的商业现实问题是对某电商平台用户评价进行情绪分类。

(2)数据理解与准备。基于要解决的现实问题,理解和准备数据。一般需要解决以下问题:

①需要哪些数据指标?(特征提取)

②数据指标的含义是什么?

③数据的质量如何?(是否有缺失值)

④数据能否满足需求?

⑤数据还需要如何加工?(如数据指标转换、标签化)

⑥探索数据中的规律和模式,进而形成假设。(模型选择)

数据准备工作可能需要尝试多次,因为在复杂的大型数据中,较难发现数据中存在的模式,初步形成的假设可能会很快被推翻,这时一定要静心钻研,不断试错。数据建模后需要评估模型的效果,因此一般需要将数据分为训练集和测试集。

（3）建立模型。在准备好的数据基础上，建立数据模型。这种模型可能是机器学习模型，也可能不需要机器学习等高深的算法。选择什么样的模型，是由要解决的问题（目标）确定的。可以选择两个或以上的模型进行对比，并适当调整参数，使模型效果不断优化。

（4）模型评估。模型效果的评估有两个方面：一是模型是否解决了需要解决的问题（是否还有没有注意和考虑到的潜在问题需要解决）；二是模型的精确性（误差率或者残差是否符合正态分布等）。

（5）结果呈现。结果呈现主要关注以下三个方面：

①模型解决了哪些问题？

②解决效果如何？

③如何解决问题？具体操作步骤是什么？

（6）模型部署。通过大量数据解决了一个或多个重要的现实问题，需要将方案落实下去，一般情况下需要通过线上技术环境部署落实，从而为后面不断优化模型、更好地解决问题打下基础。

挑选任意电商平台爬取用户评价数据，按照上面的流程建立一个数据模型。

第8章　数据可视化

数据经过分析处理后借助图形化手段，清晰有效地以图形图像形式表示就是数据可视化。Python 提供了许多数据可视化库，如 Matplotlib、seaborn、Pygal、Plotly、Gleam、PyEcharts 等，本章讲解 Matplotlib、PyEcharts 和 seaborn 的数据可视化相关内容和案例。

8.1　Matplotlib

8.1.1　认识 Matplotlib

Matplotlib 是一个 Python 2D 绘图库，它提供一套表示和操作图形对象及内部对象的函数和工具。它不仅可以处理图形，而且提供事件处理工具，具有为图形添加动画效果的能力。

Matplotlib 的架构由 Scripting（脚本）层、Artist（表现）层和 Backend（后端）层组成，如图 8-1 所示。各层之间单向通信，即每一层只能与它的下一层通信，而下层无法与上层通信。Matplotlib 架构的最低层是 Backend 层，Matplotlib API 是用来在该层实现图形元素的类。它具体实现了下面的抽象接口类。

（1）FigureCanvas：对绘图区域（如"画布"）的概念进行封装。

（2）Renderer：执行绘图动作，即在 FigureCanvas 上绘图。

（3）Event：处理键盘与鼠标事件这样的用户输入。

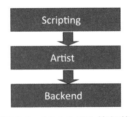

图 8-1　Matplotlib 的架构

Matplotlib 架构的中间层是 Artist（表现）层，图形中所有能看到的元素都属于 Artist 对象，如标题（title）、轴标签（axes）、刻度（ticks）、图形（Figure）等，这些元素都是 Artist 对象的实例。Figure 图形对象对应整个图形，包含 Axes 多条轴。Axes 轴对象表示图形或图表对哪些内容作图，2D 图形的 Axes 对象包含 Text（文本）、X-axis、Y-axis、Line2D。Axis 单条轴包含刻度（ticks）和标签（label），x 轴上包含 x-ticks 和 x-label，y 轴上包含 y-ticks 和

y-label。如图 8-2 所示。

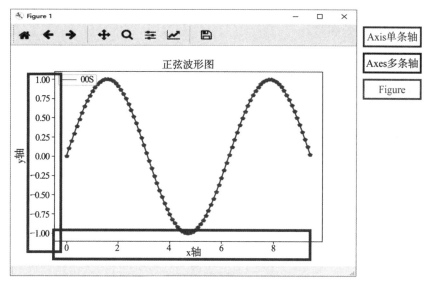

图 8-2 Artist 层的三个主要对象

Matplotlib 架构的最上层是 Scripting（脚本）层，系统提供了相关 Matplotlib API 函数供开发者使用，比较适合数据分析和可视化。Python 扩展库 Matplotlib 包括 pylab、pyplot 等绘图模块，以及大量用于字体、颜色、图例等图形元素的管理与控制的模块。其中，pylab 和 pyplot 模块提供了类似 MATLAB 的绘图接口，支持线条样式、字体属性、轴属性以及其他属性的管理和控制，可以用非常简洁的代码绘制出各种优美的图案。pyplot 是 Matplotlib 的内部模块，使用命令 import matplotlib.pyplot as plt 导入。pyplot 由一组命令式函数组成，通过这些函数操作或改动 Figure 对象。

8.1.2 图形的属性

Matplotlib 图形需要制定样式就必须设置图形的属性，如轴的样式、数据的范围、标题样式、图例样式、线条样式、数据和数据点样式、文本样式、图形样式等，如图 8-3 所示。

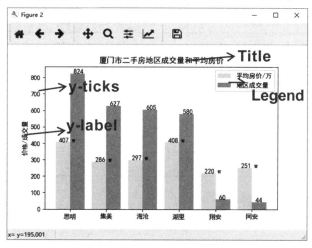

图 8-3 图形属性

Matplotlib 图形的属性有：

(1)num：图像的数量。

(2)figsize：图像的长和宽。

(3)dpi：分辨率。

(4)facecolor：绘图区域的背景颜色，其值参考表 8-1。

(5)edgecolor：绘图区域边沿的颜色，其值参考表 8-1。

(6)frameon：是否绘制图像边沿。

(7)axex：设置坐标轴边界和表面的颜色、坐标刻度值大小及网格的显示。

(8)figure：控制 dpi、边界颜色、图形大小及子区(subplot)设置。

(9)font：字体集(font family)、字体大小和样式设置。一般字体统一用一个字典控制，如 font＝{'family':'serif','style':'italic','weight':'normal','color':'red','size':16}。

(10)grid：设置网格颜色和线型。

(11)legend：设置图例和其中的文本的显示。

(12)line：设置线条(颜色、线型、宽度等)和标记。

(13)patch：是填充 2D 空间的图形对象，如多边形和圆。控制线宽、颜色和抗锯齿设置等。

(14)savefig：可以对保存的图形进行单独设置。例如，设置渲染的文件的背景为白色。

(15)verbose：设置 Matplotlib 在执行期间的信息输出，如 silent、helpful、debug 和 debug-annoying。

(16)xticks 和 yticks：为 x、y 轴的主刻度和次刻度设置颜色、大小、方向，以及标签大小。

(17)title：图像的标题。

(18)颜色样式：常用值如表 8-1 所示。

表 8-1　常用的颜色值

值	说明
'r'	红色(red)
'g'	绿色(green)
'b'	蓝色(blue)
'm'	洋红色(magenta)
'c'	青绿色(cyan)
'y'	黄色(yellow)
'w'	白色(white)
'k'	黑色(black)
'＃008000'	RGB 某颜色

(19)点的样式：常用值如表 8-2 所示。

表 8-2　常用的点样式值

值	说明
'o'	圆圈
'+'	加号
'*'	星号
'.'	点
'x'	叉号
'^'	上三角
'v'	下三角
'>'	右三角
'<'	左三角
'square' 或 's'	方形
'diamond' 或 'd'	菱形
'pentagram' 或 'p'	五角星（五角形）
'hexagram' 或 'h'	六角星（六角形）
'1'	下花三角
'2'	上花三角
'3'	左花三角
'4'	右花三角
'none'	无标记

（20）线型样式：常用值如表 8-3 所示。

表 8-3　常用线型样式值

值	说明
'—'	实线
'-'	破折线
'—.'	点划线
':'	虚线
'' 或 'None'	无线条

8.1.3　Matplotlib 绘图流程

使用 pylab 或 pyplot 绘图时先需要导入所用到的库包。例如：

import matplotlib as mpl

import matplotlib.pylab as plt

然后开始绘图，一般要经过以下步骤：第 1 步，获取数据，即得到需要绘制图像的 x、y

轴数据。例如：

x＝np.linspace(－1，1，50)

y＝－x ** 2＋1

第2步，创建画图对象 figure。例如：

t＝plt.figure(num＝1，figsize＝(8，5))

num 表示编号，figsize 表示图表的长宽

如果需要创建子图，可用 add_subplot()或 plt.subplot()方法创建，如：

sub_t1＝t.add_subplot(1,2,1)

sub_t2＝plt.subplot(1,2,2)

第三步，绘制图形，可以绘制直线图、曲线图、散点图、柱形图、饼图、折线图等。例如：

plt.plot(x，y，label＝"曲线"，color＝'red',linewidth＝1.0,linestyle＝'－－')

第4步，设置图形的属性，可以设置标题、图例、文本、坐标轴、网格等。例如：

plt.title('绘制直线和曲线') # 设置标题

plt.legend() # 设置图例

第5步，加载鼠标、键盘等事件使图形实现交互功能。例如：

def on_key_press(event)：

xdata＝str(round(event.xdata,3))

ydata＝str(round(event.ydata,3))

plt.title("x:{} ; y:{}".format(xdata,ydata))

t.canvas.draw_idle()

t.canvas.mpl_connect('button_press_event', on_key_press)

第6步，输出图形(显示图形或保存图形)。例如：

plt.show()

【案例 8-1】 根据函数 $y_1＝2x＋1$，$y_2＝－x^2＋1$，绘制如图 8-4 所示的图形。

程序代码如下：

```
# coding:utf-8
import numpy as np
import matplotlib as mpl
import matplotlib.pylab as plt
def main():
    # 中文显示正常
    mpl.rcParams['font.sans－serif']＝['SimHei']
    mpl.rcParams['axes.unicode_minus']＝False
    x＝np.linspace(－1，1，50) # 生成 50 个[－1,1]之间成等差数列的数
    y1＝2 * x＋1
    y2＝－x ** 2＋1
    plt.figure(num＝1，figsize＝(8，5)) # num 表示编号,figsize 表示图表的长宽
    plt.plot(x，y2，label＝"曲线") # label 图例标签
    # 设置线条的样式
```

```
    plt.plot(x，y1,label="直线"，color='red',linewidth=1.0,linestyle='－－')
    plt.title('绘制直线和曲线')      ♯设置标题
    plt.legend()                     ♯设置图例
    plt.show()                       ♯显示绘制的结果图像
if __name__=="__main__":
    main()
```

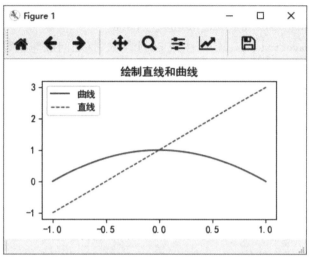

图 8-4　直线曲线

【**案例 8-2**】　在案例 8-1 的基础上对图形进行美化,绘制如图 8-5 所示的图形。

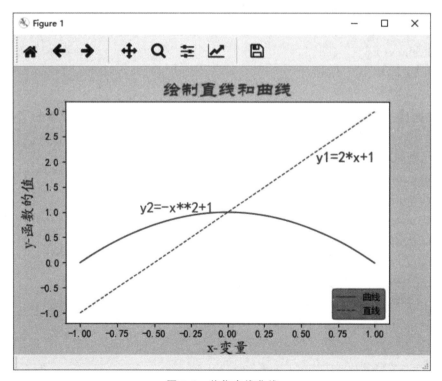

图 8-5　美化直线曲线

程序代码如下：

```
#coding:utf-8
import numpy as np
import matplotlib as mpl
import matplotlib.pylab as plt
def main():
    mpl.rcParams['font.sans-serif']=['SimHei']
    mpl.rcParams['axes.unicode_minus']=False
    x=np.linspace(-1,1,50)#生成50个[-1,1]之间成等差数列的数
    y1=2*x+1
    y2=-x**2+1
    plt.figure(num=1,figsize=(8,5),facecolor='pink',edgecolor='green')
    plt.plot(x,y2,label="曲线") #label图例标签
    plt.plot(x,y1,label="直线",color='red',linewidth=1.0,linestyle='--')
    #设置线条的样式
    plt.title('绘制直线和曲线',fontproperties='STLITI',fontsize=20,color='red')
    #设置标题
    plt.xlabel('x-变量',fontproperties='STKAITI',fontsize=16,color='blue')
    plt.ylabel('y-函数的值',fontproperties='STKAITI',fontsize=16,color='blue')
    #设置图例的位置和背景颜色、边框颜色
    plt.legend(loc='lower right',facecolor='grey',edgecolor='red')
    plt.text(0.6,2,r'y1=2*x+1',fontdict={'size':16,'color':'r'})
    plt.text(-0.6,1,r'y2=-x**2+1',fontdict={'size':16,'color':'#3355B9'})
    plt.show()
if __name__=="__main__":
    main()
```

【案例8-3】 继续在案例8-2的基础上，改变轴的取整范围、刻度，设置相交点及文本，如图8-6所示。

程序代码如下：

```
#coding:utf-8
import numpy as np
import matplotlib as mpl
import matplotlib.pylab as plt
def main():
    mpl.rcParams['font.sans-serif']=['SimHei']
    mpl.rcParams['axes.unicode_minus']=False
    x=np.linspace(-1,1,50)
    y1=2*x+1
    y2=-x**2+3
```

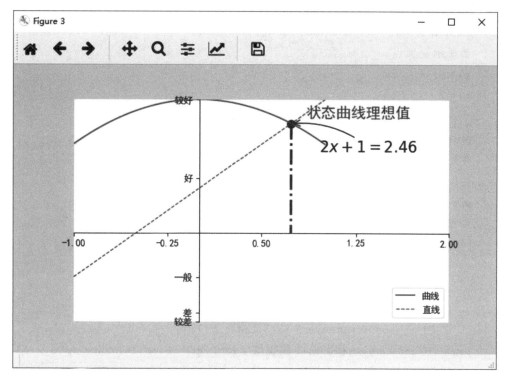

图 8-6　直线曲线

plt.figure(num=3，figsize=(8，5)，facecolor='pink'，edgecolor='green')

plt.plot(x，y2，label="曲线")

#设置线条的样式

plt.plot(x，y1，label="直线"，color='red'，linewidth=1.0，linestyle='--')

plt.xlim((-1，2))　#x 参数范围，即 x 轴的取值范围

plt.ylim((1，3))　　#y 参数范围

#设置点的位置

new_ticks=np.linspace(-1，2，5)

plt.xticks(new_ticks)

#为点的位置设置对应的文字

#第一个参数是点的位置，第二个参数是点的文字提示

plt.yticks([-2，-1.8，-1，1.22，3]，[r'较差'，r'差'，r'一般'，r'好'，r'较好'])

ax=plt.gca()　　　#获取图形的 axis 轴

#将右边和上边的边框(脊)的颜色去掉

ax.spines['right'].set_color('none')

ax.spines['top'].set_color('none')

#绑定 x 轴和 y 轴

ax.xaxis.set_ticks_position('bottom')

ax.yaxis.set_ticks_position('left')

#定义 x 轴和 y 轴的位置

```
ax.spines['bottom'].set_position(('data', 0))
ax.spines['left'].set_position(('data', 0))
#显示交叉点
x0=0.73
y0=2 * x0+1
#s 表示点的大小
plt.scatter(x0, y0, s=66, color='b')
#定义线的范围,x 的范围是定值,y 的范围是从 y0 到 0 的位置
#lw 表示 linewidth,线宽
plt.plot([x0, x0],[y0, 0], 'k-.', lw=2.5)
#设置关键位置的提示信息
plt.annotate(r'$ 2x+1=%s $ ' % y0, xy=(x0, y0),
            xycoords='data', xytext=(+30, -30),
            textcoords='offset points', fontsize=16,
            arrowprops=dict(arrowstyle='->',
            connectionstyle='arc3,rad=.2'))
plt.text(0.85, 2.6, r'状态曲线理想值', fontdict={'size':16,'color':'g'})
plt.legend(loc='lower right')
plt.show()
if __name__=="__main__":
    main()
```

【**案例 8-4**】 继续在案例 8-3 的基础上,将函数改为 $y_1=2x+1$,$y_2=-x^2+3$,绘制如图 8-7 所示的图形,当鼠标移动时状态点(即红点)部分会沿着曲线移动。

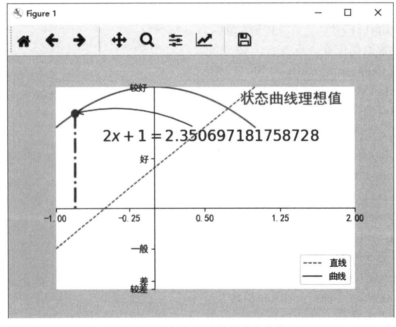

图 8-7　具有交互功能的直线曲线

程序代码如下：

```python
import numpy as np
import matplotlib as mpl
import matplotlib.pylab as plt
import matplotlib.animation as animation
def main():
    mpl.rcParams['axes.unicode_minus']=False
    mpl.rcParams['font.sans-serif']=['SimHei']
    fig=plt.figure(facecolor='pink',edgecolor='green')
    ax=fig.add_subplot(1, 1, 1)
    draw_pic()
    dynamic_draw(fig, ax)
    plt.show()
def draw_pic():
    x=np.linspace(-1,1,50)
    y1=2 * x+1
    #设置线条的样式
    plt.plot(x, y1, label='直线', color='red', linewidth=1.0, linestyle='--')
    y=-x ** 2+3
    plt.plot(x, y, label='曲线')
    plt.xlim((-1,2))
    plt.ylim((1,3))
    plt.xticks(np.linspace(-1,2,5))
    #为点的位置设置对应文字,第一个参数是点的位置,第二个参数是点的文字提示
    plt.yticks([-2,-1.8,-1,1.22,3],[r'较差',r'差',r'一般',r'好',r'较好'])
    my_gca=plt.gca()
    #将右边和上边边框的颜色去掉
    my_gca.spines['right'].set_color('none')
    my_gca.spines['top'].set_color('none')
    #绑定 x、y 轴
    my_gca.xaxis.set_ticks_position('bottom')
    my_gca.yaxis.set_ticks_position('left')
    #定义 x、y 轴位置
    my_gca.spines['bottom'].set_position(('data',0))
    my_gca.spines['left'].set_position(('data', 0))
    plt.text(0.85, 2.6, r'状态曲线理想值', fontdict={'size': 16, 'color': 'g'})
    plt.legend(loc='lower right')
def dynamic_draw(fig, ax):
    x=0.73
```

```
    y＝2＊x＋1
    global small_plot
    small_plot＝ax.scatter(x，y，s＝66，color＝'b')
    ♯定义线的范围，x 的范围是定值，y 的范围是从 y 到 0 的位置，lw 表示 linewidth，线宽
    line,＝plt.plot([x，x],[y，0]，'k—.'，lw＝2.5，color＝'red')
    ♯设置关键位置的提示信息
    text＝plt.annotate(r'$2x＋1＝%s$' % y，xy＝(x，y)，xycoords＝'data'，
                    xytext＝(＋30，－30)，textcoords＝'offset points'，
                    fontsize＝16，arrowprops＝dict(arrowstyle＝'—>'，
                    connectionstyle＝'arc3,rad＝.2'))
def get_move(event)：
    global small_plot
    ♯打开交互模式面板
    plt.ion()
    try：
        if 1 > event.xdata > －1 and 3 > event.ydata > 0：
            x＝event.xdata
            y＝－x ** 2＋3
            line.set_xdata([x，x])
            line.set_ydata([y，0])
            small_plot.remove()  ♯每次移动把原来的小点删除
            small_plot＝ax.scatter(x，y，s＝66，color＝'red')
            text.set_text(r'$2x＋1＝%s$'%y)
            text.xy＝(x，y)
    except TypeError：
        pass
    ♯绑定鼠标移动事件
    fig.canvas.mpl_connect('motion_notify_event'，get_move)
if __name__＝＝'__main__'：
    main()
```

8.1.4 基本图表绘制

数据的统计与分析中，需要用图表来表示数据分布、统计报告的情况。Matplotlib 可以绘制柱形图、饼图、折线图、散点图等基本图表。

1.柱形图

柱形图也叫柱状图、条形图，是一种以长方形的长度为变量的统计报告图，由一系列高度不等的纵向条纹表示数据分布的情况，用来比较两个或以上的价值数据。Matplotlib 绘制柱形图的函数是 bar()，它的原型为：

```
matplotlib.pyplot.bar(x，height，width＝0.8，bottom＝None，＊，align＝'center'，
                    data＝None，** kwargs)
```

常见参数的作用如下。

（1）x：x 轴标签。

（2）height：柱的高度（即 y 轴数据）。

（3）width：柱的宽度。

（4）bottom：柱形基座的 y 坐标。

（5）align：对齐方式，align＝'center'表示居中对齐，align＝'edge'表示与左边沿对齐。

【案例 8-5】　根据厦门市 2018 年 1—6 月晴天天数数据[22,23,21,19,20,25]绘制柱形图，如图 8-8 所示。

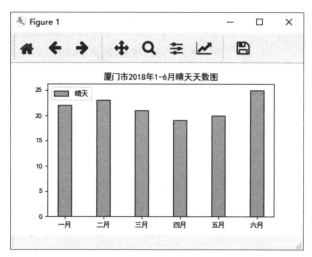

图 8-8　厦门市 2018 年 1—6 月晴天天数柱形图

程序代码如下：

```
＃encoding：utf-8
import matplotlib as mpl
import matplotlib.pylab as plt
def main():
    mpl.rcParams['font.sans-serif']＝['SimHei']
    mpl.rcParams['axes.unicode_minus']＝False
    plt.figure(figsize＝(7,5),dpi＝80)
    x＝['一月','二月','三月','四月','五月','六月']
    y＝[22,23,21,19,20,25]
    ＃绘制柱状图
    plt.bar(x, y, width＝0.35,
            color＝'＃87CEFA',        ＃柱的颜色
            alpha＝1,                ＃透明度
            edgecolor＝'blue',        ＃边框颜色，呈现描边效果
            label＝'晴天'
            )
```

```
    plt.title('厦门市 2018 年 1—6 月晴天天数图')
    plt.legend()  # 显示图例
    plt.show()  # 显示图形
if __name__ == "__main__":
    main()
```

【案例 8-6】 根据厦门市 2018 年 1—6 月晴天天数数据[22,23,21,19,20,25]和雨天天数数据[6,7,8,10,9,3]绘制柱形图,如图 8-9 所示。

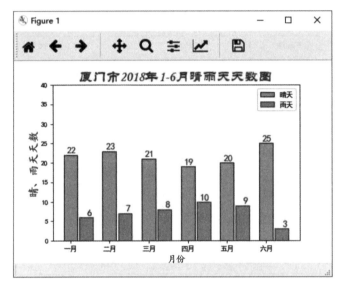

图 8-9 厦门市 2018 年 1—6 月晴雨天天数柱形图

程序代码如下:

```
# encoding:utf-8
import numpy as np
import matplotlib as mpl
import matplotlib.pylab as plt
def main():
    mpl.rcParams['font.sans-serif'] = ['SimHei']
    mpl.rcParams['axes.unicode_minus'] = False
    plt.figure(figsize=(7,5),dpi=80)
    x = np.arange(1,7)
    y = [22,23,21,19,20,25]
    y1 = [6,7,8,10,9,3]
    plt.bar(x,y,width=0.35,color='#87CEFA',alpha=1,edgecolor='blue',
        label='晴天')
    plt.bar(x+0.4,y1,width=0.35,color='#FA87CE',alpha=1,edgecolor='r',
        label='雨天')
    plt.title('厦门市 2018 年 1—6 月晴雨天天数图',
            fontproperties='STLITI',fontsize=20,color='red')
```

```
    plt.xlabel('月份',fontproperties='STKAITI',fontsize=16,color='blue')
    plt.ylabel('晴、雨天天数',fontdict={'name':'STKAITI','size': 16, 'color': 'b'})
    plt.legend()
    ax=plt.gca()
    ax.set_xticklabels(['','一月','二月','三月','四月','五月','六月'])
    ax.set_yticks(np.arange(0,41,5))
    #为每个柱形添加文本标注
    for xx, yy in zip(x, y)：
        plt.text(xx−0.1, yy + 0.4, '%2d' % yy,fontdict={'size': 14, 'color': 'g'})
    for xx, yy in zip(x+0.4, y1)：
        plt.text(xx−0.1, yy + 0.4, '%2d' % yy,fontdict={'size': 14, 'color': 'r'})
    plt.show()
if __name__=="__main__"：
    main()
```

前面讲的都是沿垂直方向排列的柱形图,如果要绘制水平方向的柱形图,只需将 bar()
函数改为 barh()函数即可,参数不变。

【案例 8-7】　将案例 8-6 的柱形图改为水平方向的柱形图,如图 8-10 所示。

程序代码如下：

```
#encoding：utf-8
import numpy as np
import matplotlib as mpl
import matplotlib.pylab as plt
def main()：
    mpl.rcParams['font.sans-serif']=['SimHei']
    mpl.rcParams['axes.unicode_minus']=False
    plt.figure(figsize=(7,5),dpi=80)
    x=np.arange(1,7)
    y=[22,23,21,19,20,25]
    y1=[6,7,8,10,9,3]
    plt.barh(x,y,height=0.35,color='#87CEFA',alpha=1,edgecolor='blue',
            label='晴天' )
    plt.barh(x+0.4,y1,height=0.35, color='#FA87CE', alpha=1, edgecolor='r',
            label='雨天')
    plt.title('厦门市 2018 年 1—6 月晴雨天天数图',
            fontproperties='STLITI',fontsize=20,color='red')
    plt.ylabel('月份',fontproperties='STKAITI',fontsize=16,color='blue')
    plt.xlabel('晴、雨天天数',fontdict={'name':'STKAITI','size': 16, 'color': 'b'})
    plt.legend()
    ax=plt.gca()
```

```
ax.set_yticklabels(['','一月','二月','三月','四月','五月','六月'])
ax.set_xticks(np.arange(0,41,5))
for yy,xx in zip(y, x):
    plt.text(yy + 0.4,xx-0.1, '%2d' % yy,fontdict={'size': 14, 'color': 'g'})
for yy, xx in zip(y1,x+0.4):
    plt.text( yy + 0.4,xx-0.1, '%2d' % yy,fontdict={'size': 14, 'color': 'r'})
plt.show()
```
if __name__=="__main__":
    main()

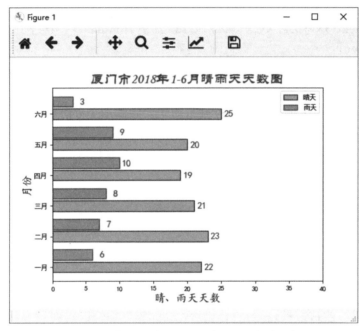

图 8-10　厦门市 2018 年 1—6 月晴雨天天数水平柱形图

2.饼图

饼图用于显示一个数据系列中各项大小与各项总和的比例,饼图中的数据点显示为整个饼图的百分比。Matplotlib 绘制饼图的函数是 pie(),它的原型为:

matplotlib.pyplot.pie(x, explode=None, labels=None, colors=None, autopct=None,
        pctdistance=0.6, shadow=False, labeldistance=1.1, startangle=None,
        radius=None,counterclock=True,wedgeprops=None,textprops=None,
        center=(0, 0), frame=False,rotatelabels=False, *,data=None)

常见参数的作用如下。

(1)x:每块饼的数值。

(2)explode:每块饼离开圆心的距离。

(3)labels:每块饼的标签。

(4)colors:每块饼的颜色。

(5)autopct:每块饼的占比。

（6）pctdistance：每块饼占比与圆心的距离，默认值为 0.6。

（7）shadow：是否显示阴影。

（8）labeldistance：饼的标签与圆心的距离。

（9）startangle：位置偏移的起始角度。

（10）radius：半径的大小。

（11）counterclock：逆时针或顺时针。

（12）wedgeprops：wedge 对象属性设置。

（13）textprops：文本属性。

（14）center：圆心位置。

（15）frame：是否绘制框架。

（16）rotatelabels：是否旋转每个 label 到指定的角度。

【**案例 8-8**】　根据 2017 年中国、美国、日本、俄罗斯、德国、英国、印度、法国的 GDP 数据：131.7、195.5、43.4、13.1、35.9、32.3、26.1、25.8（单位：千亿美元），绘制如图 8-11 所示的饼图。

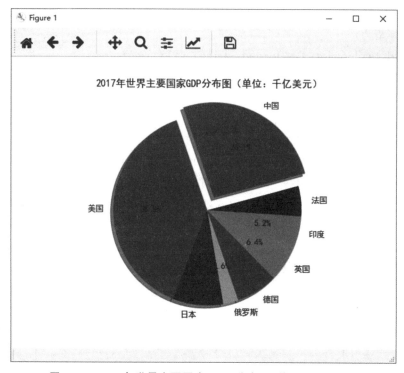

图 8-11　2017 年世界主要国家 GDP 分布图（单位：千亿美元）

程序代码如下：

```
import matplotlib.pylab as plt
import matplotlib as mpl
def main():
    mpl.rcParams['font.sans-serif']=['SimHei']
    mpl.rcParams['axes.unicode_minus']=False
```

```
        labels＝['中国','美国','日本','俄罗斯','德国','英国','印度','法国']
        values＝[131.7,195.5,43.4,13.1,35.9,32.3,26.1,25.8]
        colors＝['r','g','b','y','m','c','grey','k']
        explode＝[0.15,0,0,0,0,0,0,0]
        plt.title('2017 年世界主要国家 GDP 分布图（单位：千亿美元）')
        plt.pie(values,labels＝labels,colors＝colors,
                explode＝explode,startangle＝15,
                autopct＝'%2.1f%%',shadow＝True)
        plt.axis('equal')
        plt.show()
if __name__＝＝"__main__":
        main()
```

3.折线图

对于随时间而变化的连续数据,在数据分析中常常用折线图来表示。在折线图中,类别数据沿水平轴均匀分布,所有值数据沿垂直轴均匀分布。Matplotlib 绘制折线图的函数是 plot(),它的原型为:

matplotlib.pyplot.plot(x,y,format_string,＊＊kwargs)

常见参数的作用如下。

(1)x:x 轴的数据。

(2)y:y 轴的数据。

(3)format_string:用于精致曲线显示格式的字符串。

(4)＊＊kwargs:关键字参数(keyword args),这些关键字作为参数传递给函数。

【案例 8-9】 根据 2018 年 1 月、3 月、5 月、7 月、9 月、11 月的生产指数的最大值数据 16、25、18、36、30、34 和最小值数据 5、8、6、10、7、9,绘制如图 8-12 所示的折线图,并以 highs_lows.png 为文件名保存在当前路径中。

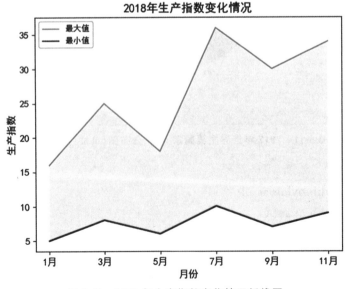

图 8-12　2018 年生产指数变化情况折线图

程序代码如下：

```
import matplotlib.pylab as plt
import matplotlib as mpl
def main():
    mpl.rcParams['font.sans-serif']=['SimHei']
    mpl.rcParams['axes.unicode_minus']=False
    dates, highs, lows=['1 月','3 月','5 月','7 月','9 月','11 月'],
                       [16,25,18,36,30,34],[5,8,6,10,7,9]
    fig=plt.figure(dpi=120, figsize=(5,3))
    plt.plot(dates, highs, label='最大值', c='red', alpha=0.5)
    plt.plot(dates, lows,label='最小值', c='blue', alpha=0.5)
    plt.fill_between(dates, highs, lows, facecolor='orange', alpha=0.1)
    plt.title('2018 年生产指数变化情况', fontsize=14)
    plt.xlabel('月份', fontsize=10)
    plt.ylabel('生产指数', fontsize=10)
    plt.tick_params(axis='both', which='major', labelsize=12)
    plt.legend()
    plt.savefig('highs_lows.png', bbox_inches='tight')
    plt.show()
if __name__=="__main__":
    main()
```

4.散点图

散点图是指在数据回归分析中,数据点在直角坐标系平面上的分布图。散点图表示因变量随自变量而变化的大致趋势,据此可以选择合适的函数对数据点进行拟合。Matplotlib 绘制散点图的函数是 scatter(),它的原型为：

```
matplotlib.pyplot.scatter(x, y, s=None, c=None, marker=None, cmap=None,
                          norm=None, vmin=None, vmax=None,
                          alpha=None,linewidths=None, …)
```

常见参数的作用如下。

(1)x:x 轴的数据。

(2)y:y 轴的数据。

(3)s:标记的大小。

(4)c:标记颜色,可以指定 RGB 三元数、颜色名称或由 RGB 三元数组成的三列矩阵,其值如表 8-4 所示。

表 8-4　标记颜色属性值表

选项	对应的 RGB 三元数	说明
'red' 或 'r'	[1 0 0]	红色
'green' 或 'g'	[0 1 0]	绿色

续表

选项	对应的 RGB 三元数	说明
'blue' 或 'b'	[0 0 1]	蓝色
'yellow' 或 'y'	[1 1 0]	黄色
'magenta' 或 'm'	[1 0 1]	洋红色
'cyan' 或 'c'	[0 1 1]	青绿色
'white' 或 'w'	[1 1 1]	白色
'black' 或 'k'	[0 0 0]	黑色

(5)marker：标记样式，常用的标记属性值如表 8-2 所示。

(6)cmap：颜色模式。

(7)norm：数据亮度。

(8)vmin：规范最小值的显示模式。

(9)vmax：规范最大值的显示模式。

(10)alpha：透明度。

(11)linewidths：线宽。

【案例 8-10】 某人用 A、B 两个色子随机掷了 1000 次，统计 A、B 两个色子面值出现的次数，绘制如图 8-13 所示的散点图。

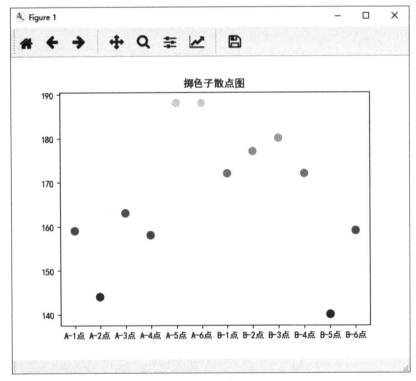

图 8-13　掷色子散点图

色子类 Die 的代码：

```
import random
class Die：
    def __init__(self，num_sides＝6)：#num_sides 色子有 6 个面
        self.num_sides＝num_sides
    def roll(self)：
        #返回一个 1 和色子面数之间的随机数
        return random.randint(1，self.num_sides)
```

数据分析与绘制散点图代码：

```
#coding＝utf-8
from matplotlibcase.die import Die
import matplotlib.pyplot as plt
import matplotlib as mpl
import numpy as np
def main()：
    mpl.rcParams['font.sans-serif']＝['SimHei']
    mpl.rcParams['axes.unicode_minus']＝False
    #产生色子对象
    die1＝Die()
    die2＝Die()
    result1,result2＝[],[]
    for roll_num in range(1000)：
        result01＝die1.roll()
        result02＝die2.roll()
        result1.append(result01)
        result2.append(result02)
    print(result1)
    print(result2)
    #分析结果
    frequenciesA,frequenciesB＝[],[]
    for value in range(1,7)：
        frequency01＝result1.count(value)
        frequency02＝result2.count(value)
        frequenciesa.append(frequency01)
        frequenciesb.append(frequency02)
    print(frequenciesA)
    print(frequenciesB)
    labels＝['A-1 点','A-2 点','A-3 点','A-4 点','A-5 点','A-6 点',
            'B-1 点','B-2 点','B-3 点','B-4 点','B-5 点','B-6 点']
```

```
        plt.title('掷色子散点图')
        color＝np.arctan2([frequenciesA,frequenciesB],np.random.randint(1,12))
        plt.scatter(labels,[frequenciesA,frequenciesB]，s＝75，c＝color，alpha＝0.9)
        plt.show()
if __name__＝＝"__main__":
        main()
```

8.1.5 高级图表绘制

除了基本图表绘制外,我们还需要用到其他形式的图表,Matplotlib 可以绘制等高线图、极坐标图、3D 曲面图等高级图表。

1.等高线图

等高线也叫等值线,指的是地形图上高程相等的相邻各点所连成的闭合曲线。把地面上海拔高度相同的点连成的闭合曲线,并垂直投影到一个水平面上,并按比例缩绘在图纸上,就得到等高线。等高线也可以看作不同海拔高度的水平面与实际地面的交线,所以等高线是闭合曲线。在等高线上标注的数字为该等高线的海拔。等高线图或等值线图在科学界很常用,这种可视化方法用由一圈圈封闭的曲线组成的等值线图表示三维结构的表面,其中封闭的曲线表示的是一个个处于同一层级或 z 值相同的数据点。

Matplotlib 绘制等高线图的函数是 contourf()和 contour(),它们的原型为:

matplotlib.pyplot.contourf(* args, data＝None, ** kwargs)

matplotlib.pyplot.contour([X,Y,]Z,[levels], ** kwargs)

contour()函数的作用是绘制轮廓线,contourf()函数的作用是填充轮廓。绘制等高线图时,先用 z＝f(x,y)函数生成三维结构,再定义 x、y 的取值范围,确定要显示的区域,之后使用 f(x,y)函数算出 z 值,得到 z 值矩阵,然后用 contour()函数生成三维结构表面的等高线。为使图形效果更好,往往定义颜色表为等高线添加不同颜色,填充区域采用渐变色填充。

【案例 8-11】 根据函数 $f(x,y)=\left(x^5+y^3-\dfrac{1}{2}x+1\right)e^{-x^2-y^2}$,其中 $x\in[-3,3]$,$y\in[-3,3]$,颜色使用标准色,绘制如图 8-14 所示的等高线图。

程序代码如下:

```
import numpy as np
import matplotlib.pylab as plt
def main():
        ＃定义等高线高度函数
        def f(x, y):
                return (1－x/2＋x ** 5＋y ** 3) * np.exp(－x ** 2－y ** 2)
        ＃数据数目
        n＝256
        ＃定义 x, y
        x＝np.linspace(－3, 3, n)
```

y＝np.linspace(－3，3，n)

＃生成网格数据

X，Y＝np.meshgrid(x，y)

plt.contourf(X，Y，f(X，Y),8,alpha＝0.75)

＃绘制等高线

C＝plt.contour(X，Y，f(X，Y)，8，colors＝'black'，linewidth＝0.5)

＃绘制等高线数据

plt.clabel(C，inline＝True，fontsize＝10)

＃去除坐标轴

plt.xticks(())

plt.yticks(())

plt.show()

if __name__＝＝"__main__"：

　　main()

程序运行结果如图 8-14 所示。

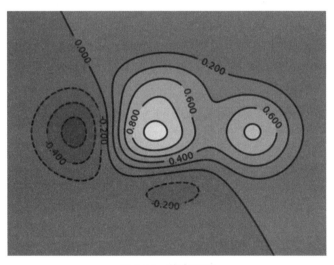

图 8-14　等高线图

如果要显示热力图(图 8-15)，则将

plt.contourf(X，Y，f(X，Y)，8，alpha＝0.75)

这行代码改为

plt.contourf(X，Y，f(X，Y)，8，alpha＝0.75，cmap＝plt.cm.hot)

＃cmap＝plt.cm.hot 映射为热力图

即可。

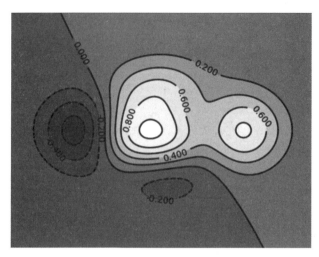

图 8-15　等高线热力图

2.极坐标图

在平面内取一个定点 O,称为极点,引一条射线 Ox,叫作极轴,再选定一个长度单位和角度的正方向(通常取逆时针方向)。对于平面内任何一点 M,用 ρ 表示线段 OM 的长度(有时也用 r 表示),θ 表示从 Ox 到 OM 的角度,ρ 叫作点 M 的极径,θ 叫作点 M 的极角,有序数对 (ρ,θ) 就称为点 M 的极坐标(图 8-16),这样建立的坐标系叫作极坐标系。通常情况下,M 的极径坐标单位为 1(长度单位),极角坐标单位为 rad(或°)。

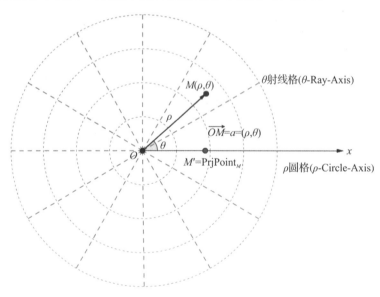

图 8-16　极坐标

Matplotlib 绘制极坐标图的方法也是用 plot()函数,只不过需要设置属性 projection＝'polar'来指定坐标轴为极坐标,也可以在调用 subplot()创建子图时通过设置 projection＝'polar'创建一个极坐标子图,然后调用 plot()在极坐标子图中绘图。Matplotlib 绘制极坐标图时需要的数据有极径和极角。

【案例 8-12】 以极径为 $[1,2,3,4,5]$ 和极角为 $[0,\frac{\pi}{2},\pi,\frac{3\pi}{2},2\pi]$，绘制如图 8-17 所示的极坐标图。

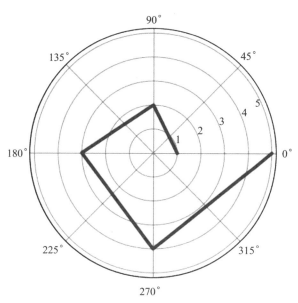

图 8-17　极坐标图

程序代码如下：

```
#encoding:utf-8
import numpy as np
import matplotlib.pylab as plt
import matplotlib as mpl
def main():
    mpl.rcParams['font.sans-serif']=['SimHei']
    mpl.rcParams['axes.unicode_minus']=False
    #极坐标中绘图需要的数据有极径和极角
    r=np.arange(1,6,1)    #极径
    ta=[i*np.pi/2 for i in range(5)]    #极角
    plt.figure('Polar', facecolor='lightgray')
    plt.gca(projection='polar')    #获取极坐标轴,默认是2D坐标轴
    plt.plot(ta,r,lw=3,color='r')
    plt.grid(True)  #加网格
    plt.show()
if __name__=="__main__":
    main()
```

上面代码也可在创建子图时获取坐标轴,然后设为极坐标,即把下面 3 行代码：

```
plt.gca(projection='polar')    #获取极坐标轴,默认是2D坐标轴
```

```
plt.plot(ta,r,lw=3,color='r')
plt.grid(True)  #加网格
```

改为

```
ax=plt.subplot(111,projection='polar')    #指定画图坐标为极坐标
ax.plot(ta,r,lw=3,color='r')
ax.grid(True)  #加网格
```

也能绘制同样的图形。

3.极区图

极区图和极坐标图一样,采用极坐标系,绘制时使用柱状图函数 bar()。这种图表由一系列呈放射状延伸的区域组成,每块区域占据一定的角度。

【案例 8-13】 以极径为$[1,2,3,4,5,6,7,8]$和极角为$\left[0,\dfrac{\pi}{4},\dfrac{\pi}{2},\dfrac{3\pi}{4},\pi,\dfrac{5\pi}{4},\dfrac{3\pi}{2},\dfrac{7\pi}{4}\right]$,绘制如图 8-18 所示的极区图。

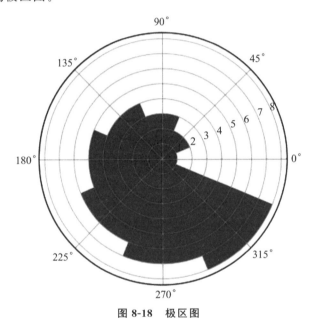

图 8-18   极区图

程序代码如下:

```
#encoding:utf-8
import numpy as np
import matplotlib.pylab as plt
import matplotlib as mpl
def main():
    mpl.rcParams['font.sans-serif']=['SimHei']
    mpl.rcParams['axes.unicode_minus']=False
    r=np.arange(1,9,1)
    ta=np.arange(0, 2 * np.pi,2 * np.pi/8)
```

```
plt.figure('极区图', facecolor='lightgray')
ax＝plt.subplot(111,projection='polar')
ax.bar(ta,r,width＝(2 * np.pi/8),color='red')
ax.grid(True)
plt.show()
if __name__＝＝"__main__":
    main()
```

4.极散点图

极散点图和极坐标图、极区图一样,采用极坐标系,绘制时使用散点图函数 scatter()。这种图表的散点以极坐标的极径和极角的位置绘制。

【案例 8-14】 以极径为$[1,2,3,4,5,6,7,8]$和极角为$[0,\frac{\pi}{4},\frac{\pi}{2},\frac{3\pi}{4},\pi,\frac{5\pi}{4},\frac{3\pi}{2},\frac{7\pi}{4}]$,绘制如图 8-19 所示的极散点图。

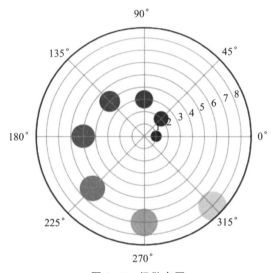

图 8-19　极散点图

程序代码如下:

```
# encoding:utf-8
import numpy as np
import matplotlib.pylab as plt
import matplotlib as mpl
def main():
    mpl.rcParams['font.sans-serif']＝['SimHei']
    mpl.rcParams['axes.unicode_minus']＝False
    r＝np.arange(1,9,1)
    ta＝np.arange(0, 2 * np.pi,2 * np.pi/8 )
    area＝100 * np.arange(1,9,1)
    colors＝ta
```

```
    plt.figure('极散点图',facecolor='lightgray')
    ax=plt.subplot(111,projection='polar')
    ax.scatter(ta,r,c=colors,s=area,alpha=0.8)
    ax.grid(True)
    plt.show()
if __name__=="__main__":
    main()
```

5.3D 曲线图

Matplotlib 中的 mplot3d 工具库可用来实现 3D 数据可视化功能,mplot3d 仍然使用 Figure 对象,但轴对象不是使用 Axes 对象而是使用 Axes3D 对象。用 mplot3d 工具库生成的 3D 图形如果在单独的窗口中显示,可以用鼠标旋转 3D 图形的轴进行查看。在使用 Axes3D 对象前要先导入,命令为:

from mpl_toolkits.mplot3d import Axes3D

如果需要获取 Axes3D 轴对象,可通过如下代码实现:

fig=plt.figure()

ax=Axes3D(fig)

或者:

fig=plt.figure()

ax=fig.gca(projection='3d')

Matplotlib 绘制 3D 曲线图还是使用 plot() 函数。

【案例 8-15】 绘制如图 8-20 所示的 3D 曲线图。

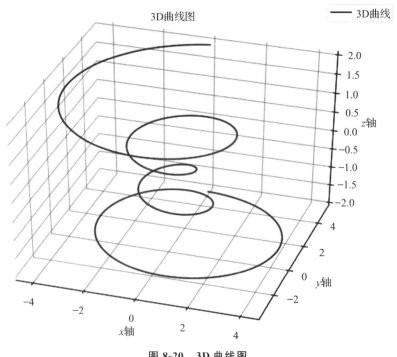

图 8-20 3D 曲线图

程序代码如下：

```
#encoding:utf-8
import numpy as np
import matplotlib.pylab as plt
import matplotlib as mpl
from mpl_toolkits.mplot3d import Axes3D
def main():
    mpl.rcParams['font.sans-serif']=['SimHei']
    mpl.rcParams['axes.unicode_minus']=False
    fig=plt.figure()
    ax=Axes3D(fig)    #也可用 ax=fig.gca(projection='3d')
    plt.title('3D曲线图',fontdict={'size':20,'color':'r'})
    #设置 x、y、z 轴
    ax.set_xlabel('x 轴',fontdict={'size':14,'color':'g'})
    ax.set_ylabel('y 轴',fontdict={'size':14,'color':'b'})
    ax.set_zlabel('z 轴',fontdict={'size':14,'color':'r'})
    ta=np.linspace(-4 * np.pi,4 * np.pi,1000)
    z=np.linspace(-2,2,1000)
    r=z ** 2+1
    x=r * np.sin(ta)
    y=r * np.cos(ta)
    #绘制曲线
    ax.plot(x,y,z,label='3D曲线',color='g')
    ax.legend()
    plt.show()
if __name__=="__main__":
    main()
```

6.3D 曲面图

Matplotlib 绘制 3D 曲面图和绘制 3D 曲线图相似，也要使用 mplot3d 工具库来实现，使用 Axes3D 对象的原理相同，只是绘图时使用的函数不同。Matplotlib 绘制 3D 曲面图使用 plot_surface() 函数。

【案例 8-16】　根据函数 $f(x,y)=\left(x^5+y^3-\dfrac{1}{2}x+1\right)e^{-x^2-y^2}$，其中 $x\in[-3,3]$，$y\in[-3,3]$，颜色映射使用'jet'，绘制如图 8-21 所示的 3D 曲面图。

程序代码如下：

```
#encoding:utf-8
import numpy as np
import matplotlib.pylab as plt
import matplotlib as mpl
```

```
from mpl_toolkits.mplot3d import Axes3D
＃定义生成三维结构函数
def f(x,y)：
    return (1－x/2＋x ** 5＋y ** 3) * np.exp(－x ** 2－y ** 2)
def main()：
    mpl.rcParams['font.sans－serif']＝['SimHei']
    mpl.rcParams['axes.unicode_minus']＝False
    n＝1000    ＃1000×1000 的点阵
    ＃用 meshgrid()函数生成一个二维数组
    x,y＝np.meshgrid(np.linspace(－3,3,n),np.linspace(－3,3,n))
    fig＝plt.figure()
    plt.title('3D 曲面图',fontdict＝{'size':20, 'color':'r'})
    ax＝Axes3D(fig)＃也可用 ax＝fig.gca(projection='3d')
    ＃设置 x,y,z 轴
    ax.set_xlabel('x 轴',fontdict＝{'size':14, 'color':'g'})
    ax.set_ylabel('y 轴',fontdict＝{'size':14, 'color':'b'})
    ax.set_zlabel('z 轴',fontdict＝{'size':14, 'color':'r'})
    ＃绘制 3D 曲面
    ax.plot_surface(x,y,f(x,y),rstride＝10,cstride＝10,cmap='jet')
    plt.show()
if __name __＝＝"__main __"：
    main()
```

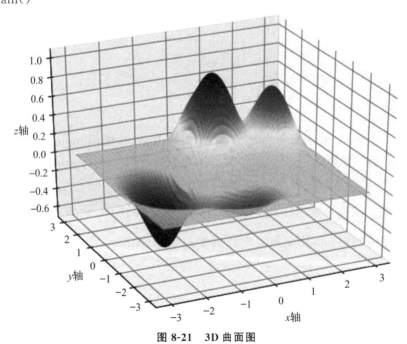

图 8-21　3D 曲面图

8.1.6　子图绘制

前面讲解的 Matplotlib 绘图基本上是针对 Figure 对象和 Axes 对象来编程,通过调用 gca()函数获得当前轴(Axes),通过调用 gcf()函数获得当前图形(Figure)。Matplotlib 绘制子图的函数是 subplot(),它有 3 个构造函数:

subplot(nrows, ncols, index, ∗∗ kwargs)

subplot(pos, ∗∗ kwargs)

subplot(ax)

nrows 表示行数。ncols 表示列数。index 表示编号,即第几个(按照从上到下、从左到右对子图进行编号,起始编号为 1)。pos 表示 nrows、ncols、index 的综合,如 subplot(2,3,1)可写成 subplot(231),都是表示 2 行 3 列的第 1 个子图。ax 表示 Axes 对象,当需要从 Figure 中删除某个 ax 时,可使用 delaxes(ax)方法,例如:plt.delaxes(ax2)。删除后如果又需要展示该子图时,可使用 subplot(ax)方法,例如:plt.subplot(ax2)。

【案例 8-17】　如图 8-22 所示,把一幅图分成上下两个不同的子图。

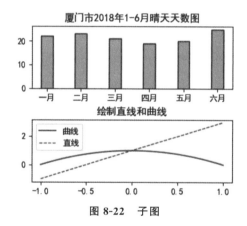

图 8-22　子图

程序代码如下:

```
# encoding:utf-8
import numpy as np
import matplotlib as mpl
import matplotlib.pylab as plt
def drawFirst():  # 绘制柱状图
    x=['一月', '二月', '三月', '四月', '五月', '六月']
    y=[22, 23, 21, 19, 20, 25]
    plt.bar(x,y,width=0.35,color='#87CEFA',alpha=1,edgecolor='blue',label='晴天')
    plt.title('厦门市 2018 年 1—6 月晴天天数图')
def drawSecond():  # 绘制直线、曲线图
    x=np.linspace(-1, 1, 50)
    y1=2 * x+1
    y2=-x ** 2+1
```

```
        plt.plot(x,y2,label="曲线")
        plt.plot(x,y1,label="直线",color='red', linewidth=1.0, linestyle='－－')
        plt.title('绘制直线和曲线')
        plt.legend(loc='upper left')
    def main():
        mpl.rcParams['font.sans-serif']=['SimHei']
        mpl.rcParams['axes.unicode_minus']=False
        plt.figure()
        #绘制第1个图
        plt.subplot(2,1,1)  #2行1列第1行
        drawFirst()
        #绘制第2个图
        plt.subplot(2,1, 2)  #2行1列第2行
        drawSecond()
        #调整子图参数,wspace和hspace为宽度和高度的百分比,调整子图间的间距
        plt.subplots_adjust(wspace=0.5,hspace=0.5)
        plt.show()  #显示图形
    if __name__=="__main__":
        main()
```

上面案例是在一幅图中绘制上下两个相同的子图,如果需要绘制大小不同的子图呢?Matplotlib 的 subplot()函数也能实现。

【案例 8-18】 如图 8-23 所示,把一幅图分成大小不同的子图。

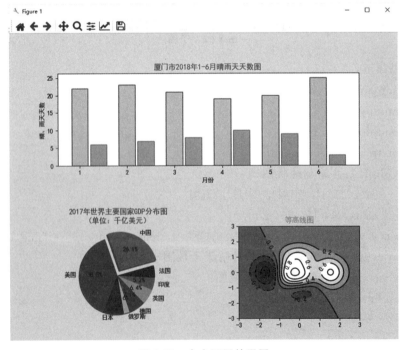

图 8-23 大小不同的子图

程序代码如下：

```
# encoding：utf-8
import numpy as np
import matplotlib as mpl
import matplotlib.pylab as plt
def drawFirst()：#绘制柱状图
    x＝np.arange(1，7)
    y＝[22，23，21，19，20，25]
    y1＝[6，7，8，10，9，3]
    plt.bar(x,y,width＝0.35,color='#87CEFA',alpha＝1,edgecolor='blue',label='晴天')
    plt.bar(x＋0.4,y1,width＝0.35,color='#FA87CE',alpha＝1,edgecolor='r',
            label='雨天')
    plt.title('厦门市 2018 年 1—6 月晴雨天天数图'，color＝'r')
    plt.xlabel('月份',color＝'b')
    plt.ylabel('晴、雨天天数',color＝'b')
def drawSecond()：#绘制饼图
    labels＝['中国'，'美国'，'日本'，'俄罗斯'，'德国'，'英国'，'印度'，'法国']
    values＝[131.7，195.5，43.4，13.1，35.9，32.3，26.1，25.8]
    colors＝['r'，'g'，'b'，'y'，'m'，'c'，'grey'，'k']
    explode＝[0.15，0，0，0，0，0，0，0]
    plt.title('2017 年世界主要国家 GDP 分布图\n(单位：千亿美元)'，color＝'m')
    plt.pie(values，labels＝labels，colors＝colors，
            explode＝explode,startangle＝15，
            autopct＝'%2.1f%%'，shadow＝True)
    plt.axis('equal')    #设为圆
def drawThird()：    #绘制等高线图
    def f(x，y)：
        return(1－x/2＋x ** 5＋y ** 3) * np.exp(－x ** 2－y ** 2)
    n＝256
    x＝np.linspace(－3，3，n)
    y＝np.linspace(－3，3，n)
    X,Y＝np.meshgrid(x，y)
    plt.contourf(X,Y，f(X,Y)，8，alpha＝0.75,cmap＝plt.cm.hot)
    C＝plt.contour(X,Y,f(X,Y)，8，colors＝'black')
    plt.clabel(C，inline＝True,fontsize＝10)
    plt.xticks()
    plt.yticks()
    plt.title('等高线图'，color＝'c')
def main()：
```

```
mpl.rcParams['font.sans-serif']=['SimHei']
mpl.rcParams['axes.unicode_minus']=False
plt.figure(facecolor='lightgray',edgecolor='green')
#绘制第1个图
plt.subplot(211)
drawFirst()
#绘制第2个图
plt.subplot(223)
drawSecond()
plt.subplot(224)
drawThird()
#调整子图参数,wspace和hspace为宽度和高度的百分比,调整子图间的间距
plt.subplots_adjust(wspace=0.5,hspace=0.8)
plt.show()#显示图形
if __name__=="__main__":
    main()
```

把图形分成多个区域,绘制大小不同的子图,Matplotlib 还提供 GridSpec()函数来管理更为复杂的情况。GridSpec()函数的作用是将一个图形划分成多行多列的网状区域,然后调用 add_subplot()函数返回 Axes 对象,通过 Axes 对象的 plot()方法绘制相应的子图图形。案例 8-18 还可通过以下方法实现:

```
#encoding:utf-8
import numpy as np
import matplotlib as mpl
import matplotlib.pylab as plt
def drawFirst(ax1):#绘制柱状图
    x=np.arange(1, 7)
    y=[22, 23, 21, 19, 20, 25]
    y1=[6, 7, 8, 10, 9, 3]
    ax1.bar(x, y, width=0.35, color='#87CEFA', alpha=1,edgecolor='blue',
            label='晴天')
    ax1.bar(x+0.4, y1, width=0.35, color='#FA87CE', alpha=1,edgecolor='r',
            label='雨天')
    ax1.set_title('厦门市 2018 年 1—6 月晴雨天天数图', color='r')
    ax1.set_xlabel('月份',color='b')
    ax1.set_ylabel('晴、雨天天数',color='b')
def drawSecond(ax2):#绘制饼图
    labels=['中国', '美国', '日本', '俄罗斯', '德国', '英国', '印度', '法国']
    values=[131.7, 195.5, 43.4, 13.1, 35.9, 32.3, 26.1, 25.8]
    colors=['r', 'g', 'b', 'y', 'm', 'c', 'grey', 'k']
```

```python
        explode=[0.15, 0, 0, 0, 0, 0, 0, 0]
        ax2.set_title('2017 年世界主要国家 GDP 分布图\n(单位:千亿美元)', color='m')
        ax2.pie(values, labels=labels, colors=colors,
                explode=explode, startangle=15,
                autopct='%2.1f%%', shadow=True)
        ax2.axis('equal')　　＃设为圆
def drawThird(ax3):　＃绘制等高线图
    def f(x, y):
        return(1-x/2+x**5+y**3) * np.exp(-x**2-y**2)
    n=256
    x=np.linspace(-3,3,n)
    y=np.linspace(-3,3,n)
    X,Y=np.meshgrid(x, y)
    ax3.contourf(X,Y,f(X,Y), 8, alpha=0.75,cmap=plt.cm.hot)
    C=ax3.contour(X,Y,f(X,Y), 8, colors='black')
    ax3.clabel(C, inline=True, fontsize=10)
    ＃ax3.set_xticks()
    ＃ax3.set_yticks()
    ax3.set_title('等高线图', color='c')
def main():
    mpl.rcParams['font.sans-serif']=['SimHei']
    mpl.rcParams['axes.unicode_minus']=False
    gs=plt.GridSpec(2,2)
    fig=plt.figure(facecolor='lightgray',edgecolor='green')
    ax1=fig.add_subplot(gs[0,:2])
    ＃绘制第 1 个图
    drawFirst(ax1)
    ax2=fig.add_subplot(gs[1,0])
    ＃绘制第 2 个图
    drawSecond(ax2)
    ax3=fig.add_subplot(gs[1, 1])
    ＃绘制第 3 个图
    drawThird(ax3)
    ＃调整子图参数,wspace 和 hspace 为宽度和高度的百分比,调整子图间的间距
    plt.subplots_adjust(wspace=0.5, hspace=0.8)
    plt.show()＃显示图形
if __name__=="__main__":
    main()
```

程序运行结果如图 8-23 所示。

【**案例 8-19**】 绘制如图 8-24 所示的子图。

程序代码如下：

```python
#encoding:utf-8
import numpy as np
import matplotlib as mpl
import matplotlib.pylab as plt
def drawFirst(ax1):  #绘制柱状图
    x=['一月', '二月', '三月', '四月', '五月', '六月']
    y=[22, 23, 21, 19, 20, 25]
    ax1.bar(x,y,width=0.35,color='#87CEFA', alpha=1,edgecolor='blue',
            label='晴天')
    ax1.set_title('厦门市 2018 年 1—6 月晴天天数图',color='b')
def drawSecond(ax2):  #绘制直线、曲线图
    x=np.linspace(-1, 1, 50)
    y1=2 * x+1
    y2=-x ** 2+1
    ax2.plot(x, y2, label="曲线")
    ax2.plot(x, y1, label="直线", color='red', linewidth=1.0,linestyle='--')
    ax2.set_title('绘制直线和曲线',color='r')
def drawThird(ax3):  #绘制正弦余弦曲线图
    x=np.arange(0, 3 * np.pi, 0.1)
    y=np.sin(x)
    y1=np.cos(x+np.pi/4.0)
    y2=np.sin(x+np.pi/3.0)
    y3=0 * x
    ax3.set_xlabel("x 轴:")   #x 轴
    ax3.set_ylabel("y 轴:")   #y 轴
    ax3.plot(x, y1, label="余弦", color='red', linewidth=1.0,linestyle='--')
    #使用 Matplotlib 来绘制点
    ax3.plot(x, y, color="blue", linewidth=1.0,linestyle="-", label="正弦",
            alpha=0.5)
    ax3.plot(x, y2, ".g")
    ax3.plot(x, y3, label="直线", color='black', linewidth=1.0,linestyle='-')
    ax3.set_title('正弦、余弦波形图',color='g')
def drawLast(ax4):  #绘制海螺线图
    r=10
    s=6
    d=np.arange(12 * np.pi, 0, -0.1)
    for i in d:
```

```
        x＝r * np.cos(i)
        y＝r * np.sin(i)
        ax4.plot(x,y,'m * ')
        r＝r－s
        s＝s－2
    ax4.set_title('海螺线图',color＝'c')
def main()：
    mpl.rcParams['font.sans-serif']＝['SimHei']
    mpl.rcParams['axes.unicode_minus']＝False
    ＃global fig,ax,ax1,ax2,ax3,ax4
    fig，ax＝plt.subplots(2，2)＃返回一个 Figure 对象和 2 行 2 列 4 个 Axes 对象
    ax1＝ax[0][0]
    ax2＝ax[0][1]
    ax3＝ax[1][0]
    ax4＝ax[1][1]
    drawFirst(ax1)
    drawSecond(ax2)
    drawThird(ax3)
    drawLast(ax4)
    ＃调整子图参数，wspace 和 hspace 为宽度和高度的百分比,调整子图间的间距
    plt.subplots_adjust(wspace＝0.5，hspace＝0.5)
    plt.show()＃显示图形
if __name __＝＝"__main __"：
    main()
```

程序运行结果如图 8-24 所示。

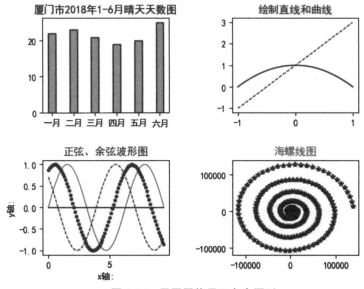

图 8-24　子图网络显示多个图形

Matplotlib 还提供了在图形中嵌入子图的功能,要实现嵌入子图先用 figure()函数获取 Figure 对象,用 add_axes()函数定义两个 Axes 对象,然后用 Axes 对象的 plot()函数绘制图形。

【**案例 8-20**】 如图 8-25 所示,绘制嵌入子图的图表。

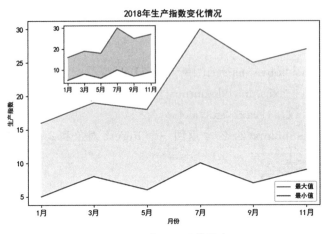

图 8-25　嵌入子图的图表

程序代码如下:

```
# encoding:utf-8
import matplotlib.pylab as plt
import matplotlib as mpl
def main():
    mpl.rcParams['font.sans-serif']=['SimHei']
    mpl.rcParams['axes.unicode_minus']=False
    dates, highs, lows=['1 月','3 月','5 月','7 月','9 月','11 月'],
                        [16,19,18,30,25,27],[5,8,6,10,7,9]
    fig=plt.figure(dpi=120, figsize=(8,5))
    ax=fig.add_axes([0.1,0.1,0.8,0.8])
    inner_ax=fig.add_axes([0.2,0.63,0.25,0.25]) #嵌入子图
    ax.plot(dates, highs, label='最大值', c='red', alpha=0.5)
    ax.plot(dates, lows,label='最小值', c='blue', alpha=0.5)
    ax.fill_between(dates, highs, lows, facecolor='orange', alpha=0.1)
    ax.set_title('2018 年生产指数变化情况', fontsize=14)
    ax.set_xlabel('月份', fontsize=10)
    ax.set_ylabel('生产指数', fontsize=10)
    ax.tick_params(axis='both', which='major', labelsize=12)
    ax.legend(loc='lower right')
    inner_ax.plot(dates, highs, label='最大值', c='red', alpha=0.5)
    inner_ax.plot(dates, lows, label='最小值', c='blue', alpha=0.5)
```

```
        inner_ax.fill_between(dates，highs，lows，facecolor='m'，alpha=0.1)
        plt.show()
if __name__=="__main__"：
    main()
```

8.2　PyEcharts

8.2.1　认识 PyEcharts

PyEcharts 是一款将 Python 与 ECharts 结合的强大的数据可视化工具，是一个用于生成 Echarts 图表的类库。ECharts 是百度开源的一个数据可视化 JS 库，主要用于数据可视化。使用 PyEcharts 可以生成独立的网页，也可以在 Flask、Django 中集成使用。

PyEcharts 包含的图表有柱状图/条形图（Bar）、3D 柱状图（Bar3D）、散点图（Scatter）、热力图（HeatMap）、K 线图（Kline）、折线/面积图（Line）、饼图（Pie）、极坐标系（Polar）、雷达图（Radar）、词云图（WordCloud）等。它也提供 Grid 类、Overlap 类、Page 类、Timeline 类供用户使用。

如果要使用 PyEcharts 工具，必须先进行安装，命令为：

pip install pyecharts

8.2.2　图表绘制

前面章节详细地介绍了 Matplotlib 绘制各种图表的编程方法，PyEcharts 图表的绘制编程方法与 Matplotlib 基本类似，只是相关的函数名与参数不相同。基本图表的绘制过程如下。

首先，初始具体类型图表，例如：chart_name=Type()。其次，调用主要方法 add()添加图表的数据，设置各种配置项。最后，调用 render()方法生成.html 网页文件，默认是在根目录下生成一个 render.html 的文件，也可通过 path 参数指定具体的文件路径。

1.柱形图

【案例 8-21】　绘制柱形图，如图 8-26 所示。

程序代码如下：

```
# coding：utf-8
from pyecharts.charts import Bar
def main()：
    bar=Bar()
    bar.add_xaxis(["呼吸机"，"防护服"，"护目镜"，"救护车"，"消毒液"，"口罩"])
    bar.add_yaxis("中国制造"，[5，20，36，10，75，90])
    bar.render('./aa.html')    # 存储为 html
if __name__=="__main__"：
    main()
```

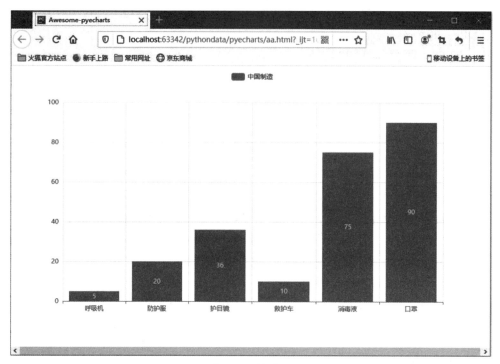

图 8-26　柱形图

2.饼图

【**案例 8-22**】　绘制饼图,如图 8-27 所示。

程序代码如下：

```
from pyecharts import options as opts
from pyecharts.charts import Pie
from pyecharts.faker import Faker
def main():
    pie =(
        Pie()
            .add("",[['男', 142239],['女', '2462693'],['未知', 255501]])
            .set_colors(["red", "purple", "orange"])
            .set_global_opts(title_opts=opts.TitleOpts(title="用户性别分布",
                    pos_right='43%', pos_top='top'),
                    legend_opts=opts.LegendOpts(type_="scroll",
                    pos_left="80%",orient="vertical",pos_top='20%'))
            .set_series_opts(label_opts=opts.LabelOpts(formatter="{b}: {c}",
                    font_size=20)))
    pie.render('./bb.html')
if __name__=="__main__":
    main()
```

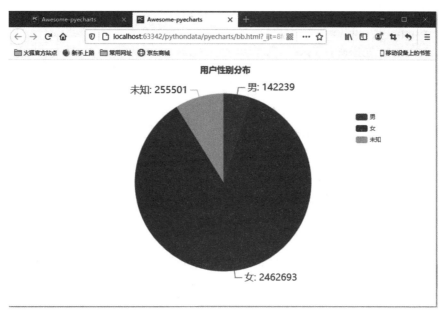

图 8-27　饼图

3.水滴图

【**案例 8-23**】　绘制水滴图,如图 8-28 所示。

图 8-28　水滴图

程序代码如下:

```
#coding:utf-8
from pyecharts.charts import Liquid
def main():
```

```
#画水滴图
c＝Liquid().add(series_name='水球图'，data＝[0.6])
c.render('./a.html')
```

```
if __name__＝＝"__main__"：
    main()
```

4.仪表盘图

【案例 8-24】 绘制仪表盘图,如图 8-29 所示。

程序代码如下：

```
import pyecharts.options as opts
from pyecharts.charts import Gauge
from pyecharts.globals import ThemeType
def main()：
    guage＝(Gauge(init_opts＝opts.InitOpts(theme＝ThemeType.LIGHT)).add(""，
        [("付费商户"，31.1)]，title_label_opts＝opts.LabelOpts(font_size＝20，
        color＝"black"，font_family＝"Microsoft YaHei")，
        detail_label_opts＝opts.GaugeDetailOpts(offset_center＝[0，"40％"]))
        .set_global_opts(title_opts＝opts.TitleOpts(title＝"付费商户占比"，
        pos_right＝'43％'，pos_top＝'5％')))
    guage.render('./cc.html')
if __name__＝＝"__main__"：
    main()
```

图 8-29　仪表盘图

5.词云图

【**案例 8-25**】 绘制词云图,如图 8-30 所示。

程序代码如下:

```
♯coding:utf-8
from pyecharts import options as opts
from pyecharts.charts import Page,WordCloud
from pyecharts.globals import SymbolType
def main():
    words＝WordCloud()
    mylist＝[('厦门大学',18),('华侨大学',17),('福州大学',16),
            ('福建理工大学',12),('福建农林大学',11),
            ('集美大学',13),('福建医科大学',14),
            ('福建中医药大学',9),('福建师范大学',15),
            ('厦门理工学院',8),('闽江学院',4),
            ('闽南师范大学',3),('三明学院',2),
            ('莆田学院',1),('厦门医学院',5),
            ('龙岩学院',6),('福建警察学院',7)]
    words.add("",mylist,word_size_range＝[20,80])
    words.set_global_opts(title_opts＝opts.TitleOpts(title="词云图"))
    words.render('./fj.html')
if __name__＝＝"__main__":
    main()
```

图 8-30　词云图

8.3　seaborn

8.3.1　认识 seaborn

seaborn 是一个建立在 Matplotlib 基础之上的 Python 数据可视化库,专注于绘制各种统计图形,以更轻松地呈现和理解数据。seaborn 的设计目的是简化统计数据可视化的过程,提供高级接口和美观的默认主题,使得用户能够通过少量的代码实现复杂的图形。seaborn 提供了一些简单的高级接口,可以轻松地绘制各种统计图形,包括散点图、折线图、柱状图、热图等,而且图形美观。

seaborn 绘制图形的常用函数如表 8-5 所示。

表 8-5　seaborn 绘图常用函数

函数名	说明
lineplot	直线、曲线、折线
scatterplot	散点图
boxplot	箱线图
barplot	柱状图
violinplot	小提琴图
distplot	直方图
histplot	多变量直方图
lmplot	回归图
regplot	逻辑回归曲线图
stripplot	类别散点图
jointplot	联合分布图
pairplot	特征图

seaborn 还提供一些内置的数据集,例如:

```
import seaborn as sns
＃鸢尾花数据集
iris＝sns.load_dataset("iris")
＃餐厅消费数据集
tips＝sns.load_dataset("tips")
＃功能性磁共振成像数据集
fmri＝sns.load_dataset("fmri")
＃泰坦尼克号上乘客的部分数据集
titanic＝sns.load_dataset("titanic")
```

seaborn 可以进行主题、样式、绘制上下文参数、调色板等设置。

1.seaborn 主题、样式

使用 set( )函数设置 seaborn 默认主题风格 darkgrid,seaborn 中有 5 种预设主题:darkgrid、whitegrid、dark、white 和 ticks。

使用 set_style(style=None,rc=None)可以设置主题风格,style 的值可以是 darkgrid、whitegrid、dark、white 和 ticks,rc 的值为字典格式,设置 seaborn 其他样式(如字体),例如:

sns.set_style("whitegrid")

sns.set_style("ticks",{"xtick.major.size":9,"ytick.major.size":9})

2.设置绘图上下文参数

使用 set_context( )可以设置绘图上下文参数,例如:

sns.set_context("talk")　　♯设置上下文为 talk

sns.set_context("notebook",font_scale=1.5,rc={"lines.linewidth":1.5})

3.设置调色板

使用 set_palette( )可以设置调色板,例如:

sns.set_palette("husl",3)　　♯设置调色板

cols=["♯8c67a5","♯ac553a","♯99aa76","♯34a1b3","♯2ecc71","♯5e9443"]

sns.set_palette(cols)　　♯自定义调色板

8.3.2　图表绘制

1.柱形图

seaborn 中的 barplot( ) 函数可以绘制柱形图。

【案例 8-26】　读取鸢尾花数据集,绘制花萼长度柱形图,如图 8-31 所示。

程序代码如下:

```
♯coding:utf-8
import pandas as pd
import matplotlib.pylab as plt
import seaborn as sns
def main():
    rc={'font.sans-serif': 'SimHei', 'axes.unicode_minus': False}
    sns.set(context='notebook',style='ticks',rc=rc)
    data=pd. read_csv('iris.csv',sep=',')
    ♯绘制柱形图
    sns.barplot(x='Species',y='Sepal_Length',data=data,hue='Species',palette='Set2')
    plt.title('鸢尾花花萼长度柱形图')
    plt.xlabel('类别')
    plt.ylabel('花萼长度')
    plt.legend()
    plt.show()
if __name__=="__main__":
    main()
```

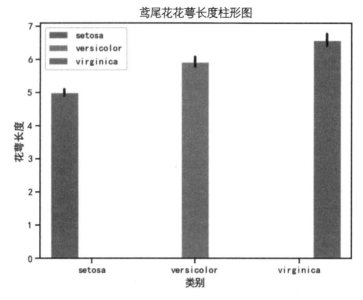

图 8-31　鸢尾花花萼长度柱形图

2.直方图、箱线图和小提琴图

直方图用于可视化单个变量的分布,seaborn 中的 histplot(data,x,hue,kde,multiple)函数可以绘制直方图。参数 data 表示数据集,x 表示 x 轴上的数据,hue 表示指定颜色变量,kde＝True 可以用来显示核密度估计(KDE),multiple 表示当存在 hue 参数时控制多层直方图的显示方式。

箱线图由一个箱形图和两个须状图组成,它表示四分位数范围(IQR),即第一和第三、四分位数之间的范围;中位数由框内的直线表示,晶须从盒子边缘延伸到最小值和最大值的1.5倍 IQR,异常值是落在此范围之外的任何数据点,并单独显示。seaborn 中的 boxplot(x,y,data)函数可以绘制箱线图,参数 data 表示数据集,x 表示 x 轴上的数据列,y 表示 y 轴上的数据列。

小提琴图表示数据的密度,类似于散点图,并像箱线图一样表示分类数据,数据密度越大的区域越胖。小提琴形状表示数据的核密度估计,每个点的宽度表示该点的数据密度。seaborn 中的 violinplot(x,y,data)函数可以绘制小提琴图,参数 data 表示数据集,x 表示 x 轴上的数据列,y 表示 y 轴上的数据列。

【案例 8-27】　绘制正态分布核密度函数、箱线图以及小提琴图,如图 8-32 所示。
程序代码如下:

```
# coding:utf-8
import numpy as np
import matplotlib.pylab as plt
import seaborn as sns
def main():
    rc={'font.sans-serif': 'SimHei', 'axes.unicode_minus': False}
    sns.set(context='notebook',style='ticks',rc=rc)
```

```
#绘制正态分布核密度函数、箱线图以及小提琴图的函数
fig, ax = plt.subplots(3,1,figsize=(7,5),sharex=True)
N = 10 ** 4
sample_gaussian = np.random.normal(size=N)
sns.distplot(sample_gaussian, ax=ax[0])
ax[0].set_title("直方图 + KDE", fontsize=12)
ax[0].tick_params(axis="both", labelsize=11)
sns.boxplot(sample_gaussian, ax=ax[1])
ax[1].set_title("箱线图", fontsize=12)
ax[1].set_ylabel("标签", fontsize=12)
sns.violinplot(sample_gaussian, ax=ax[2])
ax[2].set_title("小提琴图", fontsize=12)
ax[2].set_ylabel("标签", fontsize=12)
ax[2].tick_params(axis="both", labelsize=11)
fig.suptitle('标准正态分布', fontsize=14)
plt.show()
if __name__ == "__main__":
    main()
```

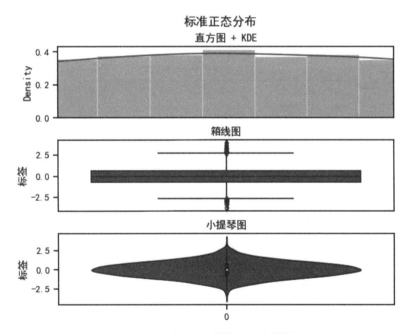

图 8-32　直方图、箱线图和小提琴图

3.类别散点图

　　seaborn 中的 stripplot(data,x,y,hue,order,palette,size) 函数可以绘制类别散点图。参数 data 表示数据集,x 表示 x 轴上的数据列,y 表示 y 轴上的数据列,hue 表示根据另一个分类变量对数据进行分组并指定颜色,order 表示分类变量的顺序,palette 表示设置调色

板,size 表示散点大小。

【案例 8-28】 读取鸢尾花数据集,绘制花萼长度类别散点图,如图 8-33 所示。

程序代码如下:

```python
import pandas as pd
import matplotlib.pylab as plt
import seaborn as sns
def main():
    rc={'font.sans-serif': 'SimHei', 'axes.unicode_minus': False}
    sns.set(context='notebook',style='ticks',rc=rc)
    data=pd. read_csv('iris.csv',sep=',')
    #绘制类别散点图
    sns.stripplot(x='Species',y='Sepal_Length',data=data,hue='Species',
                    jitter=True,palette='Set2')
    plt.title('鸢尾花花萼长度类别散点图')
    plt.xlabel('类别')
    plt.ylabel('花萼长度')
    plt.legend()
    plt.show()
if __name__=="__main__":
    main()
```

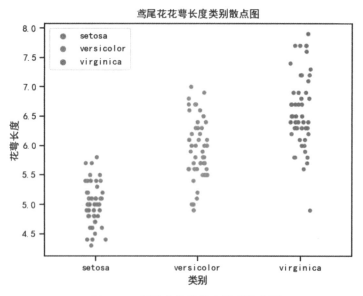

图 8-33 鸢尾花花萼长度类别散点图

4.联合分布图

联合分布图将两个不同类型的图表组合在一个图表中,展示两个变量之间的关系(二元关系)。

seaborn 中的 jointplot(x，y，data，palette，order，hue)函数用来绘制联合分布图,参数 data 表示数据集,x 表示 x 轴上的数据列,y 表示 y 轴上的数据列,hue 表示根据另一个分类变量对数据进行分组并指定颜色,order 表示分类变量的顺序,palette 表示设置调色板。

【**案例 8-29**】 读取鸢尾花数据集,绘制花萼长度宽度联合分布图,如图 8-34 所示。

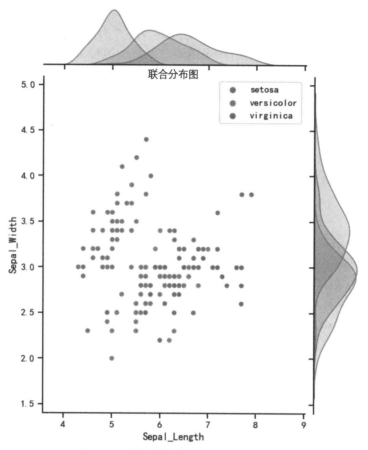

图 8-34　鸢尾花花萼长度宽度联合分布图

程序代码如下:

```python
import pandas as pd
import matplotlib.pylab as plt
import seaborn as sns
def main():
    rc={'font.sans-serif': 'SimHei', 'axes.unicode_minus': False}
    sns.set(context='notebook',style='ticks',rc=rc)
    data=pd. read_csv('iris.csv',sep=',')
    #绘制联合分布图
    sns.jointplot(x='Sepal_Length',y='Sepal_Width',data=data,hue='Species',
            palette='Set2')
    plt.title('联合分布图')
```

```
        plt.legend()
        plt.show()
    if __name__=="__main__":
        main()
```

5.分面图

seaborn 中的 FacetGrid()函数将数据集的一个或多个分类变量作为输入,然后创建一个图表网格,每种类别变量的组合都有一个图表。网格中的每个图都可以定制为不同类型的图,如散点图、直方图或箱形图,具体取决于要可视化的数据。调用 map()函数将一个或多个绘图函数应用于每个子集。

【案例 8-30】 读取鸢尾花数据集,绘制 FaceGrid 图,如图 8-35 所示。

程序代码如下:

```
import pandas as pd
import matplotlib.pylab as plt
import seaborn as sns
def main():
    rc={'font.sans-serif': 'SimHei', 'axes.unicode_minus': False}
    sns.set(context='notebook',style='ticks',rc=rc)
    data=pd. read_csv('iris.csv',sep=',')
    #绘制 FaceGrid 图
    tu=sns.FacetGrid(data=data,col='Species',height=4,hue='Species')
    tu.map(sns.histplot,'Sepal_Length')
    plt.title('FaceGrid')
    plt.legend()
    plt.show()
    if __name__=="__main__":
        main()
```

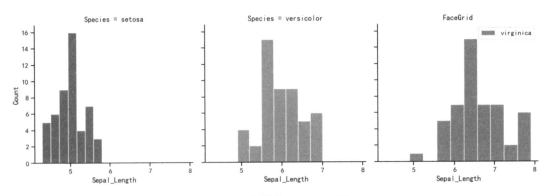

图 8-35 鸢尾花 FacetGrid 图

6.特征图

特征图可视化数据集中变量之间的两两关系。先创建一个坐标轴网格,所有数值数据点将在数据集中变量之间创建一个图表，在 x 轴上具有单列，y 轴上具有单行。对角线图是单变量分布图，它绘制了每列数据的边际分布。seaborn 中的 pairplot()函数用来绘制特征图。

【案例 8-31】　读取鸢尾花数据集，绘制花萼花瓣特征图，如图 8-36 所示。

程序代码如下：

```python
import pandas as pd
import matplotlib.pylab as plt
import seaborn as sns
def main():
    rc={'font.sans-serif': 'SimHei', 'axes.unicode_minus': False}
    sns.set(context='notebook',style='ticks',rc=rc)
    data=pd. read_csv('iris.csv',sep=',')
    #绘制特征图
    sns.pairplot(data=data,hue='Species')
    plt.title('特征图')
    plt.legend()
    plt.show()
if __name__=="__main__":
    main()
```

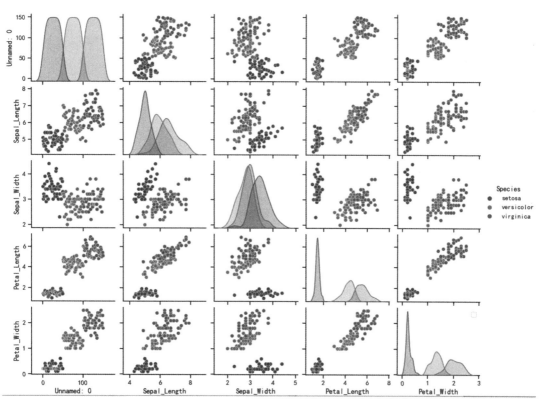

图 8-36　鸢尾花花萼花瓣特征图

8.4 课后习题

一、单选题

1.下列不属于 Python 数据可视化库的是（　　）。

A. seaborn　　　　　　B. Series　　　　　　C. Pygal　　　　　　D. Matplotlib

2.下列关于 Matplotlib 的叙述，正确的是（　　）。

A. Event 类用于执行绘图动作

B. Matplotlib 架构的中间层是 Scripting 层，图形中所有能看到的元素都属于该对象

C. Matplotlib 是一个 Python 2D 绘图库

D. Axes 图形对象对应整个图形

3.Matplotlib 图形的 Legend 属性表示（　　）。

A.标题　　　　　　　　B.图例　　　　　　　C.刻度　　　　　　　D.标签文本

4.点的样式值'o'表示（　　）。

A.星号　　　　　　　　B.点　　　　　　　　C.上三角　　　　　　D.圆圈

5.线性样式中，虚线用（　　）表示

A. :　　　　　　　　　B. -　　　　　　　　C. None　　　　　　D. -.

6.Matplotlib 绘制直线用（　　）方法。

A. plot()　　　　　　B. bar()　　　　　　C. barh()　　　　　　D. pie()

7.Matplotlib 绘制饼图函数 pie()的参数 autopct 的作用是（　　）。

A.每块饼的标签　　　　　　　　　　　B.每块饼的数值

C.每块饼的占比　　　　　　　　　　　D.每块饼离开圆心的距离

8.下列代码是用来绘制散点图的是（　　）。

A. plt.plot(x，y，label＝"a")

B. plt.scatter(x，y，s＝66，color＝'b')

C. plt.bar(x，y，width＝0.35，alpha＝1，label＝'a')

D. plt.contourf(x，y，f(x，y)，8，alpha＝0.75)

9.下列代码：

```
def f(x，y):
    return (1－ x/2 ＋ x ** 5 ＋y ** 3) * np.exp(−x ** 2 − y ** 2)
n＝256
x＝np.linspace(−3，3，n)
y＝np.linspace(−3，3，n)
X，Y＝np.meshgrid(x，y)
plt.contourf(X，Y，f(X，Y)，8，alpha＝0.75)
C＝plt.contour(X，Y，f(X，Y)，8，colors＝'black'，linewidth＝0.5)
plt.clabel(C，inline＝True，fontsize＝10)
```

plt.show()

的作用是(　　　)。

A.绘制等高线图 　　　　　　　　　　　　　　B.绘制极坐标图

C.绘制极区图 　　　　　　　　　　　　　　　D.绘制 3D 曲线图

10.如果需要获取 Axes3D 轴对象,可通过如下代码实现:

fig＝plt.figure()

ax＝fig.gca(_____＝'3d'),其中____中的参数是(　　　)。

A. axes3d 　　　　　B. fontdict 　　　　　C. rstride 　　　　　D. projection

11.Matplotlib 绘制子图的函数是(　　　)。

A. plot_surface() 　　　　　　　　　　　　B. subplot()

C. figure() 　　　　　　　　　　　　　　　D. GridSpec()

12.函数 subplot(231)中的 231 表示(　　　)。

A.3 行 1 列的第 2 个子图 　　　　　　　　B.1 行 3 列的第 2 个子图

C.2 行 3 列的第 1 个子图 　　　　　　　　D.3 行 1 列的第 1 个子图

13.Matplotlib 中的(　　　)包提供了一批操作和绘图函数。

A. pyplot 　　　　　B. Bar 　　　　　C. rcparams 　　　　　D. pprintt

14.下列参数中调整后显示中文的是(　　　)。

A. lines.linestyle 　　　　　　　　　　　　B. lines.linewidth

C. font.sans-serif 　　　　　　　　　　　　D. axes.unicode_minus

15.以下说法错误的是(　　　)。

A.词云对于文本中出现频率较高的关键词予以视觉上的突出

B.饼图一般用于表示不同分类的占比情况

C.散点图无法反映特征之间的统计关系

D.箱线图展示了分位数的位置

二、填空题

1.Matplotlib 的架构由 Scripting 层、_____ 层和 Backend 层组成。

2.pyplot 是 Matplotlib 的内部模块,使用命令_____导入。

3.在 Matplotlib 中,对绘图区域(如"画布")的概念进行封装的抽象接口类是_____

_____。

4.极区图和极坐标图一样,采用_____系,绘制时使用柱状图函数 bar()。这种图表由一系列呈放射状延伸的区域组成,每块区域占据一定的角度。

5.在使用 Axes3D 对象前要先导入,命令为:_____。

6.如果需要获取 Axes3D 轴对象,可通过如下代码实现:

fig＝plt.figure()

ax＝_____(fig)

7.已知 import matplotlib.pylab as plt,用来显示图形的方法是_____ 。

8.Matplotlib 绘制等高线图的函数是 contourf()和 contour(),_____ 函数的作用是

绘制轮廓线，_____函数的作用是填充轮廓。

9.Matplotlib 绘制极坐标图的方法是使用 plot()函数,需要设置属性 projection＝'_____'来指定坐标轴为极坐标。

10.Matplotlib 绘制 3D 曲面图和绘制 3D 曲线图相似,只是绘图时使用的函数不同,Matplotlib 绘制 3D 曲面图使用_____函数。

三、判断题

1.seaborn 的绘图更加便捷美观,是 Matplotlib 的替代。（　　）

2.转换默认的 seaborn 绘图风格,只需调用有参数设置的 set 方法。（　　）

3.使用 seaborn 中的 set_style()设置主题,有 5 个预设的主题。（　　）

4.热力图的实现过程是将离散的点信息映射为图像。（　　）

8.5　实验

实验学时:4 学时。

实验类型:验证、设计。

实验要求:必修。

一、实验目的

1.掌握 Matplotlib 的框架及图形属性、绘制图形的步骤。

2.掌握 Matplotlib 绘制直线、曲线图、折线图、柱形图、饼图、散点图等基本图形。

3.掌握 Matplotlib 绘制极坐标图、3D 图、子图等的方法。

4.掌握用 seaborn 绘制各种图形。

5.掌握用 PyEcharts 绘制各种图形。

二、实验要求

通过编程实现使用 Matplotlib、seaborn、PyEcharts 绘制直线、曲线图、折线图、柱形图、饼图、散点图、极坐标图、3D 图、子图及特殊图形并显示输出。

三、实验内容

任务1.读取 mydata.xlsx 文件中的数据绘制如图 8-37 所示的图形。

(1)根据每门课程的总分设计一个柱形图。

(2)根据每门课程的平均分设计一个水平柱形图。

(3)根据每门课程的及格率和不及格率设计一个折线图。

用 Python、Matplotlib、seaborn、PyEcharts 编写程序实现。

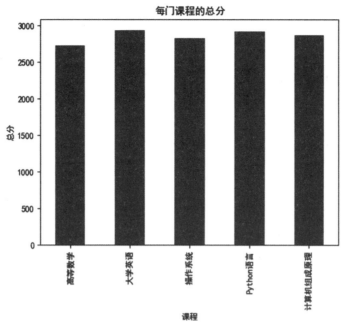

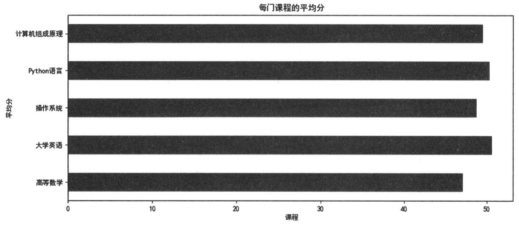

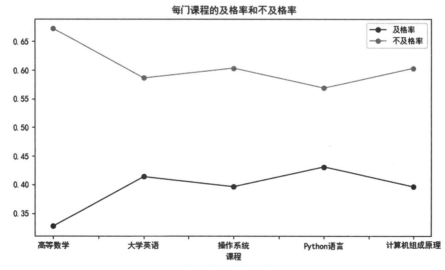

图 8-37 任务 1 图

参考代码如下：

```
#coding:utf-8
import pandas as pd
import matplotlib.pylab as plt
plt.rcParams['font.sans-serif']=['SimHei']
pd. set_option('display.max_rows', None)
pd. set_option('display.max_columns', None)
def main():
    df=pd. read_excel("mydata.xlsx", skiprows=3, skipfooter=2)
    #求每门课程的总分、平均分、最高分、最低分、及格人数、不及格人数
    course_data=df.agg({'高等数学':['sum', 'mean', 'max', 'min',
                    lambda x:(x >= 60).sum(), lambda x:(x < 60).sum()],
                '大学英语':['sum', 'mean', 'max', 'min',
                    lambda x:(x >= 60).sum(), lambda x:(x < 60).sum()],
                '操作系统':['sum', 'mean', 'max', 'min',
                    lambda x:(x >= 60).sum(), lambda x:(x < 60).sum()],
                'Python 语言':['sum', 'mean', 'max', 'min',
                    lambda x:(x >= 60).sum(), lambda x:(x < 60).sum()],
                '计算机组成原理':['sum', 'mean', 'max', 'min',
                    lambda x:(x >= 60).sum(), lambda x:(x < 60).sum()],
                }).transpose()
    course_data.columns=['总分', '平均分', '最高分', '最低分',
                    '及格人数', '不及格人数']
    #每门课程的总分柱形图
    course_data['总分'].plot(kind='bar', title='每门课程的总分',
                    ylabel='总分', xlabel='课程')
    plt.show()
    #每门课程的平均分柱形图
    course_data['平均分'].plot(kind='barh', title='每门课程的平均分',
                    ylabel='平均分', xlabel='课程')
    plt.show()
    #每门课程的及格率、不及格率及优秀率、标准差
    course_data=df.agg({'高等数学':['mean', lambda x:(x >= 60).mean(),
                    lambda x:(x < 60).mean(),lambda x:(x >=90).mean(),'std'],
                '大学英语':['mean', lambda x:(x >= 60).mean(),
                    lambda x:(x<60).mean(),lambda x:(x >=90).mean(),'std'],
                '操作系统':['mean', lambda x:(x >= 60).mean(),
```

```
                    lambda x:(x<60).mean(),lambda x:(x>=90).mean(),'std'],
                    'Python 语言':['mean', lambda x:(x >= 60).mean(),
                    lambda x:(x<60).mean(),lambda x:(x>=90).mean(),'std'],
                    '计算机组成原理':['mean', lambda x:(x >= 60).mean(),
                    lambda x:(x<60).mean(),lambda x:(x>=90).mean(),'std'],
            }).transpose()
    course_data.columns=['平均值', '及格率', '不及格率', '优秀率', '标准差']
    #每门课程的及格率和不及格率折线图
    course_data[['及格率', '不及格率']].plot(kind='line', marker='o',
            title='每门课程的及格率和不及格率',xlabel='课程')
    plt.show()
if __name__=="__main__":
    main()
```

任务 2.编写一个程序,使用 Matplotlib、seaborn、PyEcharts 分析学生考试成绩特征的分布与分散情况。

(1)使用 pandas 库读取 student_grade.xlsx 文件中的学生考试成绩数据。

(2)将学生考试总成绩分为 4 个区间,计算各区间下的学生人数,绘制学生考试总成绩分布饼图(图 8-38)。

(3)提取学生 3 项单科成绩的数据,绘制学生各项考试成绩的分散情况箱线图(图 8-38)。

(4)分析学生考试总成绩的分布情况和 3 项单科成绩的分散情况。

参考代码如下:

```
#coding:utf-8
import pandas as pd
import matplotlib.pyplot as plt
plt.rcParams['font.sans-serif']='SimHei'
plt.rcParams['axes.unicode_minus']=False
def main():
    student_grade=pd. read_excel('student_grade.xlsx')
    w=[0, 150, 200, 250, 300]
    grade_interval=pd. cut(student_grade.iloc[:, -1], w).value_counts()
    p=plt.figure(figsize=(12, 12))
    label=['良好', '及格', '优秀', '不及格']
    explode=[0.01, 0.01, 0.01, 0.01]
    plt.pie(grade_interval, explode=explode, labels=label,
            autopct='%1.1f%%', textprops={'fontsize': 15})
    plt.title('学生考试总成绩的总体分布情况图',fontsize=20)
    plt.savefig('学生考试总成绩的总体分布情况图.png')
```

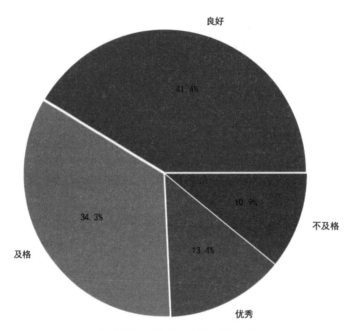

学生考试总成绩的总体分布情况图

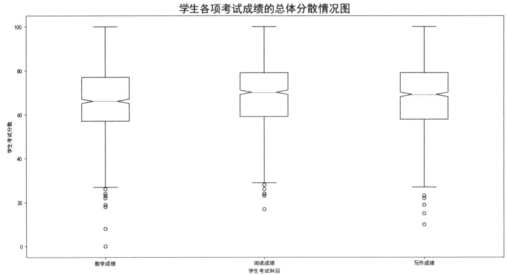

图 8-38　任务 2 图

```
plt.show()
math_grade=student_grade.iloc[:, -4]
reading_grade=student_grade.iloc[:, -3]
writing_grade=student_grade.iloc[:, -2]
p=plt.figure(figsize=(16, 8))
label=['数学成绩', '阅读成绩', '写作成绩']
gdp=(list(math_grade), list(reading_grade), list(writing_grade))
```

```
    plt.boxplot(gdp, notch=True, labels=label, meanline=True)
    plt.xlabel('学生考试科目')
    plt.ylabel('学生考试分数')
    plt.title('学生各项考试成绩的总体分散情况图', fontsize=20)
    plt.savefig('学生各项考试成绩的总体分散情况图.png')
    plt.show()
if __name__=="__main__":
    main()
```

第 9 章　综合案例

当确定需要数据分析和解决的问题时,数据分析的过程经历原始数据的获取、数据预处理、数据统计分析与建模、数据可视化等一系列阶段后得到数据分析结果,根据结果撰写数据分析报告供决策者参考。

9.1　二手房数据分析

我们根据某市二手房交易数据分析二手房的交易情况,希望知道这个城市二手房的房价(说明:未加特殊说明本节中的房价指的是二手房房价)高低水平是怎样分布的,哪个区域的房价最高,哪些小区最炙手可热,房屋面积多大最适合业主购买等,这些问题是本次 Python 数据分析所确定的问题。

我们采用 Python 数据分析环境,分为软件环境、数据分析需要用到的库包(包括 Python 网络爬虫、Python 数据分析与可视化环境)。

(1)软件环境:Python 3.11+PyCharm+Anaconda3。

(2)数据分析库包:

①Python 网络爬虫:包括 requests 和 lxml。

②Python 数据分析:包括 NumPy、pandas、re 和 random。

③Python 数据可视化:包括 Matplotlib、PyEcharts 和 PyQt5。

9.1.1　数据获取

项目数据的获取方式多种多样,最好最真实的数据是从企业数据库中直接提取的,如公司产品销售数据、客户信息数据等,这种方式通过 pandas 读取数据库文件获得数据。第二种方式是获取外部的公开数据集,如气象台发布的天气数据。第三种方式是编写网页爬虫程序,到指定的互联网网站中收集互联网上的数据。本案例的原始数据来源于从互联网二手房交易网站中爬取的所有页面的某市已售二手房信息。因此,编写爬虫代码至关重要,我们利用 Python 的 request 和 lxml 库包从某网站上爬取相关数据。首先导入所需库包:

import requests, time, csv

import pandas as pd

from lxml import etree

因为该网站的数据只能显示前 100 页,每一页只显示每套房子的名字,详情信息还需要单击进入具体的页面才能显示，所以先获取每一页的 url。代码如下：

```
# 获取每一页的 url
def Get_url(url):
    all_url=[]
    for i in range(1,101):
        all_url.append(url+'pg'+str(i)+'/')    # 储存每一个页面的 url
    return all_url
```

接着就可以获取每套房的 url，再根据 url 获取该房的详情信息，并且存入文件中。代码如下：

```
# 获取每套房详情信息的 url
def Get_house_url(all_url, headers):
    num=0
    # 简单统计页数
    for i in all_url:
        r=requests.get(i, headers=headers)
        html=etree.HTML(r.text)
        # 获取房子的 url
        url_ls=html.xpath("//ul[@class='listContent']/li/a/@href")
        Analysis_html(url_ls, headers)
        time.sleep(4)
        print("第%s页爬完了"%i)
        num+=1

# 获取每套房的详情信息
def Analysis_html(url_ls, headers):
    for i in url_ls:
        r=requests.get(i, headers=headers)
        html=etree.HTML(r.text)
        # 获取房名
        name=(html.xpath("//div[@class='wrapper']/text()"))[0].split()
        # 获取价格
        money=html.xpath("//span[@class='dealTotalPrice']/i/text()")
        # 获取地区
        area=html.xpath("//div[@class='deal-bread']/a/text()")[2]
        # 获取房子基本属性
        data=html.xpath("//div[@class='content']/ul/li/text()")
        Save_data(name, money, area, data)
```

```
#把爬取的信息存入文件
def Save_data(name，money，area，data)：
    result＝[name[0]]＋money＋[area]＋data    #把详细信息合为一个列表
    with open(r'raw_data.csv','a',encoding＝'utf_8_sig',newline＝'')as f：
        wt＝csv.writer(f)
        wt.writerow(result)
        print('已写入')
        f.close()
```

最后在调试运行中把该网站的网址以及文件头填入，调试运行。代码如下：

```
if __name__＝＝'__main__'：
    url＝'https：//xm.lianjia.com/chengjiao/'
    headers＝{
            "Upgrade-Insecure-Requests"："1"，
            "User-Agent"："Mozilla/5.0（Windows NT 10.0；Win64；x64）
            AppleWebKit/537.36（KHTML，like Gecko）
            Chrome/72.0.3626.121 Safari/537.36"}
    all_url＝Get_url(url)
    with open(r'raw_data.csv','a',encoding＝'utf_8_sig',newline＝'')as f：
    #首先加入表格头
    table_label＝['小区名','价格/万元','地区','房屋户型','所在楼层','建筑面积',
                '户型结构','套内面积','建筑类型','房屋朝向','建成年代','装修情况',
                '建筑结构','供暖方式','梯户比例','产权年限','配备电梯','链家编号',
                '交易权属','挂牌时间','房屋用途','房屋年限','房权所属']
    wt＝csv.writer(f)
    wt.writerow(table_label)
    Get_house_url(all_url，headers)
```

通过运行上述代码,得到的数据格式如表 9-1 所示(仅提供部分数据)。

表 9-1　爬取二手房部分数据格式

小区名	价格/万元	地区	房屋户型	所在楼层	建筑面积	装修情况	建筑结构	交易权属	…	房屋用途	房权所属
古龙明珠	355	集美二手房成交价格	3室2厅1厨2卫	高楼层（共10层）	88.32 m²	其他	框架结构	商品房	…	普通住宅	共有
橡树湾	243	集美二手房成交价格	2室2厅1厨1卫	低楼层（共33层）	89 m²	精装	钢混结构	商品房	…	普通住宅	共有
国贸商城集悦	289	集美二手房成交价格	2室2厅1厨1卫	高楼层（共34层）	98.87 m²	毛坯	钢混结构	商品房	…	普通住宅	非共有
⋮											

9.1.2　数据清洗与数据转换

　　获取数据后,我们发现里面有很多问题,如有部分数据缺失,存在垃圾数据,数据的格式不符合要求而需要转换格式等。因此,我们进行数据清洗,要先去除无用的数据,如链家编号、交易权属、挂牌时间、房屋年限、房权所属等信息,然后删除全是空行的列,删除列中标示"暂无数据"超过所有行数一半的列和房屋户型为"车位"的列。在数据分析时,由于建筑面积列中含有"m²",因此需要将这列的数据部分和"m²"进行分离后删除"m²"。最后,建筑面积列中保存数据部分和价格列中的数字均为字符串类型,不利于后续 pandas 数据分析,需要转换成 float 类型数据,还需要由建筑面积和价格求出每套房的单价。

　　数据清洗与数据转换部分代码如下:

```python
import pandas as pd
import numpy as np
import re, random, csv
# 首先从保存的文本中获取数据
def get_data():
    raw_data = pd.read_excel('raw_data.xlsx', 'data', encoding='utf-8')
    print("数据清洗前共有%s 条数据" % raw_data.size)
    clean_data(raw_data)
# 数据清洗
def clean_data(data):
    # 去除无用数据列
    data = data.drop(['Unnamed：0', '链家编号', '交易权属', '挂牌时间', '房屋年限',
                    '房权所属'], axis=1)
    data = data.dropna(axis=1, how='all')          # 删除全是空行的列
    data.index = data['小区名']   # 各二手房名作为索引
    del data['小区名']
    # 删除"暂无数据"超过所有行数一半的列
    if(((data['套内面积'].isin(['暂无数据'])).sum()) > (len(data.index))/2:
        del data['套内面积']
    # 房屋户型为车位的不列入参考范围
    data = data[~data['房屋户型'].isin(['车位'])]
    # 把建筑面积列的单位去掉并转换成 float 类型
    data['建筑面积'] = data['建筑面积'].apply(lambda x: float(x.replace('m²', '')))
    # 提取地区
    data['地区'] = data['地区'].apply(lambda x：x[:2])
    data['单价'] = round(data['价格/万元'] * 10000 / data['建筑面积'], 2)
    data.to_csv('pure_data.csv', encoding='utf-8')
if __name__ == '__main__':
    get_data()
```

程序运行后,经过数据清洗与数据转换的数据格式(部分)如表 9-2 所示。

表 9-2　数据清洗与数据转换后的数据(部分)

小区名	价格/万元	地区	房屋户型	所在楼层	建筑面积	装修情况	建筑结构	…	单价
古龙明珠	355	集美	3室2厅1厨2卫	高楼层(共10层)	88.32	其他	框架结构	…	40194.75
橡树湾	243	集美	2室2厅1厨1卫	低楼层(共33层)	89	精装	钢混结构	…	27303.37
国贸商城集悦	289	集美	2室2厅1厨1卫	高楼层(共34层)	98.87	毛坯	钢混结构	…	29230.3
⋮									

9.1.3　数据分析

经过数据清洗和数据转换后的数据就可以进行数据分析了。本案例的数据分析采用 NumPy 和 pandas,先读取经过数据清洗和数据转换后的文件数据到 DataFrame 对象中。例如:

```
def __init__(self):
    self.data=pd.read_csv('pure_data.csv')
```

具体数据分析如下:

(1)根据小区名进行分组,按每组的平均价排序。部分关键代码如下:

♯ 使用分组函数 groupby()来对小区名进行分组,取平均价格做排序

data1=self.data['单价'].groupby('小区名').mean().sort_values(ascending=False)

data2=self.data['单价'].groupby('小区名').mean().sort_values(ascending=True)

(2)统计各小区的出售数据。部分关键代码如下:

data3=self.data.index.value_counts()

(3)统计各小区热门户型占比。部分关键代码如下:

data4=self.data['房屋户型'].apply(lambda x: x[:-4]).value_counts()

(4)分析客户针对楼层的选择情况与房屋建筑面积、价格的关系。部分关键代码如下:

data=self.data

data['所在楼层']=data['所在楼层'].apply(lambda x: x[:3])

data1=data['所在楼层'].value_counts()

x=data1.index

data2=data[['价格/万元', '所在楼层', '建筑面积']].groupby('所在楼层').mean().
　　　　reindex(data1.index)

y=['价格/万元', '售出数', '建筑面积/m']

mj=round(data2['建筑面积'],2)

♯ 处理数据,优化到小数点后两位,并用.tolist()函数转化成列表

```
jg＝np.round(data2['价格/万元'].values,2).tolist()
tj＝data1.values.tolist()
z_ls＝[[0,0,jg[0]],[0,1,tj[0]],[0,2,mj[0]],[1,0,jg[1]],[1,1,tj[1]],[1,2,
       mj[1]],[2,0,jg[2]],[2,1,tj[2]],[2,2,mj[2]],[3,0,jg[3]],[3,1,tj[3]],
       [3,2,mj[3]],[4,0,jg[4]],[4,1,tj[4]],[4,2,mj[4]]]
```

（5）按区分组，分析房屋成交量与房价之间的关系。部分关键代码如下：

```
＃按地区分组提取平均价格
areas＝self.data[['价格/万元', '单价', '地区']].groupby(['地区']).mean()
dq＝self.data['地区'].value_counts()    ＃成交量
zj＝areas['价格/万元'].reindex(dq.index).values
```

（6）分析小区装修情况，算出各类装修数据。部分关键代码如下：

```
data.index＝data['小区名']
zhuangxiu＝self.data['装修情况'].groupby('小区名').value_counts().
              unstack().sort_values(by=['精装'],ascending=False)
jingz＝zhuangxiu['精装']
jianz＝zhuangxiu['简装']
maop＝zhuangxiu['毛坯']
qit＝zhuangxiu['其他']
```

（7）统计房屋朝向数据。部分关键代码如下：

```
self.data['房屋朝向']＝self.data['房屋朝向'].apply(lambda x：x.replace(' ',''))
data1_count＝(self.data['房屋朝向'].value_counts()/100)
data1_mean＝round(self.data[['房屋朝向', '单价']].groupby('房屋朝向').mean()/
              10000,2).reindex(data1_count.index)
```

经过上述分析后，得出结果数据。

9.1.4 数据可视化

根据数据分析的结果以图表的形式展现就是本案例的数据可视化部分。本案例分别采用 Matplotlib 数据可视化和 PyEcharts 数据可视化，Matplotlib 数据可视化产生的图表保存为图片文件，PyEcharts 数据可视化产生的图表具有交互功能且直接在网页中显示。

1.Matplotlib 数据可视化

（1）最热门的房屋户型占比（前十）饼图（图 9-1）。部分关键代码如下：

```
def __init__(self,data)：
    self.data＝data
    self.ziti＝plt.rcParams['font.family']＝'SimHei'
    self.colors＝['＃9999ff', '＃ff9999', '＃dd5555', '＃7B68EE', '＃3CB171',
                '＃B0C4DE', '＃7777aa', '＃FFE4B5', '＃AFEEEE', '＃E0FFFF']
```

```
def 小区的热门户型占比(self):
    plt.figure(1)
    self.a=self.data['房屋户型'].apply(lambda x：x[：-4]).value_counts().head(10)
    self.a.plot.pie(colors=self.colors,autopct='%3.1f%%', textprops={'color': 'w'})
    plt.legend(bbox_to_anchor=(1.05，1)，loc=2，borderaxespad=0)
    plt.title('最热门的房屋户型占比 Top10')
    url='static/img1.svg'
    plt.tight_layout()
    plt.savefig(url，dpi=1500)
    print(self.a)
    return url
```

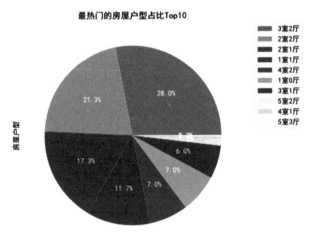

图 9-1　最热门的房屋户型占比(前十)饼图

(2)小区单价排行(前十)条形图(图 9-2)。部分关键代码如下：

```
def 小区单价排行(self):
    plt.figure(2)
    self.b=self.data['单价'].groupby('小区名').mean().sort_values(ascending=
        False).head(10)
    (self.b).plot.barh(color=self.colors)
    plt.title('小区单价 Top10')
    url='static/img2.svg'
    plt.tight_layout()
    plt.savefig(url，dpi=1500)
    return url
```

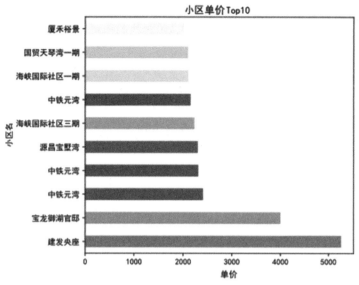

图 9-2　小区单价排行(前十)条形图

(3)最畅销的二手房小区排行(前十)条形图(图 9-3)。部分关键代码如下:

```
def 热门小区(self):
    plt.figure(6)
    self.f=self.data.index.value_counts()[:10]
    plt.barh(self.f.index, self.f.values, color=self.colors, alpha=0.6)
    plt.title('热门小区 Top10')
    plt.xlabel('成交量')
    plt.ylabel('小区名')
    url='static/img6.svg'
    plt.tight_layout()
    plt.savefig(url, dpi=1500)
    return url
```

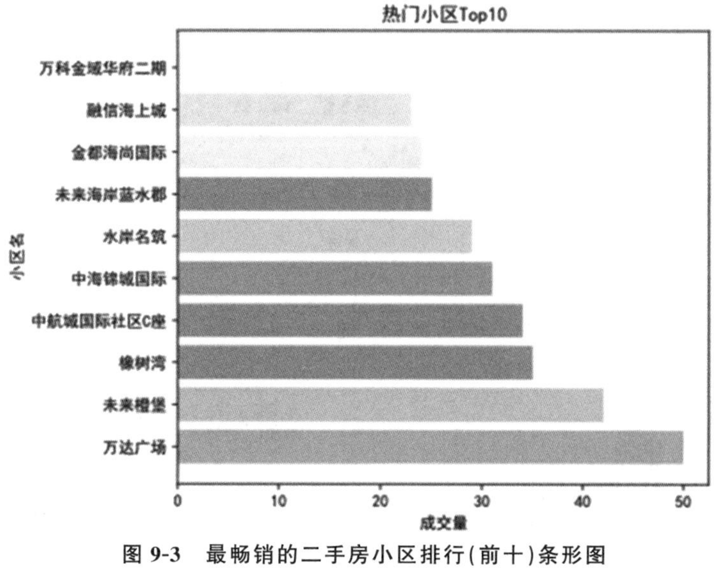

图 9-3　最畅销的二手房小区排行(前十)条形图

(4)二手房单价与总价直方图(图9-4)。部分关键代码如下：

```
def 房价直方图(self)：
    plt.figure(11)
    ax1＝plt.subplot(211)
    a＝self.data['单价']
    ax1.hist(a, bins＝230, alpha＝0.6)
    ax1.vlines(round(a.mean(), 2), 0, 60, color='IndianRed', alpha＝0.7,
            label='均价', linestyle='－－')
    ax1.set_xlabel('单价')
    ax1.set_title('单价直方图')
    ax1.text(60000, 20, u'标准差:%s\n 方差:%s' % (round(a.std(), 2),
            round(a.var(), 2)))
    plt.legend()
    ax2＝plt.subplot(212)
    b＝self.data['价格/万元']
    ax2.hist(b, bins＝230)
    ax2.vlines(round(b.mean(), 2), 0, 250, color='IndianRed', label='均价',
            linestyle='－－')
    ax2.set_title('总价直方图')
    ax2.text(3000, 80, u'标准差:%s\n 方差:%s' % (round(b.std(), 2),
            round(b.var(), 2)))
    plt.legend()
    url＝'static/img11.svg'
    plt.tight_layout()
    plt.savefig(url, dpi＝1500)
    return url
```

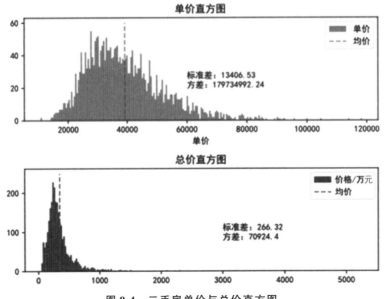

图9-4　二手房单价与总价直方图

(5)成交量与房价柱形图(图 9-5)。部分关键代码如下：

```
def 成交量与房价(self):
    plt.figure(10)
    ♯按地区分组提取平均价格
    areas=self.data[['价格/万元', '单价', '地区']].groupby(['地区']).mean()
    dq=self.data['地区'].value_counts()
    zj=areas['价格/万元'].reindex(dq.index).values
    index=np.arange(len(dq))
    width=0.4
    a1=plt.bar(index-width/2, zj, width, color='SkyBlue', alpha=0.5,
                label='平均房价/万元')
    a2=plt.bar(index+width/2, dq, width, color='IndianRed', alpha=0.5,
                label='地区成交量')
    self._autolabel(a1, 'w')
    self._autolabel(a2, '')
    plt.xticks(index, dq.index)
    plt.ylabel('价格/成交量')
    plt.title('厦门市二手房地区成交量和平均房价')
    plt.legend()
    url='static/img10.svg'
    plt.tight_layout()
    plt.savefig(url, dpi=1500)
    return url
```

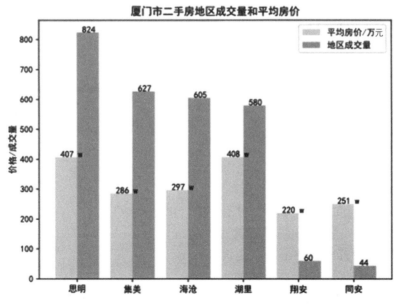

图 9-5　成交量与房价柱形图

2. PyEcharts 数据可视化

（1）各小区的价格条形图。部分关键代码如下：

```
def 小区单价排行(self)：
    ♯使用分组函数 groupby()来对小区名进行分组,取平均价格做排序
    data1＝self.data['单价'].groupby('小区名').mean().sort_values(ascending＝False)
    data2＝self.data['单价'].groupby('小区名').mean().sort_values(ascending＝True)
    bar＝Bar("小区单价排行")
    bar.add('单价降序排行',data1.index, data1.values, is_more_utils＝True,
            is_datazoom_show＝True,mark_point＝['average'],datazoom_range＝[0,5])
    bar.add('单价升序排行',data2.index, data2.values,mark_point＝['average',
            'min'],datazoom_range＝[0,3])
    bar.render('../my_html/2.html')
```

（2）小区销售情况条形图。部分关键代码如下：

```
def 小区出售情况(self)：
    data＝self.data.index.value_counts()
    bar＝Bar("各小区出售情况")
    bar.add(",data.index, data.values, is_convert＝True,is_datazoom_show＝True,
            datazoom_range＝[0,3],datazoom_orient＝"vertical")
    bar.render('../my_html/0.html')
```

（3）最热门的房屋户型占比饼图。部分关键代码如下：

```
def 小区热门户型占比(self)：
    ♯使用.value_counts()计算出现的次数
    data1＝self.data['房屋户型'].apply(lambda x：x[：－4]).value_counts()
    pie＝Pie("小区热门户型占比",title_pos＝'center')
    pie.add("",data1.index, data1.values, rosetype＝True,radius＝[40,75],
            label_text_color＝None, legend_orient＝'vertical', legend_pos＝'left')
    pie.render('../my_html/1.html') ♯存储为 html
```

（4）楼层的选择情况与建筑面积、价格、售出数的关系 3D 条形图。部分关键代码如下：

```
def 楼层选择情况(self)：
    data＝self.data
    data['所在楼层']＝data['所在楼层'].apply(lambda x：x[：3])
    data1＝data['所在楼层'].value_counts()
    x＝data1.index
    data2＝data[['价格/万元', '所在楼层', '建筑面积']].
            groupby('所在楼层').mean().reindex(data1.index)
    y＝['价格/万元', '售出数', '建筑面积/m²']
        mj＝round(data2['建筑面积'],2)
    ♯处理数据,优化到小数点后两位,并用.tolist()函数转化成列表
    jg＝np.round(data2['价格/万元'].values,2).tolist()
```

```
tj＝data1.values.tolist()
z_ls＝[[0,0,jg[0]],[0,1,tj[0]],[0,2,mj[0]],[1,0,jg[1]],
        [1,1,tj[1]],[1,2,mj[1]],[2,0,jg[2]],[2,1,tj[2]],
        [2,2,mj[2]],[3,0,jg[3]],[3,1,tj[3]],[3,2,mj[3]],
        [4,0,jg[4]],[4,1,tj[4]],[4,2,mj[4]]]
bar3d＝Bar3D('楼层售出均价与面积统计')
bar3d.add("", x, y,[[d[0], d[1],d[2]] for d in z_ls],
            is_visualmap＝True,visual_range＝[0,1080])
bar3d.render('../my_html/3.html')
```

（5）成交量与房价的关系散点图。部分关键代码如下：

```
def 成交量与房价关系(self):
    grid＝Grid()
    scatter1＝EffectScatter('成交量与房价关系')
    scatter2＝Scatter()
    scatter1.add('价格', self.data['价格/万元'] * 10000, self.data['建筑面积'],
                is_visualmap＝True,legend_top＝"49％",is_axisline_show＝True)
    scatter2.add('单价', self.data['单价'], self.data['建筑面积'],
                is_more_utils＝True,is_visualmap＝True,is_axisline_show＝True)
    grid.add(scatter1, grid_top＝"55％")
    grid.add(scatter2, grid_bottom＝"55％")
    grid.render('../my_html/4.html')
```

（6）地区成交量和房价关系折线图。部分关键代码如下：

```
def 地区成交量与房价(self):
    ♯按地区分组提取平均价格
    areas＝self.data[['价格/万元', '单价', '地区']].groupby(['地区']).mean()
    dq＝self.data['地区'].value_counts()    ♯成交量
    zj＝areas['价格/万元'].reindex(dq.index).values
    line＝Line("地区成交量与房价")
    line.add('成交量', dq.index, dq.values, is_smooth＝True,area_opacity＝0.4,
            is_fill＝True, mark_point＝['average','max','min'],
            mark_point_symbol＝"diamond",mark_point_symbolsize＝25)
    line.add('房价', dq.index, np.round(areas['价格/万元'],2),yaxis_name＝"万元",
            is_more_utils＝True,area_opacity＝0.4,is_fill＝True,
            mark_point＝['average','max','min'],
            mark_point_symbol＝"arrow",mark_point_symbolsize＝25)
    line.render('../my_html/5.html')
```

（7）小区的装修情况折线图和条形图。部分关键代码如下：

```
def 小区装修情况(self):
    data＝self.data
```

```
data.index＝data['小区名']
zhuangxiu＝self.data['装修情况'].groupby('小区名').value_counts().
            unstack().sort_values(by=['精装'],ascending＝False)
jingz＝zhuangxiu['精装']
jianz＝zhuangxiu['简装']
maop＝zhuangxiu['毛坯']
qit＝zhuangxiu['其他']
line＝Line()
bar＝Bar()
line.add("精装",zhuangxiu.index,jingz.values,is_more_utils＝True,
        mark_point=['average'],effect_scale＝8,is_datazoom_show＝True,
        datazoom_range=[0,8])
line.add("简装",zhuangxiu.index,jianz.values,mark_point=['average'],
        is_more_utils＝True,effect_scale＝8,is_datazoom_show＝True,
        datazoom_range=[0,8])
line.add("其他",zhuangxiu.index,qit.values,mark_point=['average'],
        is_more_utils＝True,effect_scale＝8,is_datazoom_show＝True,
        datazoom_range=[0,8])
bar.add("毛坯",zhuangxiu.index,maop.values,mark_point=['average'],
        is_more_utils＝True,is_datazoom_show＝True,
        datazoom_range=[0,8],yaxis_name='套')
overlop＝Overlap("小区装修情况") ♯使用 Overlap 创建画布,实现两种图的叠加
overlop.add(bar)
overlop.add(line)
overlop.render('../my_html/6.html')
```

（8）房屋朝向雷达图。部分关键代码如下：

```
def 房屋朝向统计(self):
    self.data['房屋朝向']＝self.data['房屋朝向'].apply(lambda x: x.replace(' ',''))
    data1_count＝(self.data['房屋朝向'].value_counts()/100)
    data1_mean＝round(self.data[['房屋朝向','单价']].groupby('房屋朝向').
                    mean()/10000,2).reindex(data1_count.index)
    radar＝Radar("房屋朝向统计")
    c_schema＝[{"name": data1_count.index[1], "max": 10, "min": 0},
            {"name": data1_count.index[2], "max": 10, "min": 0},
            {"name": data1_count.index[3], "max": 10, "min": 0},
            {"name": data1_count.index[4], "max": 10, "min": 0},
            {"name": data1_count.index[5], "max": 10, "min": 0}]
    radar.config(c_schema＝c_schema)
    radar.add("房屋朝向/百分比",[data1_count.values],area_color="♯ea3a2e",
```

```
                area_opacity＝0.3)
        radar.add("均价/万元",[data1_mean.values], area_color="♯2525f5",
                area_opacity＝0.2)
        radar.render('../my_html/7.html')
```

（9）地区单价与总价的分布情况地图（注：这里必须安装 PyEchart 的地图包，否则地图不显示）。部分关键代码如下：

```
def 地图可视化(self)：
        data＝self.data[['价格/万元', '地区', '单价']].groupby(['地区']).
                mean().sort_values(by=['价格/万元'], ascending＝False )
        area＝['湖里区', '思明区', '海沧区', '集美区', '同安区', '翔安区']
        ♯区域价格
        valueq＝[4079263.79, 4073649.27, 2969285.95, 2856623.6, 2508863.64, 2204233.33]
        map＝Map('厦门区域房价图')
        map.add('房价', area, valueq, effect_scale＝5, maptype＝u'厦门', is_visualmap＝True,
                visual_range＝[min(valueq), max(valueq)], type='heatmap',
                visual_text_color="♯fff", symbol_size＝15, is_roam＝False)
        map.render('../my_html/ditu.html')
```

（10）对房屋详情信息关键词出现的次数做统计，生成词云图，可以更直观地看出厦门房子标签的普遍规律。部分关键代码如下：

```
def 房屋标签词云(self)：
        word_lst＝[]
        word_dict＝{}
        ls＝['小区名','价格/万元','地区','房屋户型','所在楼层','暂无数据','未知','其他','有',
                '未知结构','建筑面积','户型结构','建筑类型','房屋朝向','建成年代','装修情
                况','建筑结构','梯户比例','产权年限','配备电梯','房屋用途','单价\n']
        with open('pure_data.txt', encoding="gbk") as wf：
            for word in wf：
                word_lst.append(word.split(','))
                for item in word_lst：
                    for item2 in item：
                        if item2 not in word_dict and item2 not in ls：
                            word_dict[item2]＝1
                        elif item2 in word_dict and item2 not in ls：
                            word_dict[item2] ＋＝1
        name＝word_dict.keys()
        count_list＝sorted(word_dict.items(), key＝lambda x：x[1], reverse＝True)
        count_list＝count_list[:170]
        name＝[ i[0] for i in count_list]
        value＝[ i[1] for i in count_list]
```

```
wordcloud = WordCloud( width=800, height=500)
wordcloud.add("", name, value, word_size_range=[20, 100])
wordcloud.render('../my_html/ciyun.html')
```

9.1.5 数据分析结果

1.各小区二手房交易情况

从图 9-3 和图 9-6 分析可知,像万达广场、未来橙堡等商圈类的二手房转手数量较多,其余纯住宅型小区的转手数就较少,属于长尾分布类型,说明本市业主购买纯住宅型小区多用于自住,商用型住宅的二手房转手率高,有投资性倾向。

各小区出售情况

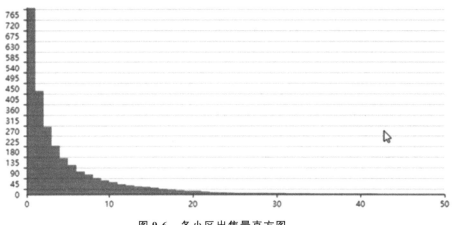

图 9-6　各小区出售量直方图

2.各小区热门户型占比

通过图 9-1 和图 9-7 可以看出,业主选择 3 室 2 厅户型的比例较大,说明一般三口之家的理想户型是 3 室 2 厅,符合中国家庭消费习惯。考虑房屋总价和业主个人实际经济能力,如果没有选择 3 室 2 厅作为标配,则选择 3 室 1 厅、2 室 2 厅和 2 室 1 厅房源的业主也占比不少,其他房屋户型的房源占比就比较少了,说明开发商在开发地产时以 3 室 2 厅、3 室 1 厅、2 室 2 厅和 2 室 1 厅户型为主是有数据佐证的。

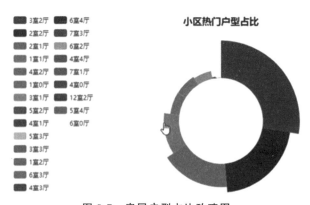

图 9-7　房屋户型占比玫瑰图

3.小区单价统计情况

图 9-8 为各小区二手房平均单价柱状图,横轴为本市各小区名称,纵轴为单价(元/m²),从图中可以看到,虎园路 10 号之一、兴华路和紫金家园二期这三个小区的二手房平均单价最高,均在 10 万元/m² 以上。虎园路 10 号之一属于本市学区房区域,属于思明实验小学片区,房价一路飙升,现在已经成了本市 2018 年最贵的小区之一,其均价一直高升不下。从整体上来看,本市小区均价都已超过了 4 万元/m²,处于较高的价位区间。从图 9-5 可以看出,思明区和湖里区的二手房均价最高,其次是海沧区和集美区,翔安区和同安区由于距离市区较远,它们的二手房均价最低,但也超过 2 万元/m²。

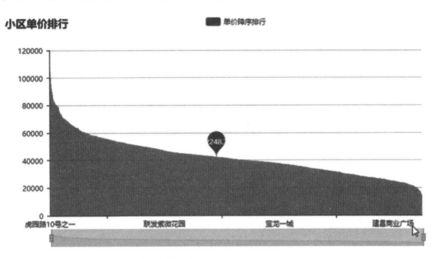

图 9-8　小区平均单价柱状图

4.楼层售出的情况和面积、价格的关系情况

图 9-9 是楼层售出数量、价格与建筑面积的 3D 柱形图,x 轴为各个楼层的名称,y 轴为售出价格、售出数量和建筑面积,z 轴用来记录数量。通过观察发现,中楼层的房源最受欢迎,售出数量最多,层差价格差异不大,地下室的价格相对最低。在楼层选择方面,业主偏向中高层楼层,销售数量高于其他楼层。

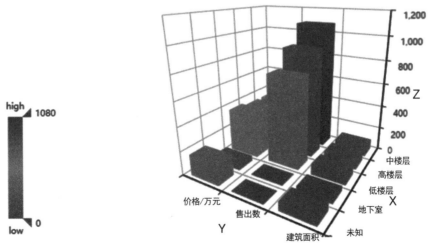

图 9-9　楼层均价与面积统计 3D 柱形图

5.成交量和房价、单价统计情况

图 9-10(a)是二手房单价与建筑面积散点图,纵轴为建筑面积(m²),横轴为单价(元/m²)。从图中可以看出,建筑面积与单价之间并无明显关系,散点集中在面积为 100 m² 附近,单价在每平方米 3 万元～6 万元之间。从图中可以看出,单价高的房源,建筑面积一般都比较小(个别特例比较大),可能因为这些房源一般都位于市中心。

图 9-10(b)是二手房总价与建筑面积散点图,纵轴为建筑面积(m²),横轴为总价(元)。从图中可以看出,总价与建筑面积这两个变量符合正相关关系。数据点分布比较集中的区域大多数都在总价 100 万元～200 万元与建筑面积 50～150m² 这个区域内,与上图的数据分析是相符合的。

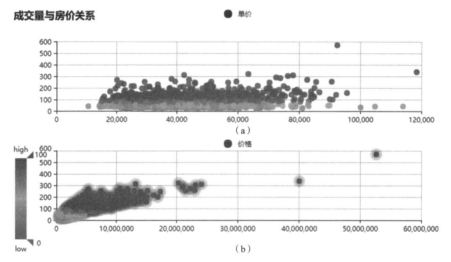

图 9-10　成交量与房价关系散点图

6.按地区划分,分析各区二手房成交量与房价情况

图 9-11 是本市各区二手房成交量与房价的折线图,通过此图可以看出,思明区的房源最受欢迎,集美、海沧、湖里次之,而翔安和同安的成交量偏少,这与其偏远的地理位置、交通医疗与教育等配套条件差异有对应的关系。思明区和湖里区是本市核心区域,交通发达,有

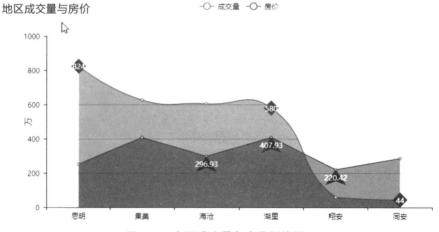

图 9-11　各区成交量与房价折线图

地铁、BRT,公交网络全覆盖且乘坐方便;医疗资源和教育资源丰富,本市最好的三甲医院和最出名的学校均在这两个区;城市化建设设施完善,任何一个地方步行 10 分钟均有一座公园供市民娱乐健身,所以是本市二手房成交主力。随着海湾型城市建设的加快,这几年,厦门岛外的集美区、海沧区异军突起,房地产开发明显加速,加上集美区的优质教育资源和海沧区的优质港口资源,所以这两个区的二手房交易成交量喜人。

　　7.各小区二手房装修情况

　　从二手房房屋装修情况图(图 9-12)可以看出,大部分房源的房屋装修情况都是其他,因为房源数据全部为二手房,很多业主都自主装修过。像万达广场这种商圈的房屋大部分以精装为主,所以万达广场房源精装数量最多。而海上五月花三期在交房时一手房为毛坯,二手房交易时还是毛坯,说明该小区的很多业主是投资性购房。

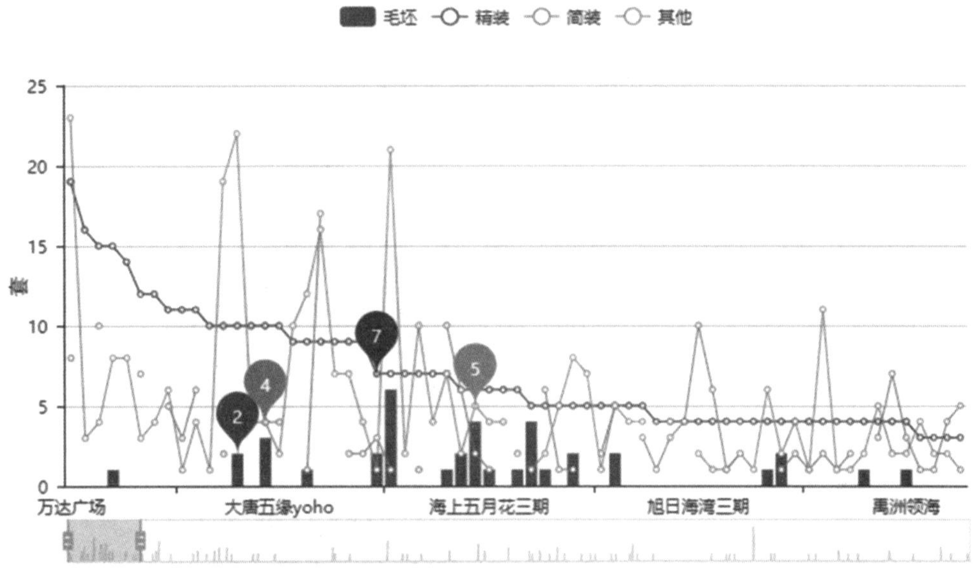

图 9-12　二手房房屋装修情况

　　8.房屋朝向和价格的关系情况

　　从图 9-13 中我们可以看出,南北朝向的房源占比最多,其次是东南朝向,正北朝向的少,符合人们的选房需求。从地理上来说,房屋朝向一半以上都是坐北朝南、南北通透,易于空气流通。但是从图中分析,房屋朝向与房屋均价的关系不大,房屋朝向不是影响房屋均价的主要因素。

　　9.本市区域房价地图显示

　　通过观察本市各个区域的二手房房价地图(图 9-14),思明区和湖里区房源单价最高,海沧区和集美区房源单价次之。本市二手房房源单价按思明、湖里、海沧、集美、同安、翔安这样的顺序递减。

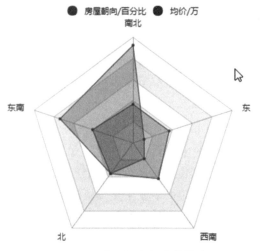

图 9-13　房屋朝向与价格雷达图

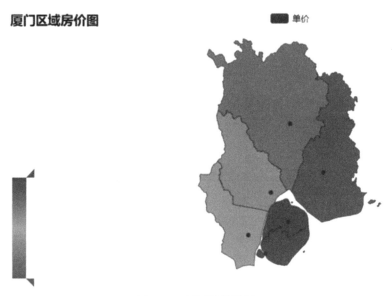

图 9-14　区域房价地图

10.数据文件词云分析

从整体数据文件词云图(图 9-15)可以得到在本市二手房房源信息中经常出现的高频词,如"70 年"(房屋年限)、"平层"、"钢混结构"、"精装"等。我们可以通过这些高频词了解整个数据文件中的基本内容,还可以通过高频词的大小判断人们购房更偏向于 3 室 2 厅、钢混结构、平层等。

图 9-15 数据词云图

9.2 旅游景点数据分析

我国旅游业发展迅速,现已成为我国第三产业中最具活力的新兴产业。如何利用旅游数据进行分析,为游客提供便捷直观的旅游信息查询服务,分析热门城市主要景点的游客和"攻略"数据,分析用户的评论数据,以及对游客评论进行情感分析等现实需求是我们需要解决的问题。本案例旨在通过大数据分析挖掘和可视化技术分析、挖掘数据及构建训练模型来解决这些问题,如图 9-16 所示。

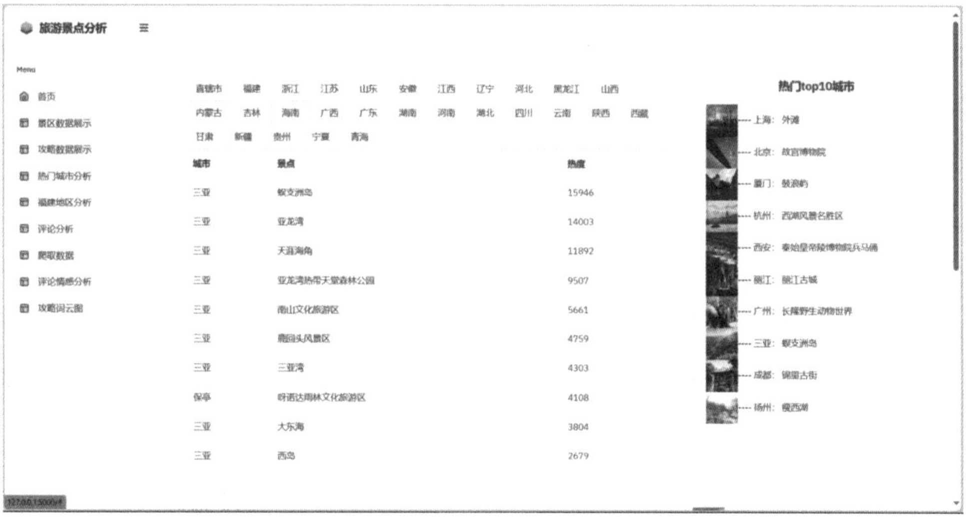

图 9-16 旅游景点分析主页

案例采用 Python 语言及第三方库进行大数据分析、挖掘,构建训练模型,前端网页采用 bootstrap 搭建,后端使用 Flask 框架,应用 PyCharm 社区版集成开发环境,以 SQLite 关系型数据库管理系统作为数据存储工具。数据爬取采用 Requests、json、bs4、random、websocket,数据模型训练使用 TextCNN、TF-IDF 算法。

9.2.1　爬取数据

旅游景点数据主要是爬取某旅游网站的数据。需先分析该网站中网页的结构，查看全部城市页面，爬取全部城市的 URL，保存在 urls.csv 文件中。然后根据各个 URL 爬取全部城市的详细信息，保存在 citys.csv 文件中。

参考代码如下：

```python
from bs4 import BeautifulSoup
import pandas as pd
import requests
def crawer_travel_static_url(url):
    headers={'User-Agent': 'Mozilla/5.0 (Windows NT 6.1；WOW64；rv:23.0)
                Gecko/20100101 Firefox/23.0'}
    req=requests.get(url，headers=headers)
    content=req.text
    soup=BeautifulSoup(content，'lxml')
    return soup
def crawer_travel_city_id():
    url='https://travel.qunar.com/place/'
    soup=crawer_travel_static_url(url)
    cat_url=['https://travel.xxxx.com/p-cs299914-beijing',
                'https://travel.xxxx.com/p-cs299878-shanghai',
                'https://travel.xxxx.com/p-cs299979-chongqing',
                'https://travel.xxxx.com/p-cs299957-tianjin']
    cat_name=['北京','上海','重庆','天津']
    cat_city=['直辖市','直辖市','直辖市','直辖市']
    sub_list=soup.find_all('div'，attrs={'class': 'sub_list'})
    for i in range(1，len(sub_list)):
        a_attr=sub_list[i].find_all('a')
        name=sub_list[i].find('span'，attrs={'class': 'tit'}).text.
                        replace('\xa0', '').replace(':', '')
        for j in range(0，len(a_attr)):
            cat_city.append(name)
            cat_name.append(a_attr[j].text)
            cat_url.append(a_attr[j].attrs['href'])
    return cat_name，cat_url，cat_city
city_name_list，city_url_list，cat_name_da=crawer_travel_city_id()
city=pd.DataFrame({'city': cat_name_da，'city_name': city_name_list,
                    'city_code': city_url_list})
```

city.to_csv(citys.csv', encoding='utf_8_sig', index＝False)

接着爬取城市景点的 URL,然后向这些 URL 发出请求爬取景点信息数据。

参考代码如下：

```
def crawer_travel_url_content(url)：
    headers＝{'User-Agent'：random.choice(user_agent)}
    req＝requests.get(url，headers＝headers)
    content＝req.text
    bsObj＝BeautifulSoup(content，'lxml')
    return bsObj
def crawer_travel_attraction_url(url)：
    ♯该城市最大景点数
    maxnum＝crawer_travel_url_content(url ＋ '－jingdian').
            find('p'，{'class'：'nav_result'}).find('span').text
    ♯提取数字
    maxnum＝int(''.join([x for x in maxnum if x.isdigit()]))
    url＝url ＋ '－jingdian－3－'
    cat_url＝[]
    cat_name＝[]
    cat_pin＝[]
    cat_xiji＝[]
    cat_img＝[]
    ♯这里取 Top10 景点 每页 10 条,page 从 1 开始
    page＝2
    ♯判断是否超过范围
    if(page－1) * 10＞maxnum：
        page＝int(((maxnum ＋ 10)/10)＋1)
    for i in range(1，page)：
        url1＝url ＋ str(i)
        bsObj＝crawer_travel_url_content(url1)
        bs＝bsObj.find_all('a'，attrs＝{'data－beacon'：'poi'，'target'：'_blank'})
        pin＝bsObj.find_all('div'，attrs＝{'class'：'comment_sum'})
        xiji＝bsObj.find_all('span'，attrs＝{'class'：'total_star'})
        imgs＝bsObj.find_all('li'，attrs＝{'class'：'item'})
        for j in range(len(imgs))：
            img＝imgs[j].find('img')
            if img!＝None：
                src_value＝img['src']
```

```
                    cat_img.append(src_value)
            for j in range (len(xiji)):
                data_element=xiji[j].span['style']
                width_value=re.search(r'\d+', data_element).group()
                cat_xiji.append(width_value)
            for j in range(len(pin)):
                if pin[j].text!='':
                    cat_pin.append(pin[j].text)
            for j in range(0, len(bs)):
                if bs[j].text!='':
                    cat_name.append(bs[j].text)
                    cat_url.append(bs[j].attrs['href'])
            print(cat_name, cat_url)
            return cat_name, cat_url, cat_pin, cat_xiji,cat_img
```

爬取城市景点攻略信息采用上面类似的方法,读者参考上面的代码自己编写爬虫程序。

9.2.2 数据清洗

爬取后的数据还存在一些问题,如有缺失值,有多余的字段属性以及乱码等,需要对数据进行清洗。清洗包括数据的格式化、去重、删除多余字段、删除空值、缺失值处理等,清洗完的数据保存在 clean_data.csv 文件中。

参考代码如下:

```
file_path='citys.csv'
df=pd. read_csv(file_path)
df['cat_comment_time']=df['cat_comment_time'].astype(str)
def extract_date(text):
    pattern=r'\d{4}-\d{2}-\d{2}'
    match=re.search(pattern, text)
    if match:
        return match.group()
    return None
df['cat_comment_time']=df['cat_comment_time'].apply(extract_date)
df['cat_comment_time']=pd.to_datetime(df['cat_comment_time'], errors='coerce')
df_cleaned=df.dropna(subset=['cat_comment_time']).copy()
def extract_chinese(text):
    if isinstance(text, str):
        pattern=r'[\u4e00-\u9fff]+'chinese_text=''.join(re.findall(pattern, text))
        return chinese_text
    else:
```

    return None

df_cleaned['cat_user_comment']＝df_cleaned['cat_user_comment'].apply(extract_chinese)

df_cleaned＝df_cleaned.dropna(subset＝['cat_user_comment'])

df_cleaned＝df_cleaned[df_cleaned['cat_user_comment']!＝'']

output_file_path＝'clean_data.csv'

df_cleaned.to_csv(output_file_path，index＝False)

清洗完成后数据展示页面如图 9-17 和图 9-18 所示。

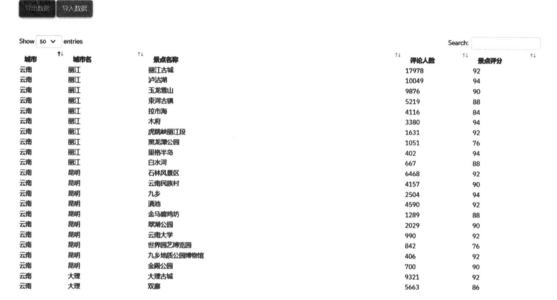

图 9-17　清洗完成景点数据展示页面

城市	标题	出发日期	天数	照片数	费用
重庆	在重庆，武隆度过国庆节	2014-10-01	6	278	1000
重庆	在重庆，带着表情包开脑洞	2016-09-15	3	458	2000
重庆	国庆&重庆～～	2015-10-01	7	512	2000
重庆	十一·我从重庆即将消失的老地方走过	2016-10-03	5	750	4200
重庆	山一城，水一城，山水依然，诚难忘也!	2016-04-07	8	568	1000
重庆	半截野人#山城故事#	2015-12-14	5	92	1500
重庆	巴山 渝水 最美重庆	2016-07-04	6	466	30000
重庆	重庆——非去不可	2013-06-06	4	414	1000
重庆	重庆4日游	2021-03-20	4	23	150
重庆	重庆周边集合游玩贴 - 主城金佛山南山...	2015-09-04	6	456	500
重庆	重庆，山城&雾都，在这里留下美好。	2015-11-01	6	457	1500
重庆	漫游重庆，2人4天，300张图片万字游记	2016-06-17	4	255	2000
重庆	遇见，山城重庆之美	2017-12-01	3	298	2000
重庆	2019.09 微微辣的重庆6日游	2019-09-27	6	279	4500
重庆	重庆旅行攻略	2018-11-27	4	45	2000
重庆	这些年你欠重庆的电影要应该补上啦! 神雕侠旅带你重庆电影取景地巡礼。	2020-08-15	4	192	2500
重庆	重庆?只为途中与你相见?	2016-02-09	5	245	2800
重庆	重庆小日子～（不断更新）	2019-07-15	15	670	10000
重庆	2020年最后的旅行留给最爱的火锅--重庆四天三晚	2020-12-25	4	253	1900
重庆	曾是少年	重庆四十小时	2019-11-08	3	110	600
重庆	十月巴渝行	2020-10-13	5	273	1700
重庆	一次文艺复兴的SD巡礼	2023-07-14	1	190	1000

图 9-18　清洗完成攻略数据展示页面

9.2.3　数据建模

先要读取评论内容作为训练数据,对训练数据进行停词处理(停用词存放在 stopwords. txt 文件中),即对评论内容去掉停用词,然后用 jieba 库进行分词,作为模型的准备数据。

参考代码如下:

```
# 读取数据
data＝pd. read_csv('../clean_data.csv')
# 读取停用词文件
with open('../stopwords.txt', 'r', encoding＝'utf-8') as file:
        stopwords＝set([line.strip() for line in file.readlines()])
# 中文分词
def jieba_tokenize(text):
    return ' '.join(jieba.cut(text))
data['tokenized_comments']＝data['cat_user_comment'].apply(jieba_tokenize)
# 读取停用词文件
with open('../stopwords.txt', 'r', encoding＝'utf-8') as file:
        stopwords＝[line.strip() for line in file.readlines()]
```

接下来构建训练模型,使用 TF-IDF 进行特征提取,通过 TfidfVectorizer 创建一个 TF-IDF 向量化器,设定停用词并限制最大特征数为 5000,这样将处理过的文本数据转换为 TF-IDF 特征;再根据 cat_score 建立标签,把数据分为三类,数据集被划分为训练集和测试集;最后将标签转换为 one-hot 编码,以便于进行多类分类模型的训练。

参考代码如下:

```
# 使用 TF-IDF 进行特征提取
tfidf_vectorizer＝TfidfVectorizer(stop_words＝stopwords, max_features＝5000)
tfidf_features＝tfidf_vectorizer.fit_transform(data['tokenized_comments'])
# 根据 cat_score 创建标签
data['label']＝data['cat_score'].apply(lambda x: 0 if x in[0, 4, 5] else (1 if x＝＝3 else 2))
# 划分数据为训练集和测试集
X＝tfidf_features
y＝data['label']
X_train, X_test, y_train, y_test＝train_test_split(X, y, test_size＝0.2, random_state＝42)
# 将标签转换为 one-hot 编码
y_train_one_hot＝to_categorical(y_train)
y_test_one_hot＝to_categorical(y_test)
```

现在开始使用 TextCNN 来训练模型。先通过一个一维卷积层(Conv1D)提取文本特征,该层包含 128 个过滤器,每个过滤器大小为 5。然后使用最大池化层(MaxPooling1D)减少数据维度,保留重要特征。接下来通过展平层(Flatten)将数据转换为一维数组输入全连接层(Dense)。该层包含 128 个神经元,使用 ReLU 激活函数,为防止过拟合,添加 Dropout

输出层,随机丢弃一半神经元连接,输出层包括 3 个神经元,对应 3 个类别,使用 softmax 激活函数进行分类。模型使用 categorical_crossentropy 作为损失函数,adam 作为优化器,并监控准确率作为评估指标。模型在 10 个训练周期内进行训练,每个批次包含 64 个样本。训练数据包括输入特征 X_train 和对应的目标类别 y_train_one_hot,而验证数据则包括 X_test 和 y_test_one_hot。

参考代码如下:

```
#构建 TextCNN 模型
model=Sequential()
model.add(Conv1D(128, 5, activation='relu', input_shape=(5000, 1)))
model.add(MaxPooling1D(pool_size=2))
model.add(Flatten())
model.add(Dense(128, activation='relu'))
model.add(Dropout(0.5))
model.add(Dense(3, activation='softmax'))    #3 个输出对应 3 个类别
#编译模型
model.compile(loss='categorical_crossentropy', optimizer='adam', metrics=['accuracy'])
#训练模型
history=model.fit(X_train.toarray().reshape(-1, 5000, 1),
                y_train_one_hot, validation_data=
                (X_test.toarray().reshape(-1, 5000, 1),
                y_test_one_hot), epochs=10, batch_size=64)
```

最后需要评估模型。TextCNN 模型经过 10 个训练周期(Epochs)训练,每个周期中,模型在训练集上的表现(准确率和损失)都有所提升,显示出模型的学习效果。最终,模型在测试集上的准确率为 96.55%,损失为 0.2710,显示出较好的分类性能。

参考代码如下:

```
#评估模型
loss, accuracy=model.evaluate(X_test.toarray().reshape(-1, 5000, 1), y_test_one_hot)
print(f'Loss:{loss}, Accuracy:{accuracy}')
```

9.2.4 数据分析与可视化

1.热门城市景点 Top10 分析

读取旅游数据的 CSV 文件,提取城市列表、选项卡 ID、各城市 Top10 景点等信息,并将这些信息以字典形式返回。前端 JavaScript 代码段通过服务器端传递的数据在网页上展示城市景点信息。用户点击城市标签时,会触发一个函数,该函数会更新表格的详情区域,以显示所选城市的信息。这里为用户提供一个交互式的网页,使用户能够轻松地浏览和比较不同城市的旅游景点,把数据分析处理和 JavaScript 的动态展示功能融入其中,为用户提供便捷、直观的旅游信息查询服务。如图 9-19 所示。

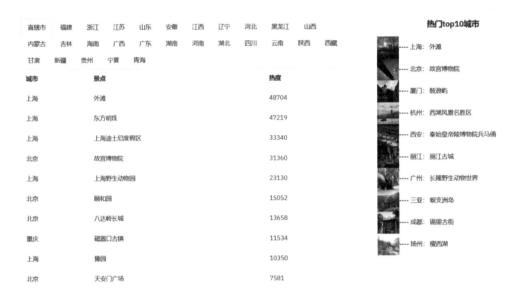

图 9-19　热门城市景点 Top10 展示页面

2.热门城市分组可视化分析

使用 pandas 库读取清洗后的数据,转换数据,按城市和季度分组,计算每个组的数量。定义南方和北方城市列表,过滤出实际存在的城市,计算每个季度的旅游日志总数。如图 9-20 所示。

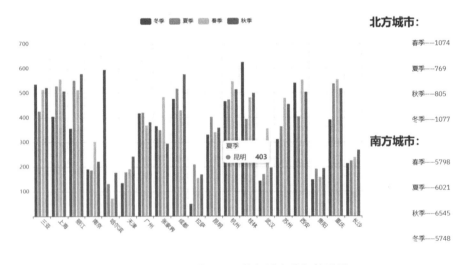

图 9-20　热门城市分组柱形图

参考代码如下:

```
from pyecharts import options as opts
from pyecharts.charts import Bar
import pandas as pd
```

```
from pyecharts.commons.utils import JsCode
#读取 CSV 文件
file_path='clean_data.csv'
df=pd. read_csv(file_path)
#定义季节分配函数
def assign_season(month):
    if month in[3，4，5]:
        return '春季'
    elif month in[6，7，8]:
        return '夏季'
    elif month in[9，10，11]:
        return '秋季'
    else:
        return '冬季'
#提取月份并应用季节分配函数
df['季节']=pd. to_datetime(df['出发日期']).dt.month.map(assign_season)
#按城市和季节分组,计算发帖量
city_season_post_counts=df.groupby(['城市'，'季节']).size().unstack(fill_value=0)
bar=Bar()
bar.add_xaxis(city_season_post_counts.index.tolist())
for season in city_season_post_counts.columns:
    bar.add_yaxis(
        season,
        city_season_post_counts[season].tolist(),
        label_opts=opts.LabelOpts(position="inside", is_show=False)
    )
bar.set_global_opts(
    title_opts=opts.TitleOpts(title=""),
    xaxis_opts=opts.AxisOpts(axislabel_opts=opts.LabelOpts(rotate=-45)),
    yaxis_opts=opts.AxisOpts(axislabel_opts=opts.LabelOpts(position="inside",
    formatter=JsCode("function (value) {return value > 0 ? value: ";}")))
)
bar.render('city_season.html')
```

3.不同城市游客平均停留天数分析

平均停留天数等于报告期接待人天数(过夜人天数)除以报告期接待人数(过夜人数),游客平均停留时间即平均停留天数,是指一定时期内平均每一个游客停留的天数,是一个重要的旅游指标。如图 9-21 所示。

不同城市的平均停留天数柱状图

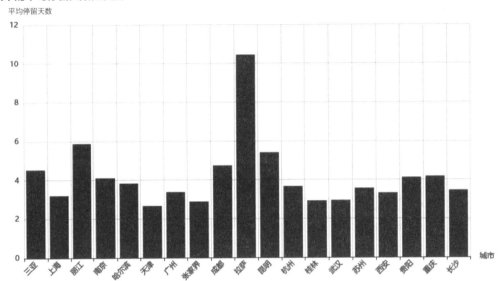

图 9-21　不同城市平均停留天数柱状图

参考代码如下：

```
file_path='clean_data.csv'
df=pd. read_csv(file_path)
city_data=df.groupby('城市').agg({'天数': 'mean'}).reset_index()
bar=Bar()
bar.add_xaxis(city_data['城市'].tolist())
bar.add_yaxis("平均停留天数", city_data['天数'].tolist(),
    label_opts=opts.LabelOpts(position='inside',
    color='rgba(0,0,0,0)'))
bar.set_global_opts(
    title_opts=opts.TitleOpts(title="不同城市的平均停留天数柱状图"),
    xaxis_opts=opts.AxisOpts(name="城市", axislabel_opts={"rotate": 45}),
    yaxis_opts=opts.AxisOpts(name="平均停留天数"),
    tooltip_opts=opts.TooltipOpts(trigger="axis", axis_pointer_type="shadow")
)
bar.render('city_average_days.html')
```

4.评论词云分析

使用 WordCloud 库生成词云，直观展示评论中的高频词汇。如图 9-22 所示。

图 9-22　评论词云图

参考代码如下：

```
import pandas as pd
import re
from collections import Counter
import jieba
from wordcloud import WordCloud
import matplotlib.pyplot as plt
df＝pd.read_csv('clean_data.csv')
titles＝df['标题'].tolist()
with open('../stopwords.txt', 'r', encoding＝'utf-8') as f：
        stop_words＝f.readlines()
stop_words＝[word.strip() for word in stop_words]
def clean_text(text)：
    text＝re.sub(r'[^\w\s]', '', text)
    text＝text.lower()
    return text
word_counts＝Counter()
for title in titles：
    title＝clean_text(title)
    words＝jieba.cut(title)
    for word in words：
        if word.strip() and word not in stop_words：
            word_counts[word] ＋＝1
top_words＝word_counts.most_common(100)
wc＝WordCloud(font_path＝'SimHei.ttf',
                width＝800，height＝400，background_color＝'white',
                max_words＝200)
```

```
wc.generate_from_frequencies(dict(top_words))
plt.figure(figsize=(10,8))
plt.imshow(wc,interpolation='bilinear')
plt.axis('off')
plt.savefig('wordcloud.png',dpi=300)
```

5.福建省景点旅游日志数据分析

先查询出福建省旅游数据,分析每个月和每个季度的旅游日志数量,找出每个月和每个季度中旅游日志数量最多的时间段。使用 pandas 库读取、转换数据,按年和月分组,计算每个组的数量,找出每个月中旅游日志数量最多的记录。按年和季度分组,计算每个组的数量,找出每个季度中旅游日志数量最多的记录。将季度数据进行合并,并按照计数降序排序,选择计数最多的两个季度。最后,返回每个月中旅游日志数量最多的记录,以及计数最多的两个季度的季节名称。如图 9-23 所示。

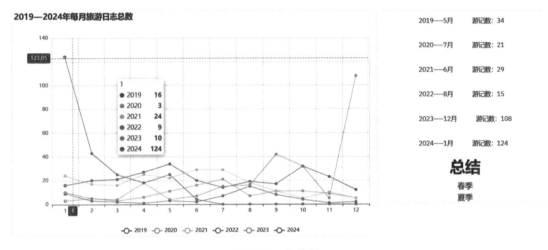

图 9-23　折线图

参考代码如下:

```
travel_data_new=pd.read_csv("travel_data.csv")
travel_data_new['年份']=pd.to_datetime(travel_data_new['出发日期']).dt.year
travel_data_new['月份']=pd.to_datetime(travel_data_new['出发日期']).dt.month
monthly_travel_counts_new=travel_data_new.groupby(['年份','月份']).
                          size().unstack(fill_value=0)
monthly_travel_counts_2019_2024_new=monthly_travel_counts_new.loc[2019:2024]
years_new=monthly_travel_counts_2019_2024_new.index.tolist()
months_new=[str(month) for month in range(1,13)]
data_new=[monthly_travel_counts_2019_2024_new.loc[year].tolist() for year in years_new]
line_chart=Line()
line_chart.add_xaxis(months_new)
```

```
# Adding y-axis data (travel counts for each year)
for year，data_series in zip(years_new，data_new)：
    line _chart.add_yaxis(
        str(year)，
        data_series，
        label_opts＝opts.LabelOpts(is_show＝False)，
    )
line _chart.set_global_opts(
    title_opts＝opts.TitleOpts(title＝"2019—2024 年每月旅游日志总数")，
    legend_opts＝opts.LegendOpts(orient＝'horizontal'，pos_top＝'bottom')，
    tooltip_opts＝opts.TooltipOpts(trigger＝"axis"，axis_pointer_type＝"cross")，
    )
line_chart.render('monthly_travel_logs.html')
```

附录　课程思政教学案例

挖掘数据"宝藏"，树立正确"三观"

一、案例综述

(一)课程基本信息

本课程名称为"大数据分析、挖掘与可视化"，授课对象为软件工程专业、数据科学专业的大三和大四学生，先修课程为"Python 程序设计""概率与数理统计""算法设计"。本课程计划学分为 4 学分，计划学时为 64 学时，其中理论 32 学时，上机实践 32 学时。

(二)课程目标

本课程着重于通过 Python 编程实现大数据的分析、挖掘与应用，课程内容包括环境搭建、语法基础、程序结构、常用数据结构、常见库操作、文件操作、NumPy 库、pandas 库、Matplotlib 库、Sklearn 库、Python 爬虫、数据建模与数据挖掘等。重在满足数据分析与挖掘的编程要求，以及学习各类数据爬取、分析、建模、挖掘与可视化工具的使用。

学生通过学习本课程，掌握用 Python 进行科学计算、数据分析处理、数据建模与挖掘、数据可视化、撰写数据分析报告等重点知识，具备数据采集、数据准备、数据分析处理、数据建模、数据挖掘和数据可视化的能力。

本课程的思政目标是培养学生的软件工程思想及规范化意识，使其善于思考、勤于实践，以德立身、以德立学，塑造正确的"三观"，拥有良好的职业道德素养，养成刻苦钻研、严谨细致、求真务实的科学品质，培养劳动产生社会价值、劳动光荣等精神品质和社会责任。如图 1 所示。

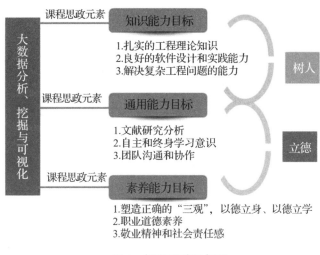

图 1　课程思政目标图

（三）课程内容简介

本课程的主要内容如下。

1.大数据概述与 Python 数据分析开发环境的搭建。

2.Python 爬虫技术。

3.NumPy 的数据结构、函数和数据处理。

4.pandas 大数据清洗、转换、规约、集成及分析处理。

5.数据建模与数据挖掘。

6.数据可视化处理。

7.大数据分析、挖掘、可视化综合案例及撰写数据分析报告。

（四）特色创新与案例意义

以学生为中心,学生是主体,学生组建团队,学生爬取数据,学生进行数据分析与挖掘,学生团队讨论得出结论。教师全程引导,把握政治方向,监控执行进度。案例的意义是在学习大数据分析、挖掘、可视化知识的过程中,用数据引导决策,引导学生树立正确的人生观、世界观和价值观。

二、案例解析——中国、美国 COVID-19 疫情数据分析、挖掘处理

（一）思路与理念

本课程通过深入挖掘思政教育资源(如案例数据、人文类素材、专业素养类素材、职业道德类素材、时事热点类素材、生活常识类素材等),在教学案例中融入思政元素,引导学生正确的人生观和价值观,培养学生的职业道德素养、敬业精神和社会责任感。以学生为中心,学生是主体,学生组建团队、爬取数据、进行数据分析与挖掘,学生团队讨论得出结论,在整个过程中,教师负责引导、答疑、思维培养和价值塑造。其设计思想如图 2 所示。

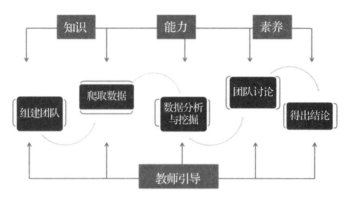

图 2　课程思政融入教学案例设计思想

(二)设计与实施

1.提前发布公告(课前准备)

通过雨课堂发布收看视频的公告,学生观看教师录制的视频预习。

2.师生互相提问

学生观看视频内容后针对出现的疑难问题向教师提问,教师解答学生疑问。教师向学生提问,抽查学生的掌握知识情况,如果学生未观看视频或效果不佳,老师复述出视频中讲解的重难点知识。

3.导入新课内容

(1)大数据分析流程。数据爬取,导入数据,数据清洗、转换,数据分析建模,数据分析处理(挖掘),数据可视化,撰写数据分析报告。

(2)NumPy、pandas 和 Matplotlib 程序的编写。

4.案例剖析

(1)引导学生爬取世界 COVID-19 疫情数据。

(提示:网络爬虫程序中需要使用的库包有 lxml 和 Requests 等)

(2)获取数据后,指导学生对数据进行预处理、建模和数据分析(课程重点)。此过程融入课程思政元素。

案例:根据 2020 年 2 月份、6 月份和 12 月份中国、美国 COVID-19 的疫情数据(数据来自百度实时疫情数据),绘制柱形图,如图 3~图 5 所示。

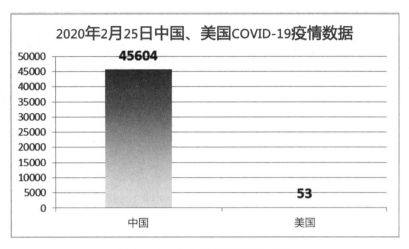

图 3 2020 年 2 月疫情数据柱形图

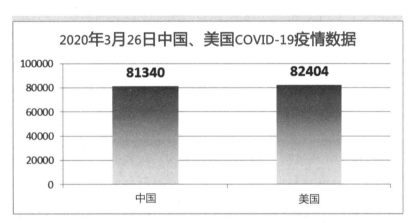

图 4 2020 年 3 月疫情数据柱形图

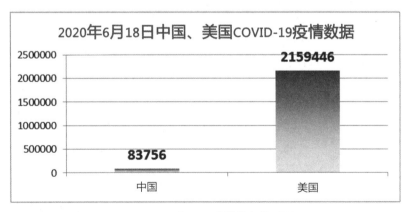

图 5 2020 年 6 月疫情数据柱形图

使用 Matplotlib 编写的代码如图 6 所示。

```
#encoding:utf-8
import matplotlib as mpl
import matplotlib.pylab as plt
def main():
    # 解决中文乱码问题
    mpl.rcParams['font.sans-serif'] = ['SimHei']
    mpl.rcParams['axes.unicode_minus'] = False
    plt.figure(figsize=(7,5),dpi=80)
    x=['c2-25','c3-26','c6-18','a2-25','a3-26','a6-18']
    y=[45604,81340,83756,53,82404,2159446]
    # 绘制柱状图
    plt.bar(x,y,width=0.35,color='red',alpha=1,edgecolor='blue',label='covid')
    plt.title('中国美国covid-19疫情数据')
    plt.legend()
    plt.show()
if __name__ == '__main__':
    main()
```

图 6　生成柱形图参考代码

根据采集的数据，绘制折线图，参考代码如图 7 所示，运行结果如图 8 所示。

```
import matplotlib.pylab as plt
import matplotlib as mpl
def main():
    mpl.rcParams['font.sans-serif'] = ['SimHei']
    mpl.rcParams['axes.unicode_minus'] = False
    dates, highs, lows = ['02-25','03-01','03-12','03-26','04-12','06-18'], \
                         [45604,80026,80813,81340,82239,83756], \
                         [53,90,1335,82404,565000,2159446]
    fig = plt.figure(dpi=120, figsize=(5,3))
    plt.plot(dates, highs, label='中国', c='red', alpha=0.5)
    plt.plot(dates, lows, label='美国', c='blue', alpha=0.5)
    #plt.fill_between(dates, highs, lows, facecolor='orange', alpha=0.1)
    plt.title('中国美国covid-19疫情数据', fontsize=14)
    plt.xlabel('时间', fontsize=10)
    plt.ylabel('covid-19人数', fontsize=10)
    plt.tick_params(axis='both', which='major', labelsize=12)
    plt.legend()
    plt.savefig('highs_lows.png', bbox_inches='tight')
    plt.show()
if __name__ == '__main__':
    main()
```

图 7　生成折线图参考代码

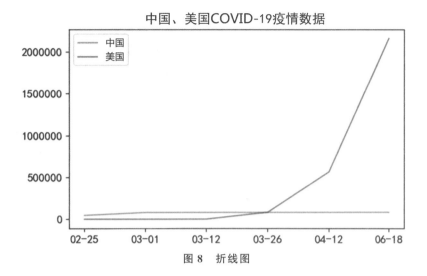

图 8 折线图

（3）引导学生思考讨论。使用比对法进行数据分析与挖掘，引导学生讨论提出问题：

①我国控制疫情的高效性和我国社会主义制度的优越性。

②我国社会主义核心价值观的体现。

学生归纳总结：

①党的坚强领导。

②国民的全力配合。

③抗疫一线人员的担当和奉献精神。

④一方有难八方支援的民族精神。

⑤社会主义制度集中力量办大事的优越性。

⑥我国社会主义核心价值观（爱国、和谐、平等、敬业、诚信、友善等）。

进一步引导学生：作为新时代大学生，在抗疫期间，我们该做些什么？

5.增加需求，对数据分析部分进行一次迭代，持续改进

分析中国、美国在 COVID-19 疫情病死率和治愈率方面的大数据，证明中国的"动态清零"抗疫措施的正确性及中国为什么不能"躺平"。（如果课堂时间不能完成，则作为学生的课后作业）

三、案例反思

（一）效果与评价

本次课程改变以前由教师提供数据，学生进行分析处理的惯性思维，转而以学生为中心，学生是主体，学生组建团队，爬取数据，进行数据分析与挖掘，学生团队讨论得出结论。但整个过程要在任课教师的指导下进行，如爬取数据阶段，任课教师引导学生爬取我国及世界疫情大数据，通过数据分析比对，找到我国控制疫情的高效性和我国社会主义制度的优越性，进一步引导学生从数据中挖掘其原因，让学生从国家、社区、家庭等层面深入剖析，由学生自己总结出结论。教师将价值塑造、知识传授和能力培养三者融为一体，往符合社会进步

要求的价值观念、担当精神、社会责任感等思政元素方面引导,经过团队讨论、相互评价、思维培养和价值塑造,学生既能学到知识、锻炼能力,又能自我成长。

将思政元素融入课堂后,教学效果变好了,学生全程参与、思考,打瞌睡、玩手机等现象不再出现,学生的评价是:既学到了知识,又提升了自身修养。

(二)持续改进措施

对案例进一步深度挖掘,得到大数据分析案例:分析中国、美国在 COVID-19 疫情病死率和治愈率方面的大数据,证明中国的"动态清零"抗疫措施的正确性及中国为什么不能"躺平"。要求学生重新迭代一次大数据分析、挖掘、可视化的过程。

参考文献

［1］万念斌,肖伟东.Python 数据分析案例教程［M］.厦门：厦门大学出版社,2019.

［2］魏伟一,李晓红,高志玲.Python 数据分析与可视化［M］.2 版.北京：清华大学出版社,2021.

［3］陈振.Python 语言程序设计［M］.北京：清华大学出版社,2020.

［4］赵守香,唐胡鑫,熊海涛.大数据分析与应用［M］.北京：航空工业出版社,2015.

［5］黄源,蒋文豪,徐受蓉.大数据分析：Python 爬虫、数据清洗和数据可视化［M］.北京：清华大学出版社,2020.

［6］陈志泊.数据仓库与数据挖掘［M］.2 版.北京：清华大学出版社,2017.

［7］董相志,张志旺,田生文,等.大数据与机器学习经典案例［M］.北京：清华大学出版社,2021.